普通高等教育“十一五”国家级规划教材

金属工艺学

上册　　第 7 版

主编　邓文英　邢忠文

中国教育出版传媒集团
高等教育出版社·北京

内容提要

本书是在邓文英等主编的《金属工艺学》(第六版)的基础上,依据教育部新制订的“高等学校工程材料及机械制造基础课程教学基本要求”,并吸取兄弟院校教学改革经验修订而成的。

本书分上、下两册。上册除绪论外共五篇:金属材料的基本知识、铸造、金属塑性加工、焊接和非金属材料及其成形;下册一篇:切削加工。本次修订仍坚持“少而精”的原则,突出重点,调整了部分篇章的结构和内容,充实了新工艺、新技术等相关内容。

本书可作为普通高等学校机械类、近机械类及相关专业课程教材,也可供有关工程技术人员参考。

图书在版编目(CIP)数据

金属工艺学. 上册 / 邓文英, 邢忠文主编. -- 7 版. -- 北京 : 高等教育出版社, 2024.7

ISBN 978-7-04-062211-9

Ⅰ. ①金… Ⅱ. ①邓… ②邢… Ⅲ. ①金属加工-工艺学-高等学校-教材 Ⅳ. ①TG

中国国家版本馆 CIP 数据核字(2024)第 095530 号

Jinshu Gongyixue

策划编辑 宋 晓 责任编辑 宋 晓 封面设计 张 志 版式设计 于 婕
责任绘图 邓 超 责任校对 张 然 责任印制 刁 毅

出版发行 高等教育出版社
社 址 北京市西城区德外大街 4 号
邮政编码 100120
印 刷 北京市鑫霸印务有限公司
开 本 787mm×1092mm 1/16
印 张 14.5
字 数 360 千字
购书热线 010-58581118
咨询电话 400-810-0598
网 址 http://www.hep.edu.cn
http://www.hep.com.cn
网上订购 http://www.hepmall.com.cn
http://www.hepmall.com
http://www.hepmall.cn
版 次 1964 年 10 月第 1 版
2024 年 7 月第 7 版
印 次 2024 年 7 月第 1 次印刷
定 价 33.00 元

物 料 号 62211-00

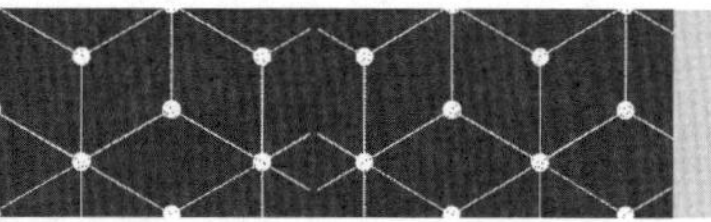

新形态教材网使用说明

金属工艺学

上册　第 7 版

主编　邓文英　邢忠文

1　计算机访问 https://abooks.hep.com.cn/12327411 或手机微信扫描下方二维码进入新形态教材网。

2　注册并登录后，计算机端进入“个人中心”，点击“绑定防伪码”，输入图书封底防伪码（20 位密码，刮开涂层可见），完成课程绑定；或手机端点击“扫码”按钮，使用“扫码绑图书”功能，完成课程绑定。

3　在“个人中心”→“我的学习”或“我的图书”中选择本书，开始学习。

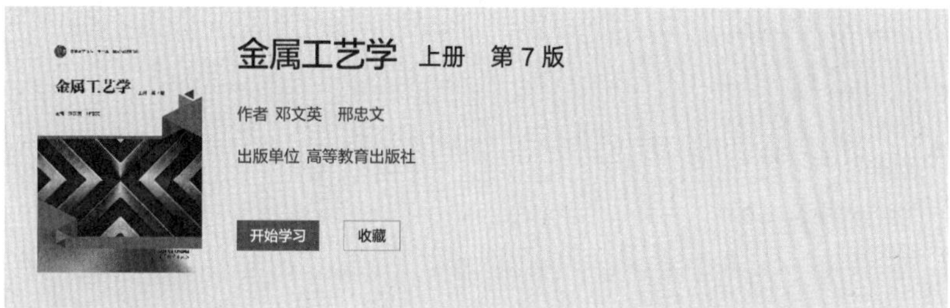

绑定成功后，课程使用有效期为一年。受硬件限制，部分内容可能无法在手机端显示，请按照提示通过计算机访问学习。

如有使用问题，请直接在页面点击答疑图标进行咨询。

https://abooks.hep.com.cn/12327411

第 7 版序

金属工艺学是高等工科院校机械类专业必修的技术基础课，其内容是从事机械设计和机械制造工作不可缺少的基础知识。

本书是工程材料及机械制造基础课程的教学用书，第一版于 1964 年出版，第二版于 1988 年荣获全国第一届高等学校优秀教材国家教委二等奖，蒙广大读者的喜爱与支持，提出过很多中肯意见，已历经了六次修订。为适应新工科人才培养的需要，并为满足机械类各专业新时期的教学要求，特组织此次修订。本次修订，仍依据如下原则：

（1）坚持“少而精”。删陈增新，突出重点，与金属工艺学实习教材有分工并密切配合，并考虑了后续课程的内容，便于安排教学，精选了课程内容。

（2）正确处理“基础”与“发展”的关系。坚持以“工艺为主”“常规为主”的同时，为扩大学生视野，激发创新意识，也适当介绍了学科前沿的一些新技术、新成果。

（3）全面贯彻国家有关新标准。按国家标准规范名词术语、符号等。

（4）配套数字化资源。与配套的多媒体课件、习题库等数字资源结合使用，体现教学内容、教学方式和教学手段的多元化、立体化，便于学生了解和掌握该课程的知识体系要求，从而实现新工科人才的培养目标。

本次修订工作由哈尔滨工业大学邢忠文和天津大学宋力宏主持，并分别担任上、下册的主编。参加本次修订工作的主要有：邢忠文（第一篇，第二篇第一、二、三、四、五章，第三篇第一、二、三章、第四章第一至第四节，第四篇）；李清（第二篇第六章）；包军（第三篇第四章第五节）；胡秀丽（第五篇）；宋力宏和韩秀琴（第六篇第一、三、五、七章）；李清和宋力宏（第六篇第二、四、六章）。

本书上册由山东大学孙康宁教授审阅，下册由河北工业大学曲云霞教授审阅，审阅人提出了宝贵的意见；一些高校老师也对本书的修订提出不少意见和建议，在此表示衷心的感谢。本书的作者邓文英和郭晓鹏已去世，两位先生为本书打下坚实的基础，郭晓鹏教授在本书第四版和第五版等的修订中付出了艰辛的努力。本次修订基本保持原有体系，延续了部分基础内容，谨以本书的出版表示对两位先生的感谢和怀念。

由于编者水平所限，书中难免存在不当之处，恳请读者批评指正。

编　者

2024 年 3 月

第六版序

工程材料及机械制造基础是高等工科学校机械类专业必修的技术基础课，本书是该课程的教学用书。金属工艺学是从事机械设计和机械制造工作不可缺少的基础知识。

本书第一版于 1964 年问世，第二版于 1988 年荣获全国第一届高等学校优秀教材二等奖。蒙广大读者的喜爱与支持，提出了很多中肯意见，已历经了五次修订。为适应形势发展的需要，并为满足机械类各专业新时期的教学要求，特组织此次修订。本次修订，我们仍掌握如下原则：

(1) 坚持“少而精”。文字简练，与金属工艺学实习教材有分工并密切配合，并考虑了后续课程的内容，便于安排教学。精选内容，删减了一些枝节和陈旧的部分，如“机床上常用的传动副”“机床常用变速机构”等。

(2) 正确处理“基础”与“发展”的关系。坚持以“工艺为主”“常规为主”的同时，为扩大学生视野，激发创新意识，也适当介绍了学科前沿的一些新技术、新成果。增加了“有色金属材料”“材料的选用”“非金属材料及其成形”“数控车床传动系统”“数控加工”等内容。

(3) 全面贯彻国家有关新标准。包括国家标准号、名词术语、符号等。

与本书配套的数字课程资源同时发布在高等教育出版社易课程网站，请登录网站后开始课程学习（使用说明见书后）。

邓文英先生和郭晓鹏先生已经去世，本次修订工作由哈尔滨工业大学邢忠文和天津大学宋力宏主持，并分别担任上、下册的主编。参加本书修订工作的主要有：哈尔滨工业大学邢忠文（第一篇、第三篇第一至三章、第四章第一至第四节，第四篇），哈尔滨工业大学陈洪勋（第二篇第一至五章），天津大学李清（第二篇第六章），哈尔滨工业大学包军（第三篇第四章第五节），哈尔滨工业大学胡秀丽（第五篇），天津大学宋力宏（第六篇第一、三、五、七章），天津大学李清和宋力宏（第六篇第二章），青岛工学院陈艳和天津大学宋力宏（第六篇第四、六章）。

本书上册由山东大学孙康宁教授审阅，下册由河北工业大学曲云霞教授审阅，审阅人提出了宝贵的意见。一些老师也对本书修订提出不少意见和建议，在此一并表示衷心的感谢。

由于编者水平所限，书中难免存在不当之处，恳请批评指正。

编　者

2016 年 1 月

第六版序

目　录

第三篇　金属塑性加工

第四篇　焊　　接

第五篇　非金属材料及其成形

绪　论

金属工艺学(现已更名为工程材料与机械制造基础)是一门传授有关制造零件工艺方法的综合性技术基础课,主要讲述各种工艺方法本身的规律及其在机械制造中的应用和相互联系、零件的加工工艺过程和结构工艺性、常用工程材料的性能及对加工工艺的影响,以及工艺方法的综合比较等。

现代工业应用的机器设备,如机床、汽车、飞机、轮船及仪表等大多是由金属零件装配而成的。将金属材料加工成零件是机械制造的基本过程,如下图所示。

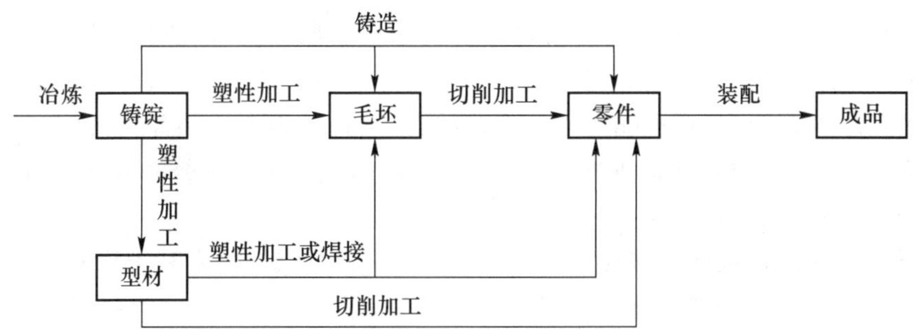

多数零件由于形状复杂或者精度和表面质量要求较高,难以采用单一的方法直接生产,通常先用铸造、塑性加工或焊接方法制成毛坯,再经过切削加工方法制成所需的零件。而且,为了易于进行切削加工和改善零件的某些性能,中间常需穿插不同的热处理工艺(图中未示出)。最终将制成的各种零件经过装配、检验成为成品。

由于机器设备的种类繁多,结构特性又各不相同,故所采用的制造工艺应随产品而异。例如,制造滚珠轴承时,由于产品的精度和硬度要求非常高,故磨削加工占据最大的工作量;锅炉、轮船主要由钢结构制成,焊接就成为主要加工方法;金属切削机床的铸件所占比重很大,而仪表则冲压件很多,故制造时加工方法显著不同。必须指出,各种加工方法都是在不断地发展着的,所以零件的具体制造方法也在不断地改变。例如,发动机曲轴现多以球墨铸铁铸制取代过去的锻钢锻制;又如,随着无削加工技术的发展,通过铸造、锻压直接制成零件的工艺也日益得到推广。

任何学科的发展,都要吸收和运用其他学科的成果、技术方法,也就是说要进行某种程度的综合。从传统的学科分类来看,本课程包括机械加工、材料成形的各种工艺,本身的综合性已较强,这就更有利于把各有关学科的最新成果加以应用。“综合就是创造”,例如全自动机床,包含普通机床及数控机床的某些组成部分,以及机械手系统、刀具磨损补偿和自动换刀系统、机械故障及维修诊断系统等,这就是机电综合所形成的新产品。没有综合就不可能制造出这样高质量的新机器。

现代科学技术的发展更新了机械制造的观念,传统的机械制造过程有了改变,生产中的工艺也不同。从当前工业发达国家的情况来看,机械制造工艺具有如下发展趋势:

首先是生产的工艺基础变了。最主要的是在直接生产的环节中,人从直接参加生产劳动变为主要负责控制生产。

其次是在采用先进工艺和高效专用设备的条件下,使生产专业化。如工业发达国家铸造专业化生产的铸件已占全部产量的60%以上。

再次是机械加工技术的柔性化。要完成多品种、小批量零件的加工,工艺人员为了获取最佳的组合,不仅要掌握工艺技术和管理技术,还要掌握大量的信息和计算机技术。

随着科学技术和生产力的不断发展,金属工艺学的内容构成也有所发展。应当指出,本课程的发展必然是有关学科的相互渗透和综合,而不是包罗万象,内容越来越庞杂。所以,本课程仍应属工艺学范畴。

考虑到非金属材料的应用日益广泛,在工业生产中的比重越来越大,本书"非金属材料及其成形"一篇可供选修。

金属工艺学是高等学校机械类各专业必修的技术基础课,和其他课程一样,在教学过程中,都要完成传授知识、训练技能和培养能力这三方面任务。但要指出,知识、技能和能力是三个不同的概念,而且从掌握知识到形成能力不是直接的,要以技能为中介。譬如,领会球墨铸铁的熔炼和球化原理,只是属于知识范畴,唯有通过实践,顺利地生产出各种合格的球墨铸铁件,才有可能形成生产球墨铸铁的能力。

金属工艺学是实践性很强的课程,有利于对学生进行技能训练,有利于培养学生具有更高的实际能力和开拓精神。有人把技能仅仅理解为能动手操作工具和设备,或者能够进行实验,这样的理解是不够的。其实,技能训练除操作技能外,还有工程实践和工程意识训练。应该把理论学习和实践学习结合起来,明确地把技能训练作为教育计划的有机组成部分,这样才符合培养高质量人才的需要。

第一篇　金属材料的基本知识

工程材料可分为金属材料和非金属材料两大类。尽管近几十年来非金属材料用量的增长速度数倍于金属材料的增长速度，但在今后相当长的时间内，机械制造中应用最广泛的仍然将是金属材料。例如，载重汽车钢件约占自重的70%，铸铁件约占15%；一般机床铸铁件约占70%，钢件约占20%。所以，一个国家金属材料的产量或耗用量体现其国民经济发展水平。

金属材料之所以获得如此广泛的应用，除因冶炼铸铁和钢的铁矿石在地壳中储量丰富外，主要是其具有制造机器所需要的物理、化学性能，并且还可用简便的工艺方法加工成适用的机器零件，也即具有所需的工艺性能。

机械制造中所用的金属材料以合金为主，很少使用纯金属。原因是合金比纯金属具有更好的力学性能和工艺性能，且价格低廉。合金是以一种金属为基础，加入其他金属或非金属，经过熔炼或烧结制成的具有金属特性的材料。最常用的合金是以铁为基础的铁碳合金，如碳素钢、合金钢、灰铸铁等，还有以铜为基础的黄铜、青铜，以铝为基础的铝硅合金等。

用来制造机械设备的金属及合金，应具有所需的力学性能和工艺性能、较好的化学稳定性和适合的物理性能。因此，学习本篇时，必须首先熟悉金属及合金的各种主要性能，以便依据零件的技术要求合理地选用金属材料。

本篇主要介绍金属材料的成分、组织、性能及应用之间的关系，材料的选用原则，使读者了解热处理工艺、常用金属的类别与牌号及材料的选用方法，为学习本课程中铸造、塑性加工、焊接、非金属材料成形和机械加工工艺奠定必要的基础。

第一章　材料的主要性能

第一节　材料的力学性能

材料的力学性能是材料在力的作用下所表现出来的性能。零件的受力情况有静载荷、动载荷和交变载荷之分。用于衡量在静载荷作用下的力学性能指标有强度、塑性和硬度等；在动载荷作用下的力学性能指标有冲击韧度等；在交变载荷作用下的力学性能指标有疲劳强度等。

一、强度与塑性

金属材料的强度和塑性是通过拉伸试验测定的。

目前金属材料室温拉伸试验方法采用 GB/T 228.1—2010，由于目前原有的金属材料力学性能数据是采用旧标准进行测定和标注的，所以原有旧标准 GB/T 228—1987 仍然沿用，本教材采用新国家标准。关于金属材料强度与塑性的新、旧标准名词和符号对照见表 1-1。

表 1-1　金属材料强度与塑性的新、旧标准名词和符号对照

GB/T 228.1—2010		GB/T 228—1987	
名词	符号	名词	符号
断面收缩率	Z	断面收缩率	ϕ
断后伸长率	A 和 $A_{11.3}$	断后伸长率	δ_5 和 δ_{10}
屈服强度	—	屈服点	σ_s
上屈服强度	R_{eH}	上屈服点	σ_{sU}
下屈服强度	R_{eL}	下屈服点	σ_{sL}
规定残余伸长强度	R_r，如 $R_{r0.2}$	规定残余伸长应力	σ_r，如 $\sigma_{r0.2}$
抗拉强度	R_m	抗拉强度	σ_b

为进行拉伸试验，必须先将金属材料制成图 1-1 所示的试样。试验时，将试样装夹在拉力试验机上，在试样两端缓缓地施加载荷，使之承受轴向静拉力。试样随着载荷的不断增加，被逐步拉长，直到拉断。试验机将自动记录每一瞬间的载荷 F 和伸长量 ΔL，并绘出拉伸曲线。

图 1-1 中 L_u 为试样拉断后的标距长度，A_u 为试样拉断后断口处截面积。

图 1-2 是拉伸试验拉力 F 与伸长量 ΔL 的关系曲线，图中：F_m 为试样拉断前承受的最大载荷；F_e 为试样的屈服载荷。

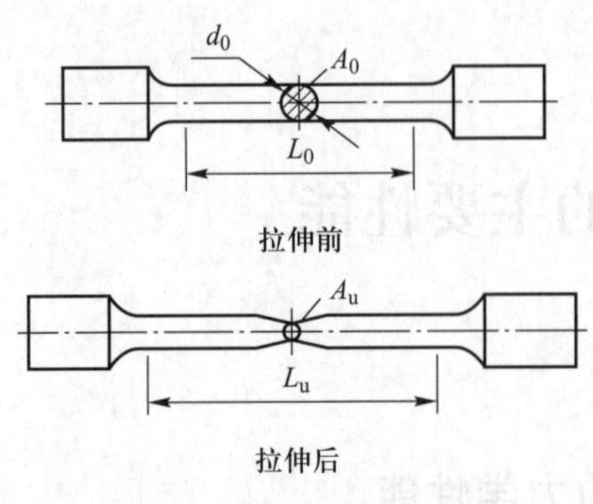

图 1-1 拉伸试样示意图

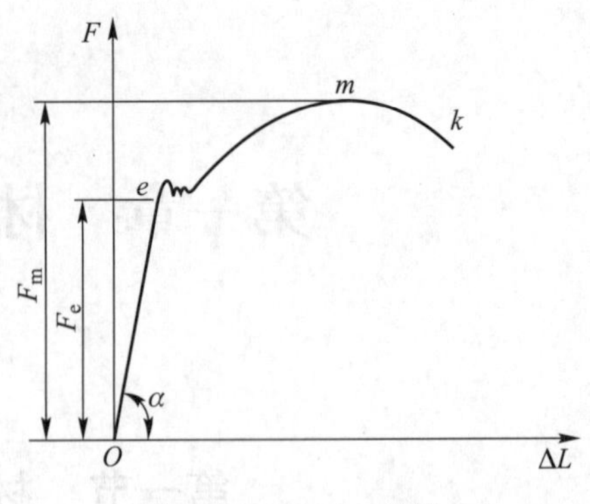

图 1-2 $F-\Delta L$ 曲线

将拉力 F 除以试样的初始截面积 A_0,得到拉应力 R,单位为 MPa。将伸长量 ΔL 除以试样的标距长度 L_0,则得到应变 ε,即单位长度的伸长量。根据 R 和 ε,可以得到应力-应变曲线,如图 1-3 所示。图中:R_m 为试样在拉断前所能承受的最大拉应力;R_e 为试样屈服时的应力;R_{eL} 为材料屈服期间的最低应力值;R_{eH} 为材料发生屈服而首次下降前的最高应力值。

$F-\Delta L$ 曲线和 $R-\varepsilon$ 曲线形状相同,仅是坐标含义不同。$R-\varepsilon$ 曲线不受试样尺寸影响,曲线能够直接反映出静载荷拉伸条件下材料的一些常规力学性能指标。

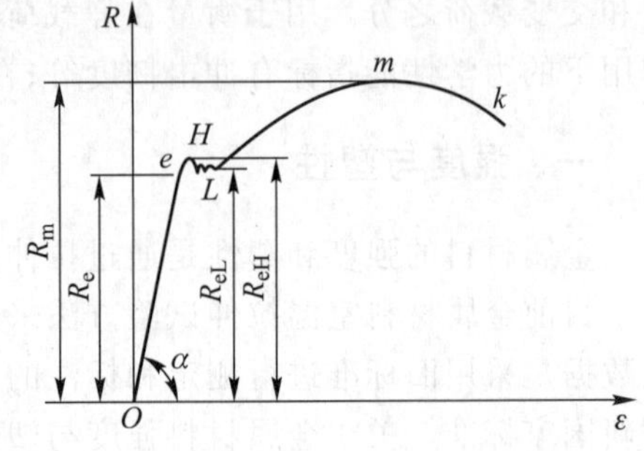

图 1-3 $R-\varepsilon$ 曲线

1. 强度

强度是金属材料在力的作用下,抵抗塑性变形和断裂的能力。强度有多种指标,工程上以屈服强度和抗拉强度最为常用。

(1) 屈服强度 在图 1-3 的 $R-\varepsilon$ 曲线中,当应力值超过点 e 时,试样将产生非线性弹性变形。当应力增至点 H 时,试样开始产生明显的塑性变形,其后出现一近似水平的锯齿形线段,表明外力即使不增加,试样仍继续产生塑性伸长,这种现象称为“屈服”。发生屈服所对应的应力值称为屈服强度,由于国标 GB/T 228.1—2021 中没有规定屈服强度的符号,本书采用 R_e 表示,单位为 MPa。屈服强度包括下屈服强度和上屈服强度。屈服期间的最低应力值称为下屈服强度,用 R_{eL} 表示;发生屈服而首次下降前的最高应力值称为上屈服强度,用 R_{eH} 表示。

有些材料的拉伸曲线上没有明显的屈服强度,难以确定产生塑性变形时的最低应力值,规定产生 0.2%的塑性变形时的应力值为该材料的屈服强度,称为名义(条件)屈服强度,以 $R_{p0.2}$ 表示。

(2) 抗拉强度 是指金属材料在拉断前所能承受的最大应力,以 R_m 表示。它可按下式计算:

$$R_m=\frac{F_m}{A_0} \tag{1-1}$$

式中:R_m——试样在拉断前所能承受的最大应力,MPa;

F_m——试样在拉断前所承受的最大载荷,N;

A_0——试样原始截面积,mm^2。

在评定金属材料及设计机械零件时,屈服强度 R_e 和抗拉强度 R_m 具有重要意义,由于机械零件或金属构件工作时,通常不允许发生塑性变形,因此多以 R_e 作为强度设计的依据。但对于脆性材料(如灰铸铁),因断裂前基本不发生塑性变形,故无屈服强度可言,在强度计算时则以 R_m 为依据。

2. 塑性

塑性是金属材料在力的作用下,产生不可逆永久变形的能力。常用的塑性指标是断后伸长率和断面收缩率。

(1) 断后伸长率　试样拉断后,其标距的伸长与原始标距的百分比称为断后伸长率,以 A 表示

$$A=\frac{L_u-L_0}{L_0}\times 100\% \tag{1-2}$$

式中:L_0——试样原始标距长度,mm;

L_u——试样拉断后的标距长度,mm。

必须指出,断后伸长率的数值与试样尺寸有关,因而试验时应对所选定的试样尺寸作出规定,以便进行比较。如:$L_0=10d_0$ 时用 A_{10} 或 A 表示;$L_0=5d_0$ 时用 A_5 来表示。同一种材料测得的 A_5 比 A_{10} 要大一些。

(2) 断面收缩率　试样拉断后,缩颈处截面积的最大缩减量与原始横截面积的百分比称为断面收缩率,以 Z 表示

$$Z=\frac{A_0-A_u}{A_0}\times 100\% \tag{1-3}$$

式中:A_0——试样的原始横截面积,mm^2;

A_u——试样拉断后,断口处横截面积,mm^2。

A 和 Z 数值愈大,表示材料的塑性愈好。良好的塑性不仅是金属材料进行轧制、拉拔、锻造、冲压,焊接的必要条件,而且在使用中一旦超载,由于产生塑性变形,能够避免突然断裂,从而增加零件的安全性。

二、硬度

材料表面抵抗局部变形,特别是塑性变形、压痕、划痕的能力称为硬度。硬度是衡量材料软硬的指标。硬度直接影响金属材料的耐磨性,因为机械制造所用的刀具、量具、模具及零件的耐磨表面都应具有足够高的硬度,才能保证其使用性能和寿命。若所加工金属坯料的硬度过高,则会给切削加工或其他工艺带来困难。显然硬度也是重要的力学性能指标。

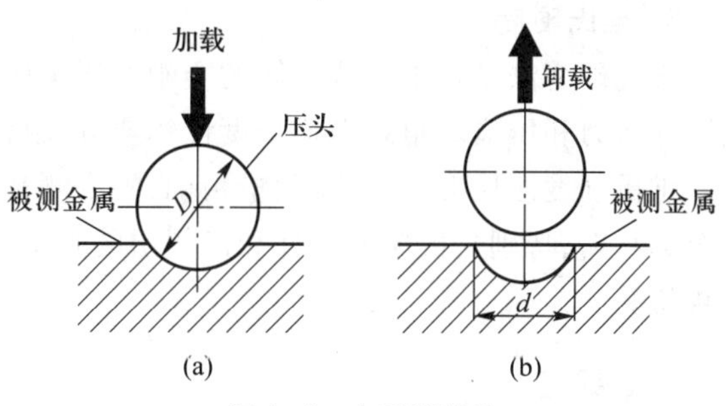

图 1-4　布氏硬度法

金属材料的硬度是在硬度计上测出的。常用的有布氏硬度法和洛氏硬度法。

1. 布氏硬度

根据 GB/T 231.1—2018,布氏硬度的测试原理如图 1-4 所示。以直径为 D 的硬质合金球为压头,在载荷的静压力下,将压头压入

被测材料的表面(图 1-4a),保持一定时间后卸去载荷(图 1-4b),在读数显微镜下测量被测材料表面上所压出凹痕的平均直径 d,按式(1-4)计算出被测材料的布氏硬度值。布氏硬度用 HBW 表示,单位为 MPa,但习惯上不标出。

$$\mathrm{HBW} = 0.102 \frac{2F}{\pi D(D-\sqrt{D^2-d^2})} \tag{1-4}$$

式中:F——载荷,N;

D——硬质合金球平均直径,mm;

d——压痕平均直径,mm。

实际应用时,也可根据 d 的数值从专门的资料中查出相应的 HBW 值。

布氏硬度法测试值较稳定,准确度较洛氏法高。缺点是测量费时,且压痕较大,不适于成品检验。

2. 洛氏硬度

根据 GB/T 230.1—2018,洛氏硬度的测试原理是将顶角为 120°的金刚石圆锥或一定直径的合金球按规定的载荷和试验程序压入被测材料,如图 1-5 所示。保持一定时间后卸除载荷,由被测材料表面的残余压痕深度确定其硬度。实际测量时,可直接从硬度计刻度盘读出 HR 值。

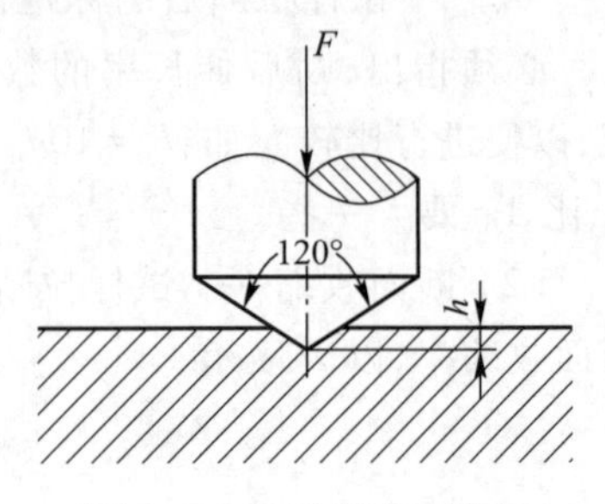

图 1-5 洛氏硬度的测定

GB/T 230.1—2018 中规定:根据所采用的压头和试验力的不同,洛氏硬度分为 A、B、C、D 等 15 种标尺,其中 A、B、C 三种见表 1-2。实际生产中,以 HRC 应用最多。

表 1-2 洛氏硬度试验条件和应用

硬度符号	压头类型	初试压力 F_0/N	总试验力/N	被测材料
HRA	金刚石圆锥	98.07	588.4	硬质合金、表面淬火钢
HRBW	ϕ1.587 5 mm 球	98.07	980.7	软钢、退火钢、铜合金
HRC	金刚石圆锥	98.07	1471.0	淬火钢件

洛氏硬度法测试简便、迅速,因压痕小、不损伤零件,可用于成品检验。其缺点是测得的硬度值重复性较差,需在不同部位测量数次。

3. 维氏硬度

维氏硬度法是将正四棱锥体的金刚石压头压入被测材料表面,再测量压痕对角线长度。根据所加压力和压痕对角线平均长度计算或查表得到硬度值。维氏硬度用符号 HV 表示。

维氏硬度法压痕深度浅,测量精确,硬度测量范围大。维氏硬度法可测软、硬金属及陶瓷等非金属材料,特别是极薄的零件和渗碳层的硬度。缺点是测试效率较低,不宜用于成批量零件的常规检验。

三、韧度

许多机器零件,如锤杆、锻模、火车挂钩、活塞销等在工作中承受冲击载荷,因此必须考虑金属材料抵抗冲击载荷的能力。

金属材料在冲击载荷作用下抵抗破坏的能力称为冲击韧度。金属材料在常温下的韧度指标是吸收能量 K。吸收能量 K 的测定方法、试样的要求及试验过程按 GB/T 229—2020 规定进行。试验时，将带缺口的标准试样放在试验机的支座上，如图 1-6 所示。然后将摆锤自一定高度处落下，冲断试样。吸收能量 K 的计算公式为

$$K=W(H-h) \tag{1-5}$$

式中：K——冲击吸收能量，J；

W——摆锤重量，N；

H、h——摆锤冲断试样前的高度和冲断后的高度，m。

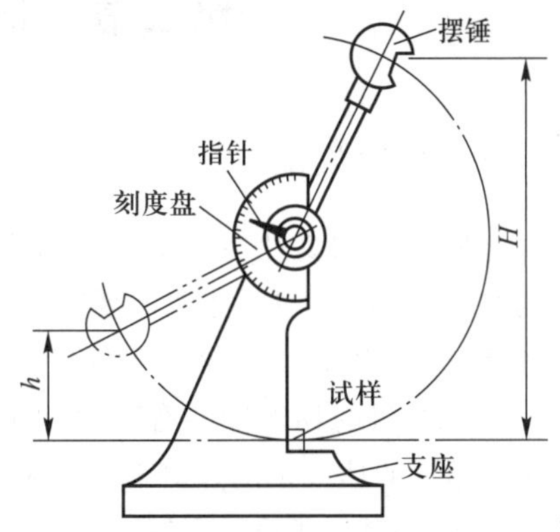

图 1-6　摆锤冲击试验机

吸收能量代表了冲击韧度的高低，可由试验机刻度盘直接读出。

吸收能量的大小与材料本身的特性有关，还受试样的尺寸、缺口形状、试验机摆锤刃口尺寸和试验环境（如温度）等因素影响，使用时应一并把这些因素考虑进去。

目前，工程上仍在使用 a_K 值表示材料冲击韧度，a_K 即吸收能量与材料断口处截面积的比值，单位为 J/m^2。

材料的吸收能量的大小一般不作为设计零件的直接依据，只是作为选材时的一个参考。

四、疲劳强度

机器上许多零件，如主轴、曲轴、齿轮、连杆、弹簧等在工作中各点的应力随时间做周期性变化，这种应力称为循环应力或交变应力。承受循环应力的零件在工作一段时间后，有时突然发生断裂，而其所承受的应力往往低于该金属材料的屈服强度，这种断裂称为疲劳断裂。

通过材料的疲劳试验，可得出有些金属材料其循环应力 R 与断裂前的应力循环次数 N 具有图 1-7 疲劳曲线所示的关系。由图可知，材料所承受的循环应力愈大，则产生断裂的应力循环次数愈少；当循环应力低于某定值时，疲劳曲线呈水平线，表示该金属材料在此应力下可经受无数次应力循环仍不发生疲劳断裂，此应力值称为材料的疲劳强度。对于按正弦曲线变化的对称循环应力，其疲劳强度以符号 S 表示，单位为 MPa。

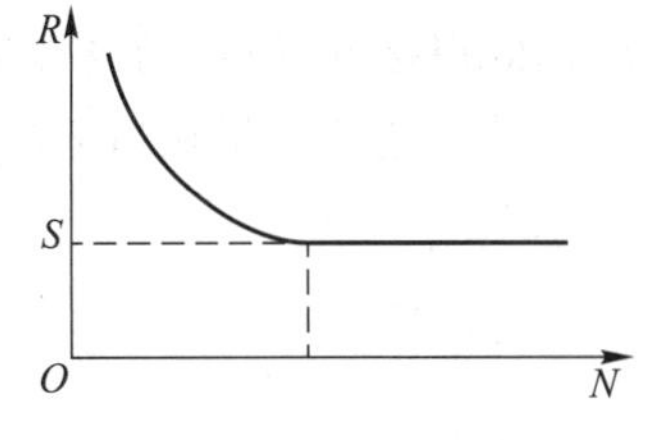

图 1-7　疲劳曲线

由于实际测试时不可能做到无数次应力循环，故在疲劳试验时各种金属材料应有一定的应力循环基数。如钢材以 10^7 为基数，即循环次数达到 10^7 仍不发生疲劳断裂，就认为不会再发生疲劳断裂。对于非铁合金和某些高强度钢，则常取 10^8 为基数。

一般认为产生疲劳断裂的原因，是由于材料有内部缺陷、表面划痕及其他能引起应力集中的缺陷，导致产生微裂纹。这种微裂纹随应力循环次数的增加而逐渐扩展，致使零件的有效截面积逐步缩小，直至不能承受所加载荷而突然断裂。

为了提高零件的疲劳强度，除应改善其形状结构、减少应力集中外，还可采取表面强化的方法，如提高零件的表面质量、进行喷丸处理和表面热处理等。同时，应控制材料的内部质量，避免

气孔、夹渣等缺陷。

第二节 材料的物理、化学及工艺性能

一、物理性能

金属材料的物理性能主要有密度、熔点、热膨胀性、导热性、导电性和磁性等。由于机器零件的用途不同,对其物理性能的要求也有所不同。例如,飞机零件常选用密度较小的铝、镁、钛合金来制造;设计电动机、电器零件时,常要考虑金属材料的导电性、磁性等。

金属材料的物理性能有时对加工工艺也有一定的影响。例如,高速钢导热性较差,锻造加热时应采用低的速度来加热升温,否则容易产生裂纹;而材料的导热性对切削刀具温升也有重要影响。又如,锡基轴承合金、铸铁和铸钢的熔点不同,故所选的熔炼设备、铸型材料均有很大的不同。

二、化学性能

金属材料的化学性能主要是指在常温或高温时,抵抗各种介质侵蚀的能力,如耐酸性、耐碱性、抗氧化性等。

对于在腐蚀性介质中或在高温下工作的机器零件,由于比在空气中或室温时的腐蚀更为强烈,故在设计这类零件时应特别注意金属材料的化学性能,采用化学稳定性良好的合金。如化工设备、医疗和食品用具常采用不锈钢来制造,而内燃机的排气阀、汽轮机和电站设备的一些零件则常选用耐热钢来制造。

三、工艺性能

工艺性能是金属材料物理、化学性能和力学性能在加工过程中的综合反映,是指是否易于进行冷、热加工的性能。按工艺方法的不同,可分为铸造性、可锻性、焊接性和切削加工性等。

在设计零件和选择工艺方法时,都要考虑金属材料的工艺性能。例如,灰铸铁的铸造性优良,这是其广泛用来制造铸件的重要原因,但可锻性很差,不能进行锻造,焊接性也较差。又如,低碳钢的焊接性优良,而高碳钢则很差,因此焊接结构广泛采用的是低碳钢。

各种工艺性能将在后面的有关篇章中分别介绍。

复 习 题

1. 什么是应力?什么是应变?

2. 对于具有力学性能要求的零件,为什么在零件图上通常仅标注其硬度要求,而极少标注其他力学性能要求?

3. 布氏硬度法和洛氏硬度法各有什么优缺点?下列材料或零件通常采用哪种方法检查其硬度?

库存钢材　　硬质合金刀头

锻件　　台虎钳钳口

4. 下列符号所表示的力学性能指标名称和含义是什么?

R_m　R_{eH}　$R_{r0.2}$　S　A　K　HRC　HBW

第二章　铁 碳 合 金

钢和铸铁是制造机器设备的主要金属材料，都是以铁、碳为主组成的合金，即铁碳合金。其中，铁的含量大于95%，是最基本的组元。组元的排列规律显著影响材料性能，因此欲了解钢和铸铁的本质，首先要了解纯铁的晶体结构。

第一节　纯铁的晶体结构及其同素异构转变

一、金属的结晶

金属在固态下一般都是晶体，即原子在空间呈规律性排列；而在液态下，金属原子的排列并不规则。因此，金属的结晶就是金属液态转变为晶体的过程，亦即金属原子由无序到有序的排列过程。

纯金属的结晶是在一定的温度下进行的，结晶过程可用冷却曲线（图1-8）来表示。冷却曲线是用热分析法测定出来的。从图1-8可以看出，曲线上有一水平线段，这就是实际结晶温度，因为结晶时放出的结晶潜热使温度不再下降，所以该线段是水平的。从图中还可看出，实际结晶温度低于理论结晶温度（平衡结晶温度），这种现象称为“过冷”。理论结晶温度与实际结晶温度之差，称为过冷度。过冷度的大小与冷却速度密切相关。冷却速度愈快，实际结晶温度就愈低，过冷度就愈大；反之，冷却速度愈慢，过冷度愈小。

液态金属的结晶过程是遵循“晶核不断形成和长大”这个结晶基本规律进行的。图1-9为金属结晶过程示意图。开始时，液态中先出现的一些极小晶体，称为晶核。在这些晶核中，有些是依靠原子自发地聚集在一起，按金属晶体固有规律排列而成的，这些晶核称为自发晶核。金属

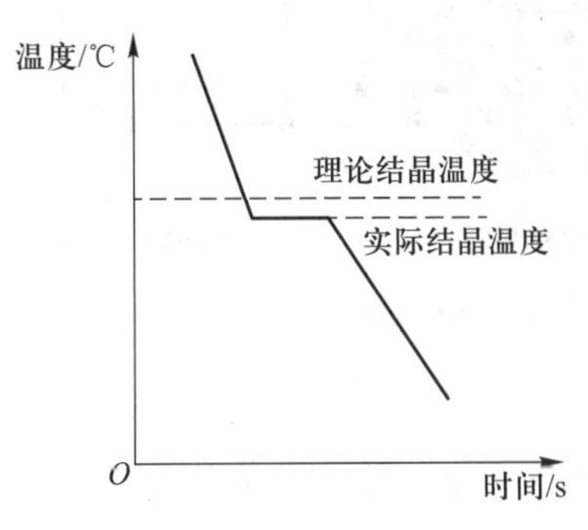

图1-8　纯金属的冷却曲线

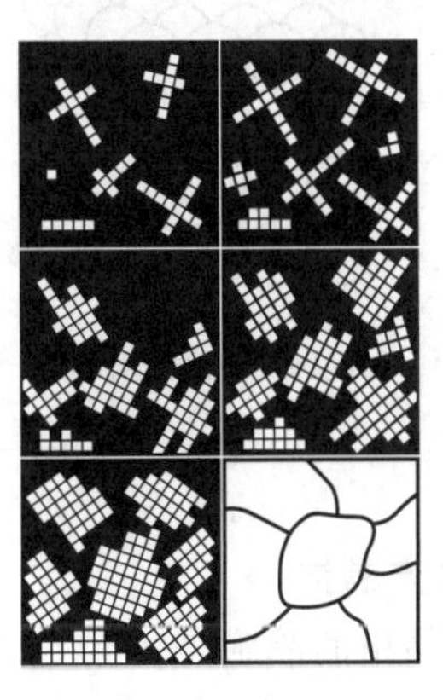

图1-9　结晶过程示意图

的冷却速度愈快，自发晶核愈多。另外，液态中有时有些高熔点杂质会形成微小固体质点，其中某些质点也可起晶核作用，这种晶核称为外来晶核或非自发晶核。在晶核出现之后，液态金属的原子就以它为中心，按一定几何形状不断地排列起来形成晶体。晶体沿着各个方向生长的速度是不均匀的，通常按照一次晶轴、二次晶轴……呈树枝状长大。在原有晶体长大的同时，剩余液态中又陆续出现新的晶核，这些晶核也同样长大成晶体，这样就使液态愈来愈少。当晶体长大到与相邻的晶体互相抵触时，这个方向的长大便停止了。当全部晶体都彼此相遇、液态耗尽时，结晶过程即告结束。

由上述可知，固态金属通常是由多晶体构成的，每个晶核长成的晶体称为晶粒，晶粒之间的接触面称为晶界。晶粒的外形是不规则的，各相邻晶粒内部原子排列的位向也各不相同。

金属晶粒的粗细对其力学性能影响很大。一般来说，同一成分的金属，晶粒愈细，其强度、硬度愈高，而且塑性和韧性也愈好。因此，促使和保持晶粒细化是金属冶炼和热加工过程中的一项重要任务。影响晶粒粗细的因素很多，但主要取决于晶核的数目。晶核愈多，晶核长大的余地愈小，长成的晶粒愈细。细化铸态金属晶粒的主要途径如下：

(1) 提高冷却速度，以增加晶核的数目。

(2) 在金属浇注之前，向金属液内加入变质剂（孕育剂）进行变质处理，以增加外来晶核。

此外，还可采用热处理或塑性加工方法，使固态金属晶粒细化。

二、纯铁的晶体结构

晶体中原子的排列情况如图 1-10a 所示的球体模型。由图可见，这些原子在空间堆积在一起，难以看清其内部排列规律。为便于研究晶体中原子排列规律，可将原子抽象化，即将每个原子看成一个点，再把相邻原子中心用假想的直线连接起来，使之形成晶格（图 1-10b）。由于晶体中原子的排列具有周期性规律，因此可从晶格中取出一个最基本的几何单元，这个单元称为晶胞（图 1-10c）。在研究金属晶体结构时，取出一个晶胞来分析就可以了。晶胞中各棱边的长度称为晶格常数，其大小以 Å（埃）来度量（1 Å = 10^{-8} cm）。各种金属晶体结构的主要差别就在于其晶格类型和晶格常数的不同。

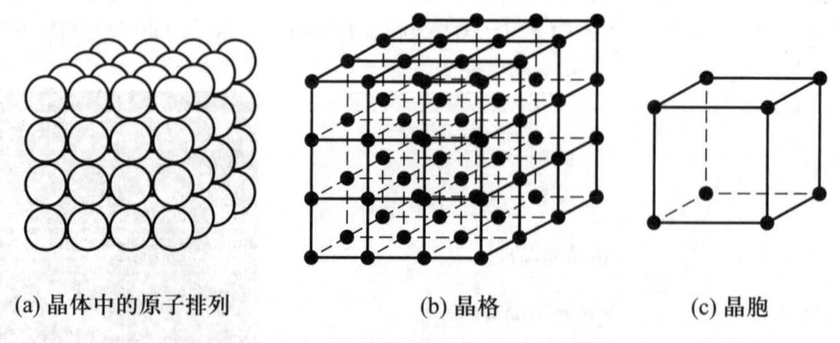

(a) 晶体中的原子排列　　(b) 晶格　　(c) 晶胞

图 1-10　简单立方体的晶格与晶胞

1. 体心立方晶格

体心立方晶格的晶胞是一个长、宽、高相等的立方体。在立方体的八个顶角上各有一个原子，在立方体的中心还有一个原子，如图 1-11a 所示。

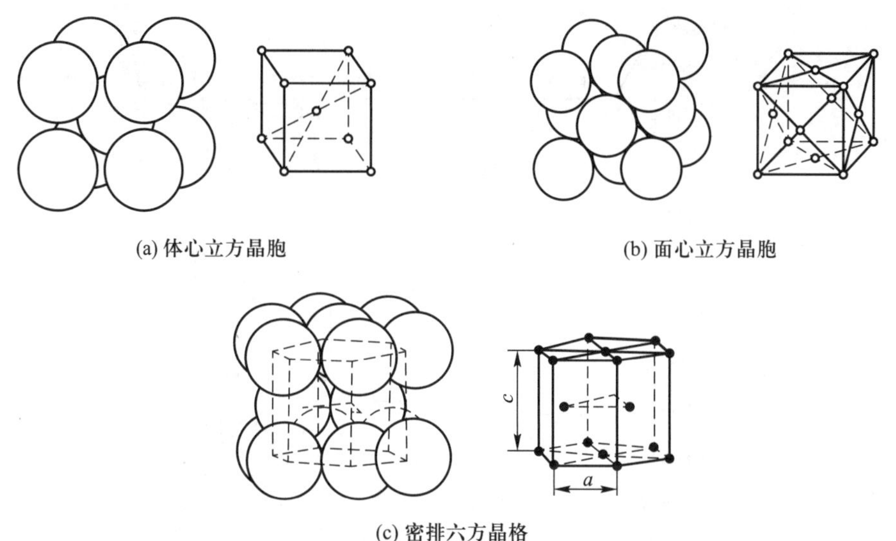

(a) 体心立方晶胞

(b) 面心立方晶胞

(c) 密排六方晶格

图 1-11 晶体构造

2. 面心立方晶格

面心立方晶格的晶胞也是个立方体,除在立方体的八个顶角上各有一个原子外,在立方体六个面的中心处还各有一个原子,如图 1-11b 所示。

3. 密排六方晶格

密排六方晶格的晶胞如图 1-11c 所示。12 个原子组成一个六棱柱,此外上下两个六边形中心处各有 1 个原子,六棱柱的心部还分布有 3 个原子。

金属的晶格类型和大小不同,晶格中原子排列的密度不同,都必将造成金属性能的很大差异。同一种金属在不同方向上的性能也会有所不同,即表现出金属的性能具有方向性。

三、纯铁的同素异构转变

大多数金属在结晶之后,直至冷却到室温,其晶格类型将保持不变。但铁及锡、钛、锰等金属在结晶之后,在不同温度范围内将呈现出不同的晶格。这种随着温度的改变,固态金属的晶格也随之改变的现象称为同素异构转变。

图 1-12 所示为纯铁的冷却曲线。由图可见,冷却曲线上有三个水平台。第一个水平台(1 538 ℃),表示纯铁由液态转变成固态的结晶阶段。结晶后铁的晶格是体心立方,称为 δ-Fe。当温度继续下降到 1 394 ℃的水平台时,发生了同素异构转变,铁的晶格由体心立方转变成面心立方,称为 γ-Fe。当温度继续下降到 912 ℃时,再次发生同素异构转变,又转变成体心立方晶格,称为 α-Fe。上述的同素异构转变对钢铁的热处理甚有意义,其中极为重要的是:

$$\underset{(\text{面心})}{\gamma\text{-Fe}} \xrightleftharpoons{912\ ℃} \underset{(\text{体心})}{\alpha\text{-Fe}} \tag{1-6}$$

同素异构转变是在固态下原子重新排列的过程,从广义上说也属于结晶过程。因为遵循晶核形成与晶核长大的结晶规律,其转变也在一定的过冷度下进行,同时,也产生结晶热效应。为了区别于由液态转变为固态的初次结晶,常将同素异构转变称为二次结晶或重结晶。

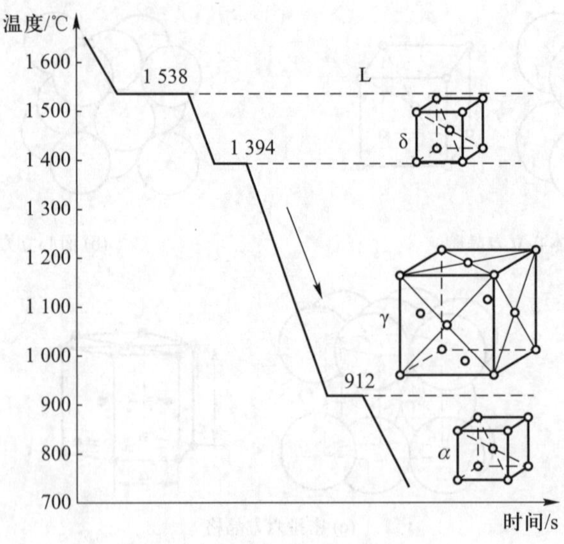

图 1-12　纯铁的同素异构转变

同素异构转变时,由于晶格结构的转变,原子排列的密度也随之改变。如面心立方晶格 γ-Fe 中铁原子的排列比 α-Fe 紧密,故由 γ-Fe 转变为 α-Fe 时,金属的体积将发生膨胀。反之,由 α-Fe 转变为 γ-Fe 时,金属的体积要收缩。这种体积变化使金属内部产生的内应力称为组织应力。

第二节　铁碳合金的基本组织

两种或两种以上的金属元素,或金属与非金属元素熔合在一起,构成具有金属特性的物质称为合金。机械制造中广泛应用的是合金,而不是纯金属。因为合金比纯金属有较高的强度和硬度,且成本较低;同时,还可通过改变合金的成分和进行不同的热处理,在很大范围内调整其性能。

组成合金的元素称为组元,简称元。如铁、碳是钢和铸铁中的组元。合金中的稳定化合物(如 Fe_3C)也可作为组元。

材料的组织是在显微镜下能够观测到的材料内部所具有的各种组成物的直观形貌。

合金的结构比纯金属复杂得多。因为合金组元的相互作用可构成不同的相。在合金组织中,凡化学成分、晶格构造和物理性能相同的均匀组成部分称为相。例如,钢液为一个相,称液相;但在结晶过程中液态和固态的钢共存,此时,它们各是一个相。必须指出,由于在不同条件下,同一组成物的相结构其形状、大小和分布可发生改变,因此按照显微镜下各相的形态特征,又可分成不同的组织。研究金属在加热或冷却过程中的组织转变规律是非常重要的。

铁碳合金的组织结构相当复杂,并随其成分、温度和冷却速度而变化。按照铁和碳相互作用形式的不同,铁碳合金的组织可分为固溶体、金属化合物和机械混合物三种类型。

一、固溶体

有些合金的组元在固态时，具有一定的互相溶解能力。例如，一部分碳原子能够溶解到铁的晶格内，此时，铁是溶剂，碳是溶质，而合金的晶格仍保持铁的原有晶格类型。这种溶质原子溶入溶剂晶格而仍保持溶剂晶格类型的金属晶体，称为固溶体。固溶体是均匀的固态物质，所溶入的溶质即使在显微镜下也不能区别出来，因此固溶体属于单相组织。

根据溶质原子在溶剂晶格中所占据位置的不同，固溶体可分为置换固溶体和间隙固溶体。当溶质原子代替了一部分溶剂原子，占据溶剂晶格的某些结点位置时，所形成的固溶体称为置换固溶体；当溶质原子在溶剂晶格中不是占据结点位置，而是嵌入各结点之间的空隙时，所形成的固溶体称为间隙固溶体。

铁碳合金中的固溶体都是碳溶入铁的晶格中的间隙固溶体（图 1-13）。此时，碳的固溶度是有限度的，即属于有限固溶体。碳在铁中的固溶度主要取决于铁的晶格类型，并随温度的升高而增加。

形成固溶体时，溶剂晶格将产生不同程度的畸变，图 1-14 所示为间隙固溶体的晶格畸变。这种畸变使塑性变形阻力增加，表现为固溶体的强度、硬度有所增加，这种现象称为固溶强化。

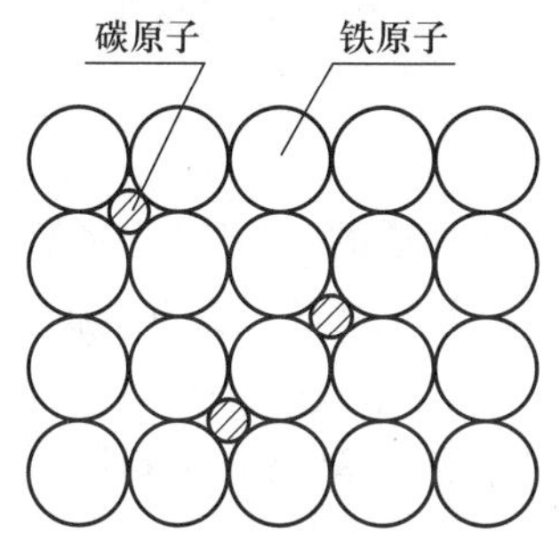

图 1-13　铁碳合金固溶体示意图

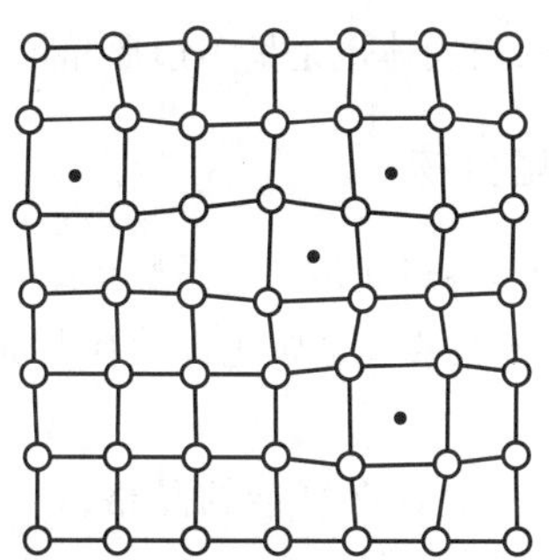
图 1-14　间隙固溶体的晶格畸变

碳既可溶入 α-Fe、γ-Fe，也可溶入 δ-Fe，形成不同的固溶体。

1. 铁素体

碳溶解于 α-Fe 中形成的固溶体称为铁素体，呈体心立方晶格，通常以符号 α 表示。α-Fe 的溶碳能力极小，600 ℃时溶碳量仅为 0.006%，727 ℃时最大溶碳量仅 0.021 8%。

铁素体因溶碳极少，固溶强化作用甚微，故力学性能与纯铁相近。其性能特征是强度、硬度低，塑性、韧性好，如 $R_m \approx 250$ MPa、$A = 45\% \sim 50\%$、80 HBW。铁素体在显微镜下为明亮的多边形晶粒，但晶界曲折，如图 1-15a 所示。

2. 奥氏体

碳溶入 γ-Fe 中形成的固溶体称为奥氏体，呈面心立方晶格，以符号 γ 表示。

γ-Fe 的溶碳能力较 α-Fe 高许多。如在 1 148 ℃时，最大溶碳量为 2.11%；温度降低时，溶碳能力也随之下降，到 727 ℃时，溶碳量为 0.77%。由于 γ-Fe 仅存在于高温，因此稳定的奥氏体通常存在于 727 ℃以上，故在铁碳合金中奥氏体属于高温组织。

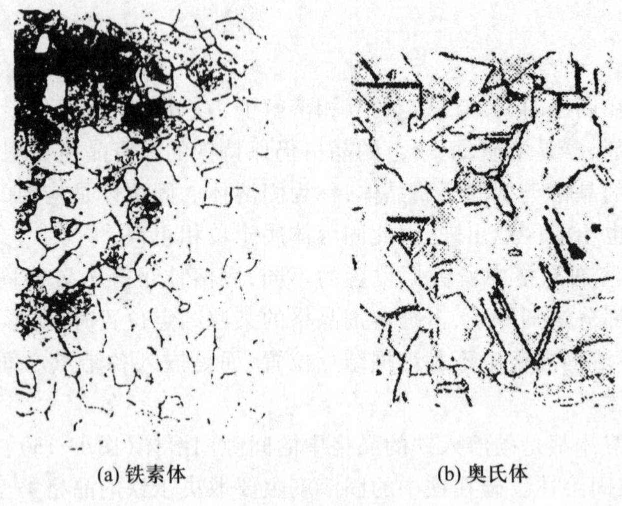

(a) 铁素体　　(b) 奥氏体

图 1-15　铁素体和奥氏体

奥氏体的力学性能与其溶碳量有关。一般来说，其强度、硬度不高，但塑性优良（$A=40\%\sim50\%$）。在钢的轧制或锻造时，为使钢易于进行塑性变形，通常将钢加热到高温，使之呈奥氏体状态。

在显微镜下，奥氏体也是呈多边形晶粒，但晶界较铁素体平直，并存有双晶带，如图 1-15b 所示。

二、金属化合物

金属化合物是各组元按一定整数比结合而成、并具有金属性质的均匀物质，属于单相组织。金属化合物与金属中的某些非金属化合物有本质不同，如钢铁中的 FeS、MnS 不具有金属性质，故属于非金属夹杂物。

金属化合物一般具有复杂的晶格，且与构成化合物的各组元晶格皆不相同，其性能特征是硬而脆。

铁碳合金中的渗碳体（Fe_3C）属于金属化合物，硬度极高，可以刻划玻璃，而塑性、韧性极低，断后伸长率和冲击韧度近于零。

渗碳体是钢铁中的强化相，其组织可呈片状、球状、网状等不同形状。渗碳体的数量、形状和分布对钢的性能有很大的影响。

渗碳体在一定条件下可发生分解，形成石墨。其反应式为

$$Fe_3C \longrightarrow 3Fe + C_{石墨} \tag{1-7}$$

这个反应对铸铁有着重要意义，详见第二篇铸造。

三、机械混合物

机械混合物是由结晶过程所形成的两相混合组织。可以是纯金属、固溶体或化合物各自的混合，也可以是相互之间的混合。机械混合物各相均保持其原有的晶格，因此机械混合物的性能介于各组成相之间，不仅取决于各相的性能和比例，还与各相的形状、大小和分布有关。

铁碳合金中的机械混合物有珠光体和莱氏体。

1. 珠光体

铁素体和渗碳体组成的机械混合物称为珠光体,用符号 P 或 $\alpha+Fe_3C$ 表示。

珠光体的碳质量分数为 0.77%。由于渗碳体在混合物中起强化作用,因此珠光体有着良好的力学性能,如其抗拉强度高($R_m \approx 750$ MPa)、硬度较高(180 HBW),且仍有一定的塑性和韧度($A=20\%\sim25\%$、$a_K=30\sim40$ J/cm^2)。

珠光体在显微镜下呈层片状,如图 1-16 所示。其中白色基体为铁素体,黑色层片为渗碳体。

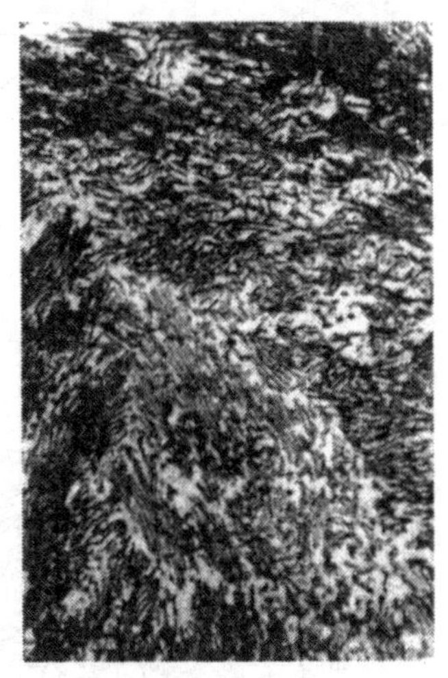

图 1-16 珠光体

2. 莱氏体

分为高温莱氏体和低温莱氏体两种。奥氏体和渗碳体组成的机械混合物称高温莱氏体,用符号 Ld 或 $\gamma+Fe_3C$ 表示。由于其中的奥氏体属高温组织,因此高温莱氏体仅存于 727 ℃以上。高温莱氏体冷却到 727 ℃以下时,将转变为珠光体和渗碳体的机械混合物($P+Fe_3C$),称低温莱氏体,用符号 Ld′表示。

莱氏体的碳质量分数为 4.3%。由于莱氏体中含有的渗碳体较多,故性能与渗碳体相近,极为硬脆。

第三节 铁碳合金状态图

铁碳合金的结晶过程比纯铁复杂得多。不同碳质量分数铁碳合金的结晶过程差别很大,其结晶过程是用铁碳合金状态图来表示的。

铁碳合金状态图是以温度为纵坐标、合金成分(碳质量分数)为横坐标的图形,如图 1-17 所示。图中横坐标仅标出了碳质量分数小于 6.69%部分,因为含碳过高的铁碳合金在工业上没有实用价值。由于 Fe_3C 的碳质量分数为 6.69%,是个稳定的化合物,故可作为合金的一个组元,因此这个状态图实际上是 $Fe-Fe_3C$ 状态图。它是研究不同碳质量分数的钢和铸铁在不同温度下组织变化规律的重要工具。

铁碳合金状态图相当复杂,为初学者方便,图 1-17 所示的左上角部分已进行了简化,但这并不影响其在工程上的实际应用。

铁碳合金状态图是人们经过长期生产实践,并经大量科学实验总结出来的。为了建立状态图,首先要配制多种成分合金,分别加热熔化后缓慢冷却。当合金状态或组织发生变化时,由于热效应而使冷却曲线发生转折,形成临界点(参见图 1-12)。而后,将性质相同的临界点连接起来,便可构成状态图。为了弥补热分析法的不足,有时还需采用金相分析法、膨胀法、磁性法等。

一、铁碳合金状态图的分析

铁碳合金状态图中有四个基本相,即液相(L)、奥氏体相(γ)、铁素体相(α)和渗碳体相(Fe_3C),各有其相应的单相区。

在铁碳合金状态图中,用字母标出的点都有其特定的意义,称为特性点。主要特性点的温度、碳质量分数和含义列于表 1-3。

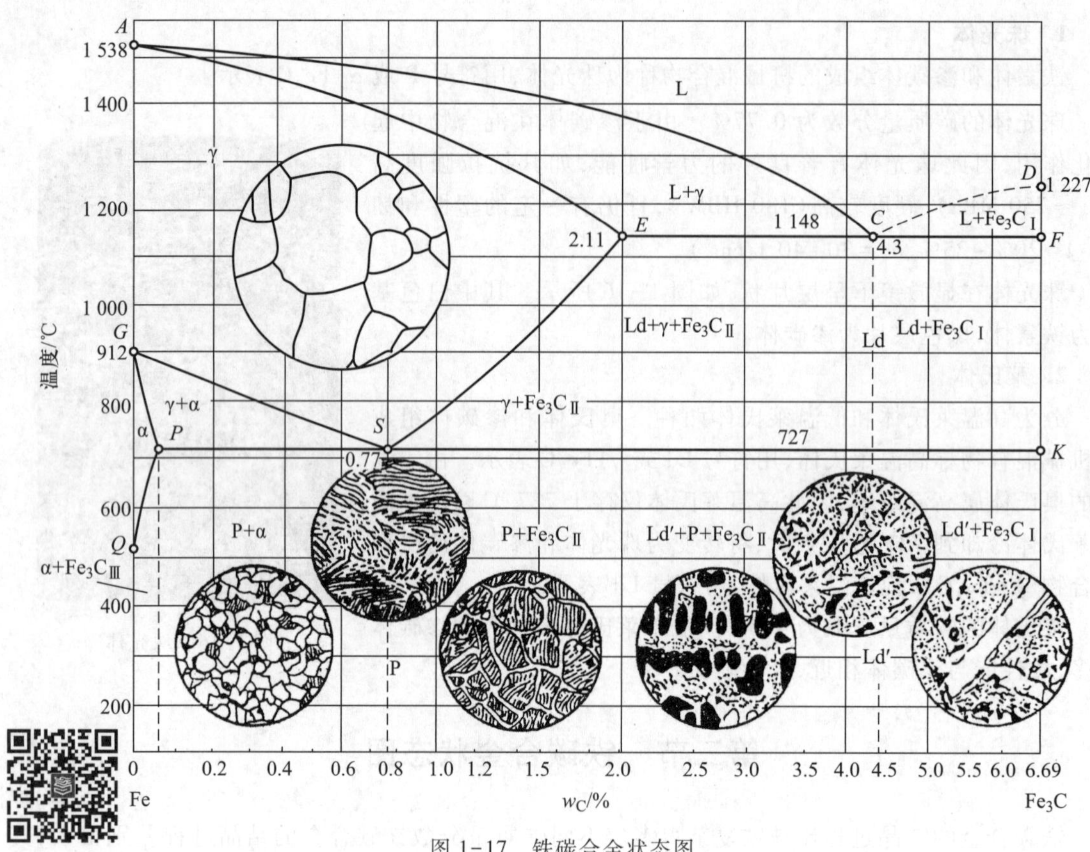

图 1-17 铁碳合金状态图

表 1-3 铁碳合金状态图中各特性点

特性点	温度/℃	碳质量分数/%	含义
A	1 538	0	纯铁的熔点
C	1 148	4. 3	共晶点
D	1 227	6. 69	渗碳体的熔点[①]
E	1 148	2. 11	碳在 γ-Fe 中的最大固溶度
F	1 148	6. 69	渗碳体的成分点
G	912	0	α-Fe ⇌ γ-Fe 同素异晶转变点
S	727	0. 77	共析点
P	727	0. 021 8	碳在 α-Fe 中的最大固溶度
Q	600	0. 006	600 ℃时,碳在 α-Fe 中的最大固溶度

① 由于渗碳体在熔化前便已开始分解,其精确的熔点难以测出,因此图 1-17 中的 *CD* 线采用虚线。表中的 1 227 ℃是计算值。

状态图中各条线都表示铁碳合金发生组织转变的界限,所以这些线就是组织转变线,又称特性线。现将图 1-17 中的一些主要线的含义简单介绍如下:

(1) *ACD* 线——液相线。此线以上的区域是液相区,以符号 L 表示。液态合金冷却到此线温度时，便开始结晶。

(2) *AECF* 线——固相线。表示合金冷却到此线温度时，将全部结晶成固态。

在液相线和固相线之间所构成的两个区域（*ACE* 区和 *CDF* 区）中，都是包含着液态合金和结晶体的两相区，不过这两个区所包含的结晶体不同。因为液态合金沿 *AC* 线结晶出来的是奥氏体，而沿 *CD* 线结晶出来的是渗碳体。由液态合金直接析出的渗碳体称为初生渗碳体或一次渗碳体（$Fe_3C_{Ⅰ}$）。显然，*ACE* 区包含着液态合金和奥氏体两个相，而 *CDF* 区包含着的是液态合金和渗碳体两个相。

液态合金只有在 *C* 点（1 148 ℃、碳质量分数为 4.3%），通过共晶反应将同时结晶出奥氏体和渗碳体的机械混合物——莱氏体。其反应式为

$$L_C \xrightleftharpoons{1\ 148\ ℃} Ld(\gamma+Fe_3C) \tag{1-8}$$

ECF 线又称共晶线，因为碳质量分数为 2.11%～6.69%的所有合金（即铸铁）经过此线都要发生共晶反应，除点 *C* 成分合金全部结晶成莱氏体外，其他成分合金都将形成一定量的莱氏体，这是铸铁结晶的共同特征。

(3) *GS* 线——奥氏体在冷却过程中析出铁素体的开始线。奥氏体之所以转变成铁素体，是 γ-Fe ⟶ α-Fe 同素异构转变的结果。*GS* 线常以符号 A_3 表示。

(4) *ES* 线——碳在奥氏体中的固溶度曲线。由图可见，温度愈低，奥氏体的溶碳能力愈小，过饱和的碳将以渗碳体形式析出。因此，*ES* 线也是冷却时从奥氏体中析出渗碳体的开始线。*ES* 线常以符号 A_{cm} 表示。

(5) *PSK* 线——共析线，常以符号 A_1 表示。

当点 *S* 成分的奥氏体冷却到 *PSK* 线温度时，将同时析出铁素体和渗碳体的机械混合物——珠光体。上述反应称为共析反应，其反应式为

$$\gamma_S \xrightleftharpoons{727\ ℃} P(\alpha+Fe_3C) \tag{1-9}$$

各种成分的铁碳合金冷却至 *PSK* 线温度时都要发生共析反应。除点 *S* 成分合金全部转变成珠光体外，其他成分的合金都将形成一定量的珠光体，这对莱氏体中的奥氏体也不例外，故在 727 ℃以下的低温莱氏体为珠光体和渗碳体的机械混合物。

(6) *PQ* 线——碳在铁素体中的固溶度曲线。铁素体冷却到此线，将以 Fe_3C 形式析出过饱和的碳，这种由铁素体中析出的渗碳体称为三次渗碳体（$Fe_3C_{Ⅲ}$）。由于三次渗碳体数量极少，对钢铁性能的影响一般可忽略不计。为了初学者方便，可将铁碳合金状态图的左下角予以简化，但铁素体这个相不应忽略，并应与纯铁加以区分。

根据碳质量分数的不同，可将铁碳合金分为钢和铸铁两大类。

钢　是指碳质量分数小于 2.11%的铁碳合金。依照室温组织的不同，可将钢分为如下三类：

亚共析钢——$w_C<0.77\%$

共析钢——$w_C=0.77\%$

过共析钢——$w_C>0.77\%$

铸铁　即生铁，是指碳质量分数为 2.11%～6.69%的铁碳合金。依照室温组织的不同，可将铸铁分为如下三类：

亚共晶铸铁——w_C<4.3%；

共晶铸铁——w_C=4.3%；

过共晶铸铁——w_C>4.3%。

二、钢在缓慢冷却过程中的组织转变

在铁碳合金状态图的实际应用中，常需分析具体成分合金在加热或冷却过程中的组织转变。下面以图 1-18 所示的典型成分的碳素钢为例，分析其在缓慢冷却过程中的组织转变规律。

1. 共析钢

是指点 S 成分合金，如图 1-18 中的合金Ⅰ所示。合金在点 1 以上温度时全部为液态。当缓慢冷却到点 1 以后，开始从钢液中结晶出奥氏体；随着温度的降低，奥氏体愈来愈多，而剩余钢液愈来愈少，直到点 2 结晶完毕，全部形成奥氏体。在点 2 以下为单一的奥氏体，直至冷却到点 3（即点 S）以前，不发生组织转变。当冷却至点 3 温度时，即到达共析温度，奥氏体将发生前述的共析反应，转变成铁素体和渗碳体的机械混合物，即珠光体。此后，在继续冷却过程中不再发生组织变化（三次渗碳体的析出不计），故共析钢的室温组织全部为珠光体（参见图 1-16 的显微图片）。

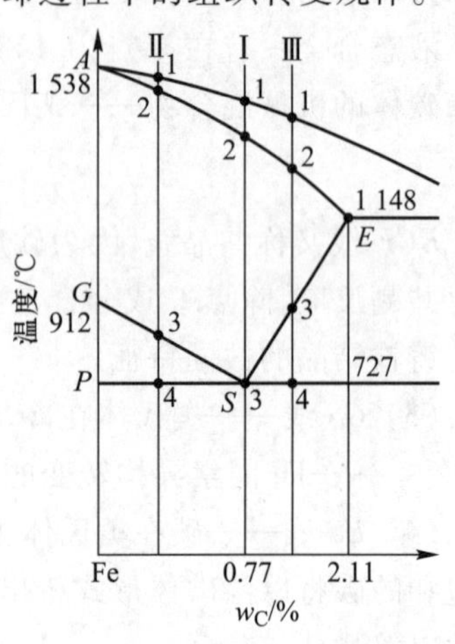

图 1-18　铁碳合金状态图的典型合金

图 1-19 为共析钢的结晶过程示意图。

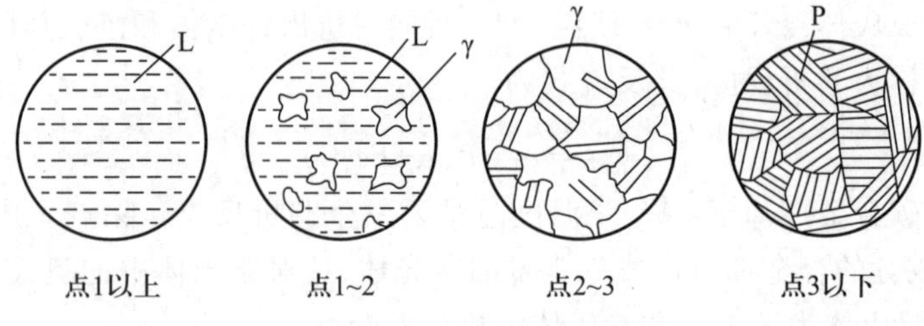

图 1-19　共析钢的结晶过程

2. 亚共析钢

是指点 S 成分以左的合金，如图 1-18 中的合金Ⅱ所示。当合金Ⅱ冷却到点 1 以后，开始从钢液中结晶出奥氏体，直到点 2 全部结晶成奥氏体。当合金Ⅱ继续冷却到 GS 线上的点 3 之前，不发生组织变化。当温度继续降低到点 3 以后，将由奥氏体中逐渐析出铁素体。由于铁素体的碳质量分数很低，致使剩余奥氏体的碳质量分数沿着 GS 线增加。当温度下降到点 4 时，剩余奥氏体的碳质量分数已增加到点 S 的对应成分，即共析成分。到达共析温度点 4 后，剩余奥氏体因发生共析反应转变成珠光体，而已析出的铁素体不再发生变化。点 4 以下其组织不变。因此，亚共析钢的室温组织由铁素体和珠光体构成。

图 1-20 为碳质量分数为 0.2%碳钢的显微组织图，其中白色为铁素体，黑色为珠光体，图 1-21 为亚共析钢结晶过程示意图。

亚共析钢随其碳质量分数增加，由于珠光体的含量增多、铁素体的含量减少，因而钢的强度、硬度增加，而塑性、韧度降低。

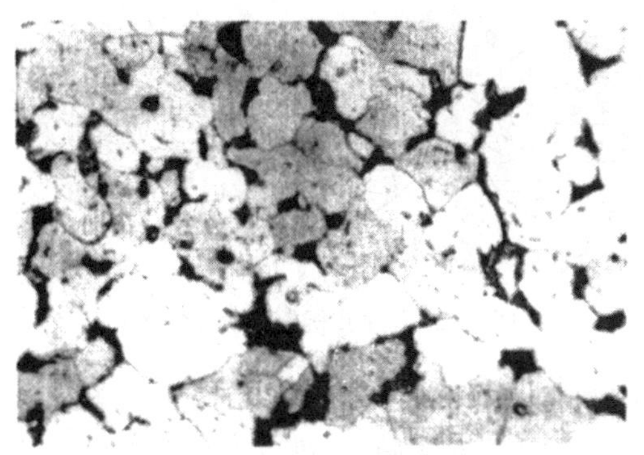

图 1-20　碳质量分数为 0.2%碳钢的显微组织

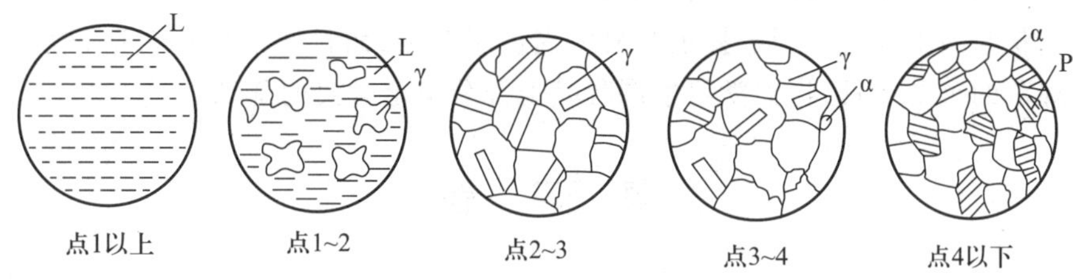

图 1-21　亚共析钢结晶过程

3. 过共析钢

是指碳质量分数超过点 *S* 成分的钢,如图 1-17 中的合金Ⅲ所示。合金Ⅲ由液态冷却到点 3 之前,其结晶过程与合金Ⅰ、Ⅱ相同。当温度降低到 *ES* 线上点 3 之后,由于奥氏体的溶碳能力不断地降低,将由奥氏体中不断以 Fe_3C 形式、沿着奥氏体晶界析出多余的碳,这种由奥氏体析出的渗碳体称为二次渗碳体(Fe_3C_{II})。由于析出含碳较高的 Fe_3C_{II},剩余奥氏体的碳质量分数将沿着它的固溶度曲线(*ES* 线)降低。当温度降低到共析温度的点 4 时,奥氏体达到共析成分,并转变为珠光体。此后继续降温,组织不再发生变化。因此,过共析钢的室温组织由珠光体和二次渗碳体组成。图 1-22 为过共析钢的显微组织图。图中黑色为珠光体,在珠光体晶界上呈白色网状的为二次渗碳体。图 1-23 所示为过共析钢的结晶过程示意图。

图 1-22　过共析钢的显微组织

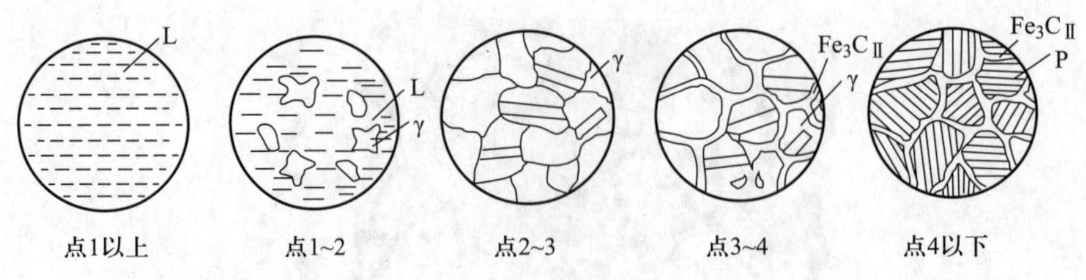

图 1-23　过共析钢的结晶过程

除了钢之外，铸铁也是重要的铁碳合金。但依照图 1-17 所示的 $Fe-Fe_3C$ 状态图结晶出来的铸铁，由于存有相当比例的莱氏体，性能硬脆，难以进行切削加工。这种铸铁因断口呈银白色，故称白口铸铁。白口铸铁在机械制造中极少用来制造零件，因此对其结晶过程不做进一步分析。机械制造广泛应用的是灰铸铁，其中碳主要以石墨状态存在。

铁碳合金状态图不仅为合理选择钢铁材料提供了依据，而且还是制订铸造、锻造、焊接和热处理等工艺规范的重要工具，将为学习本课程其他部分奠定必要的基础。

复习题

1. 什么是“过冷现象”？过冷度指什么？
2. 金属的晶粒粗细对其力学性能有什么影响？细化晶粒的途径有哪些？
3. 什么是同素异构转变？室温和 1 100 ℃时的纯铁晶格有何不同？
4. 填表：

组织名称	代表符号	碳质量分数 w_C/%	组织类型	力学性能特征
铁素体				
奥氏体				
渗碳体				
珠光体				

5. 试绘出简化的铁碳合金状态图钢的部分，标出各特性点和符号，填写各区组织名称。
6. 分析在缓慢冷却的条件下，亚共析钢和过共析钢的结晶过程和室温组织。

第三章　钢的热处理

钢的热处理是将钢在固态下，通过加热、保温和冷却，以获得预期组织和性能的工艺。热处理与其他加工方法（如铸造、锻压、焊接和切削加工等）不同，只改变金属材料的组织和性能，而不以改变形状和尺寸为目的。

热处理的作用日趋重要，因为现代机器设备对金属材料的性能不断提出新的要求。热处理可提高零件的强度、硬度、韧度、弹性等，同时还可改善毛坯或原材料的切削加工性能，使之易于加工。可见，热处理是改善金属材料的性能、保证产品质量、延长使用寿命、挖掘材料潜力不可缺少的工艺方法。据统计，在机床制造中，热处理件占60%~70%；在汽车、拖拉机制造中占70%~80%；在刀具、模具和滚动轴承制造中，几乎全部零件都需要进行热处理。

热处理的工艺方法很多，大致可分为如下两大类：

（1）普通热处理　包括退火、正火、淬火、回火等；

（2）表面热处理　包括表面淬火和化学热处理（如渗碳、氮化等）。

各种热处理都可用温度、时间为坐标的热处理工艺曲线（图1-24）来表示。

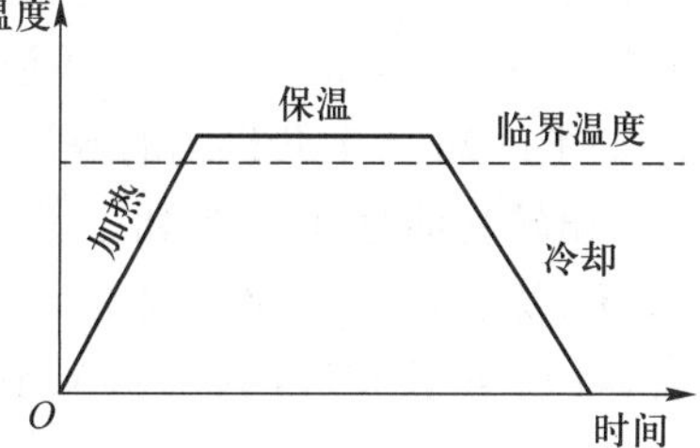

图1-24　热处理工艺曲线示意图

第一节　钢在加热和冷却时的组织转变

一、钢在加热时的组织转变

加热是热处理工艺的首要步骤。多数情况下，将钢加热到临界温度以上，使原有的组织转变成奥氏体后，再以不同的冷却方式或速度转变成所需的组织，以获得预期的性能。

如前所述，铁碳合金状态图中组织转变的临界温度曲线 A_1、A_3、A_{cm} 是在极其缓慢加热或冷却条件下测定出来的，而实际生产中的加热和冷却多不是极其缓慢的，故存有一定的滞后现象，也就是需要一定的过热或过冷转变才能充分进行。通常将加热时实际转变温度位置用 Ac_1、Ac_3、Ac_{cm} 表示；将冷却时实际转变温度位置用 Ar_1、Ar_3、Ar_{cm} 表示，如图1-25所示。

显然，欲使共析钢完全转变成奥氏体，必须加热到 Ac_1 以上；对于亚共析钢，必须加热到 Ac_3 以上，否则难以达到应有的热处理效果。必须指出，初始形成的奥氏体晶粒非常细小，保持细小的奥氏体晶粒可使冷却后的组织继承其细小晶粒，使钢的强度提高，且塑性和韧度均较好。如果加热温度过高或保温时间过长，将会引起奥氏体的晶粒急剧长大，冷却到室温后，使钢的性能降低。因此，应根据铁碳合金状态图及钢的碳质量分数，合理选定钢的加热温度和保温时间，以形成晶粒细小、成分均匀的奥氏体。

二、钢在冷却时的组织转变

钢经过加热、保温实现奥氏体化后，接着便需进行冷却。依据冷却方式及冷却速度的不同，过冷奥氏体（A_1 线以下不稳定状态的奥氏体）可形成多种组织。现实生产中，绝大多数是采用连续冷却方式来进行的，如将加热的钢件投入水中淬火等。此时，过冷奥氏体是在温度连续下降过程中发生组织转变的。为了探求其组织转变规律，可通过科学试验，测出该成分钢的"连续冷却转变曲线"，但这种测试难度较大，而现存资料又较少，因此目前主要是利用已有的"等温转变曲线"近似地分析连续冷却时组织转变过程，以指导生产。

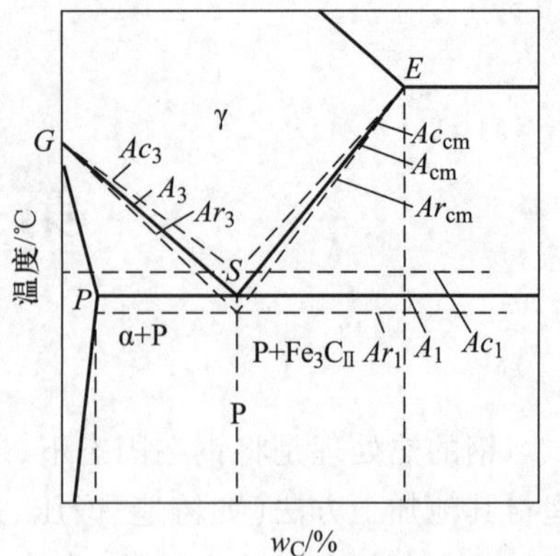

图 1-25　在加热或冷却时各临界点的位置

所谓"等温转变"是指将奥氏体化的钢迅速冷却到 A_1 以下某个温度，使过冷奥氏体在保温过程中发生组织转变，待转变完成后再冷却到室温。经改变不同温度、多次测试，绘制成等温转变曲线。各种成分的钢均有其等温转变曲线。由于这种曲线类似英文字母"C"字，故称 C 曲线。下面以图 1-26 所示共析钢的等温转变曲线为例，扼要分析。

等温转变曲线可分为如下几个区域：稳定奥氏体区（A_1 线以上），过冷奥氏体区（A_1 线以下，C 曲线以左），γ+P 组织共存区（过渡区），其余为过冷奥氏体转变产物区，它又可分为如下三个区：

（1）珠光体转变区（形成于 Ar_1～550 ℃高温区）。其转变产物为（$\alpha+Fe_3C$）组成的片层状机械混合物（参见图 1-16）。依照形成温度的高低及片层的粗细，又可分成三种组织：

1）珠光体（Ar_1～650 ℃形成）。属于粗片层珠光体，以符号 P 表示。

2）细片状珠光体（650～600 ℃形成）。常称为索氏体，以符号 S 表示。

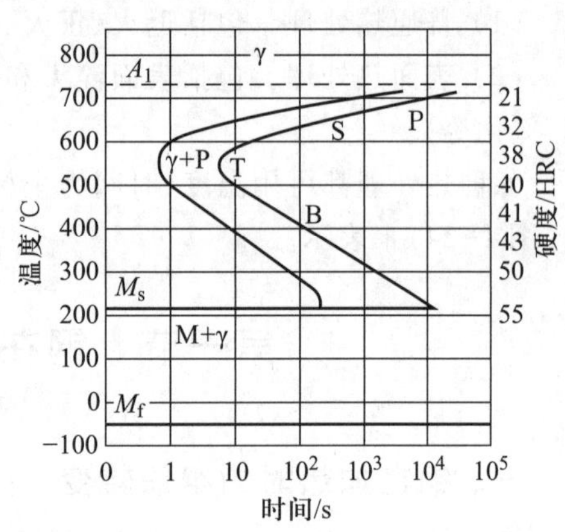

图 1-26　共析钢的等温转变曲线

3）极细片状珠光体（600～550 ℃形成）。常称为托氏体，以符号 T 表示。

（2）贝氏体转变区（形成于 550 ℃～M_s 中温区）。常以符号 B 表示。

（3）马氏体转变区（形成于 M_s 以下的低温区）。钢在淬火时，过冷奥氏体快速冷却到 M_s 以下，由于已处于低温，只能发生 γ-Fe ⟶α-Fe 的同素异构转变，而钢中的碳却难以从溶碳能力很低的 α-Fe 晶格中扩散出去，这样就形成了碳在 α-Fe 中的过饱和固溶体，称为马氏体（以符号 M 表示）。由于碳的严重过饱和，致使马氏体晶格发生严重的畸变，因此中碳以上的马氏体通常具有高硬度，但韧度很差。实践证明，低碳钢淬火所获得的低碳马氏体虽然硬度不高，但有着良好的韧度，也具有一定的使用价值。

图 1-26 中 M_s 是马氏体开始转变的温度线，M_f 是马氏体转变的终止温度线，M_s、M_f 随着钢

碳质量分数的增加而降低。由于共析钢的 M_f 为 -50 ℃,故冷却至室温时,仍残留少量未转变的奥氏体。这种残留的奥氏体称为残余奥氏体,以符号 γ'表示。显然,共析钢淬火到室温的最终产物为 $M+\gamma'$。

图 1-27 所示为过冷奥氏体等温转变曲线在连续冷却中的应用:

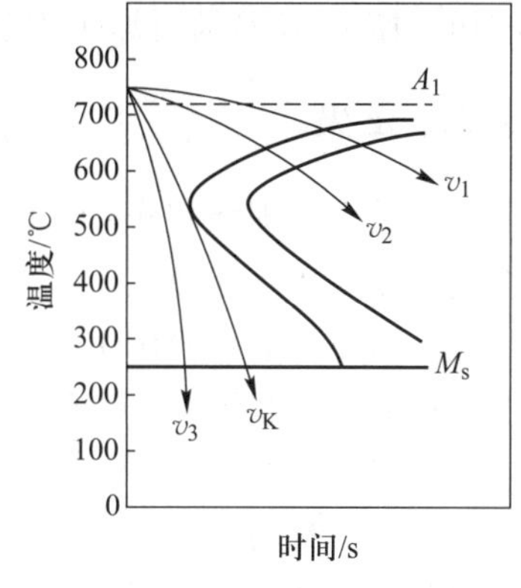

图 1-27　过冷奥氏体等温转变曲线在连续冷却中的应用

v_1 示出在缓慢冷却(如在加热炉中随炉冷却)时,根据它与 C 曲线相交的位置,可获得珠光体组织。

v_2 示出在较缓慢冷却(如加热后从炉中取出在空气中冷却)时,可获得索氏体组织。

v_3 示出快速冷却(如加热后在水中淬火)时,可获得马氏体(包括少量 γ')组织。

v_K 为过冷奥氏体获得全部马氏体(包括少量 γ')的最低冷却速度,称为临界冷却速度。

第二节　钢的退火和正火

一、退火

退火是将钢加热、保温,然后随炉或埋入灰中使其缓慢冷却的热处理工艺。由于退火的具体目的不同,其具体工艺方法有多种,常用的有以下三种。

(1) 完全退火　将亚共析钢加热到 Ac_3 以上 30~50℃,保温后缓慢冷却(图 1-27 中 v_1),以获得接近平衡状态组织。完全退火主要用于铸钢件和重要锻件。因为铸钢件铸态下晶粒粗大,塑性、韧度较差;锻件因锻造时变形不均匀,致使晶粒和组织不均,且存在内应力。完全退火还可降低硬度,改善切削加工性。

完全退火的原理是:钢件被加热到 Ac_3 以上时,呈完全奥氏体化状态,由于初始形成的奥氏体晶粒非常细小,缓慢冷却时,通过"重结晶"使钢件获得细小晶粒,并消除了内应力。必须指出,应严格控制加热温度、防止温度过高,否则奥氏体晶粒将急剧长大。

(2) 球化退火　主要用于过共析钢件。过共析钢经过锻造以后,其珠光体晶粒粗大,且存在少量二次渗碳体,致使钢的硬度高、脆性大,进行切削加工时易磨损刀具,且淬火时容易产生裂纹和变形。

球化退火时,将钢加热到 Ac_1 以上 20~30 ℃。此时,初始形成的奥氏体内及其晶界上尚有少量未完全溶解的渗碳体,在随后的冷却过程中,奥氏体经共析反应析出的渗碳体便以未溶渗碳体为核心,呈球状析出,分布在铁素体基体之上,这种组织称为"球化体"。它是人们对淬火前过共析钢最期望的组织。因为车削片状珠光体时容易磨损刀具,而球化体的硬度低,节省刀具。必须指出,对二次渗碳体呈严重网状的过共析钢,在球化退火前应先进行正火,以打碎渗碳体网。

(3) 去应力退火　将钢加热到 500~650 ℃,保温后缓慢冷却。由于加热温度低于临界温度,因而钢未发生组织转变。去应力退火主要用于部分铸件、锻件及焊接件,有时也用于精密零件的切削加工，使其通过原子扩散及塑性变形消除内应力，防止钢件产生变形。

二、正火

正火是将钢加热到 Ac_3 以上 30～50℃（亚共析钢）或 Ac_{cm} 以上 30～50 ℃（过共析钢），保温后在空气中冷却的热处理工艺。

正火和完全退火的作用相似，也是将钢加热到奥氏体区，使钢进行重结晶，从而解决铸钢件、锻件的粗大晶粒和组织不均问题。但正火比退火的冷却速度稍快，形成了索氏体组织（图 1-27 中 v_2）。索氏体比珠光体的强度、硬度稍高，但韧性并未下降。正火主要用于：

（1）取代部分完全退火。正火是在炉外冷却，占用设备时间短，生产率高，故应尽量用正火取代退火（如低碳钢和碳质量分数较低的中碳钢）。必须看到，碳质量分数较高的钢，正火后硬度过高，使切削加工性变差，且正火难以消除内应力。因此，中碳合金钢、高碳钢及复杂件仍以退火为宜。

（2）用于普通结构件的最终热处理。

（3）用于过共析钢，以减少或消除二次渗碳体呈网状析出。

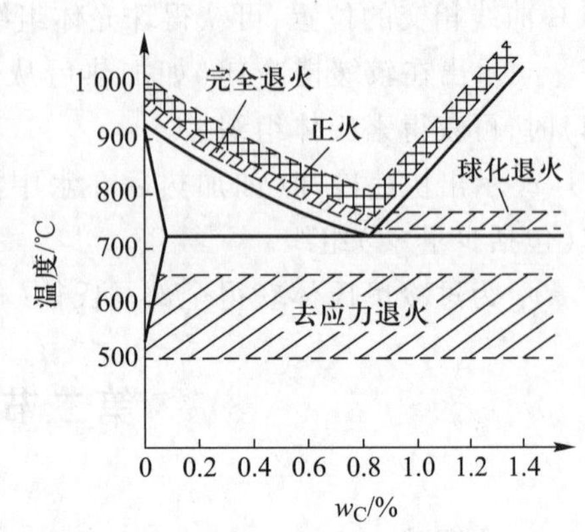

图 1-28　几种退火和正火的加热温度范围

图 1-28 为几种退火和正火的加热温度范围示意图。

第三节　淬火和回火

淬火和回火是强化钢最常用的工艺。通过淬火、再配以不同温度的回火，可使钢获得所需的力学性能。

一、淬火

淬火是将钢加热到 Ac_3 或 Ac_1 以上 30～50 ℃（图 1-29），保温后在淬火介质中快速冷却（图 1-27 中 v_3），以获得马氏体组织的热处理工艺。

由于马氏体形成过程伴随着体积膨胀，造成淬火件产生了内应力，而马氏体组织通常脆性又较大，这些都使钢件淬火时容易产生裂纹或变形。为防止上述淬火缺陷的产生，除应选用适合的钢材和正确的结构外，在工艺上还应采取如下措施：

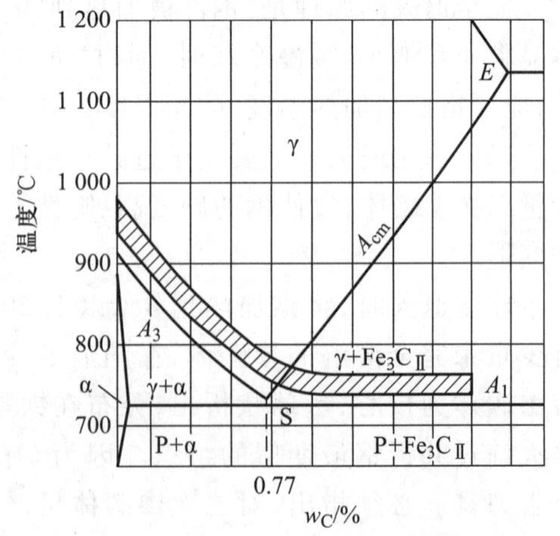

图 1-29　碳钢的淬火加热温度范围

（1）严格控制淬火加热温度。对于亚共析钢，若淬火加热温度不足，因未能完全形成奥氏体，致使淬火后的组织中除马氏体外，还残存少量铁素体，使钢的硬度不足；若加热温度过高，因奥氏体晶粒长大，淬火后的马氏体组织也粗大，增加了钢的脆性，致使钢件裂纹和变形的倾向加大。对于过共析钢，若超过图 1-29 所示温度，不仅钢的硬度并未增加，而且裂纹、变形倾向加大。

(2) 合理选择淬火介质，使其冷却速度略大于图 1-27 中的临界冷却速度 v_K。淬火时，钢的快速冷却是依靠淬火介质来实现的。水和油是最常用的淬火介质。水的冷却速度大，使钢件易于获得马氏体，主要用于碳素钢；油的冷却速度较水低，用它淬火钢件的裂纹、变形倾向小。合金钢因淬透性较好，以在油中淬火为宜。

(3) 正确选择淬火方法。生产中最常用的是单介质淬火法，在一种淬火介质中连续冷却到室温。由于操作简单，便于实现机械化和自动化生产，故应用最广。对于容易产生裂纹、变形的钢件，有时采用先水后油双介质淬火法或分级淬火等其他淬火法。

二、回火

将淬火的钢重新加热到 Ac_1 以下某温度，保温后冷却到室温的热处理工艺，称为回火。回火的主要目的是消除淬火内应力，以降低钢的脆性，防止产生裂纹，同时也使钢获得所需的力学性能。

淬火所形成的马氏体是在快速冷却条件下被强制形成的不稳定组织，因而具有重新转变成稳定组织的自发趋势。回火时，由于被重新加热，原子活动能力加强，所以随着温度的升高，马氏体中过饱和碳将以碳化物的形式析出。总的趋势是回火温度愈高、析出的碳化物愈多，钢的强度、硬度下降，而塑性、韧度升高。

根据回火温度的不同(参见 GB/T 7232—2012)，可将钢的回火分为如下三种：

(1) 低温回火(250 ℃以下)　目的是降低淬火钢的内应力和脆性，但基本保持淬火所获得的高硬度(56~64 HRC)和高耐磨性。淬火后低温回火用途最广，如各种刀具、模具、滚动轴承和耐磨件等。

(2) 中温回火(250~500 ℃)　目的是使钢获得高弹性，保持较高硬度(35~50 HRC)和一定的韧度。中温回火主要用于弹簧、发条、锻模等。

(3) 高温回火(500 ℃以上)　淬火并高温回火的复合热处理工艺称为调质处理。广泛用于承受循环应力的中碳钢重要件，如连杆、曲轴、主轴、齿轮、重要螺钉等。调质后的硬度为 20~35 HRC。这是由于调质处理后其渗碳体呈细粒状，与正火后的片状渗碳体组织相比，在载荷作用下不易产生应力集中，从而使钢的韧度显著提高，因此经调质处理的钢可获得强度及韧度都较好的综合力学性能。

第四节　表面淬火和化学热处理

表面淬火和化学热处理都是为改变钢件表面的组织和性能，仅对其表面进行热处理的工艺。

一、表面淬火

表面淬火是通过快速加热，使钢的表层很快达到淬火温度，在热量来不及传到钢件心部时就立即淬火，从而使表层获得马氏体组织，而心部仍保持原始组织。表面淬火的目的是使钢件表层获得高硬度和高耐磨性，而心部仍保持原有的良好韧度，常用于机床主轴、发动机曲轴、齿轮等。

表面淬火所采用的快速加热方法有多种，如电感应、火焰、电接触、激光等，目前应用最广泛的是电感应加热法。

感应加热表面淬火法是把钢件放在一个感应线圈中，通以一定频率的交流电（有高频、中频、工频三种），使感应线圈周围产生频率相同、方向相反的感应电流，这个电流称为涡流。由于集肤效应，涡流主要集中在钢件表层。由涡流所产生的电阻热使钢件表层被迅速加热到淬火温度，随即向钢件喷水，将钢件表层淬硬。

感应电流的频率愈高，集肤效应愈强烈，故高频感应加热用途最广。高频感应加热常用的频率为 200～300 kHz，此频率加热速度极快，通常只有几秒钟，淬硬层深度一般为 0.5～2 mm，主要用于要求淬硬层较薄的中、小型零件。

感应加热表面淬火质量好，加热温度和淬硬层深度较易控制，易于实现机械化和自动化生产。缺点是设备昂贵、需要专门的感应线圈。因此，主要用于成批或大量生产的轴、齿轮等零件。

二、化学热处理

化学热处理是将钢件置于适合的化学介质中加热和保温，使介质中的活性原子渗入钢件表层，以改变钢件表层的化学成分和组织，从而获得所需的力学性能或理化性能。化学热处理的种类很多，依照渗入元素的不同，有渗碳、渗氮、碳氮共渗等，以适应不同的场合，其中以渗碳应用最广。

渗碳是将钢件置于渗碳介质中加热、保温，使分解出来的活性炭原子渗入钢的表层。渗碳是采用密闭的渗碳炉，并向炉内通以气体渗碳剂（如煤油），加热到 900～950 ℃，经较长时间的保温，使钢件表层增碳。渗碳件通常采用低碳钢或低碳合金钢，渗碳后渗层深一般为 0.5～2 mm，表层碳质量分数 w_C 将增至 1%左右，经淬火和低温回火后，表层硬度达 56～64 HRC，因而耐磨；而心部因仍是低碳钢，故保持其良好的塑性和韧度。渗碳主要用于既承受强烈摩擦，又承受冲击或循环应力的钢件，如汽车变速箱齿轮、活塞销、凸轮、自行车和缝纫机的零件等。

渗氮又称氮化。将钢件置于氮化炉内加热，并通入氨气，使氨气分解出活性氮原子渗入钢件表层，形成氮化物（如 AlN、CrN、MoN 等），从而使钢件表层具有高硬度（相当 72 HRC）、高耐磨性、高抗疲劳性和高耐腐蚀性。渗氮时加热温度仅为 550～570 ℃，钢件变形甚小。渗氮的缺点是生产周期长，需采用专用的中碳合金钢，成本高。渗氮主要用于制造耐磨性和尺寸精度要求均高的零件，如排气阀、精密机床丝杠、齿轮等。

复 习 题

1. 什么是退火？什么是正火？它们的特点和用途有何不同？
2. 亚共析钢的淬火温度该如何选择？温度过高或过低有何弊端？
3. 碳钢在油中淬火，后果如何？为什么合金钢通常不在水中淬火？
4. 钢在淬火后为什么应立即回火？三种回火的用途有何不同？
5. 钢锉、汽车大弹簧、车床主轴、发动机缸盖螺钉的最终热处理有何不同？
6. 生活用“手缝针”、汽车变速箱齿轮该采用哪种热处理？为什么？

第四章　工业用钢

钢主要由生铁冶炼而成,是机械制造中应用最广的金属材料。

钢的种类繁多,分类方法也不尽相同。随着现代工业的迅速发展,出现了许多新的钢种。我国参照国际标准 ISO 4948/1、ISO 4948/2 制订了 GB/T 13304.1—2008《钢分类》国家标准。该标准按照化学成分将钢分为非合金钢、低合金钢、合金钢三大类,每类钢还将按照主要质量等级、主要性能和使用特性分成若干小类。但 1991 年前国家制订的有关标准迄今仍在使用,显然其中还难以衔接。

《钢分类》国家标准中以"非合金钢"一词取代传统的"碳素钢",而前期公布的技术标准并未修改。因此"碳素钢"这一名词将继续使用,或与"非合金钢"在一定的时间内并行使用。本书为方便读者与现行资料对照仍将沿用"碳素钢"。同时,《钢分类》中具体细节十分繁杂,本书仅按其三大类简述之。

第一节　碳　素　钢

碳素钢即"非合金钢",简称碳钢。

一、化学成分对碳素钢性能的影响

碳素钢的碳质量分数在 2.11%以下,除碳之外,还含有硅、锰、磷、硫等杂质。

碳对钢的组织和性能影响很大。图 1-30 所示为碳质量分数 w_C 对退火状态钢力学性能(HBW)的影响。由图可见,亚共析钢随碳质量分数的增加,珠光体增多,铁素体减少,因而钢的强度 R_m、硬度上升,而塑性、韧度下降。碳质量分数 w_C 超过共析成分时,因出现网状二次渗碳体,随着碳质量分数 w_C 的增加,尽管硬度直线上升,但由于脆性加大,强度 R_m 反而下降。

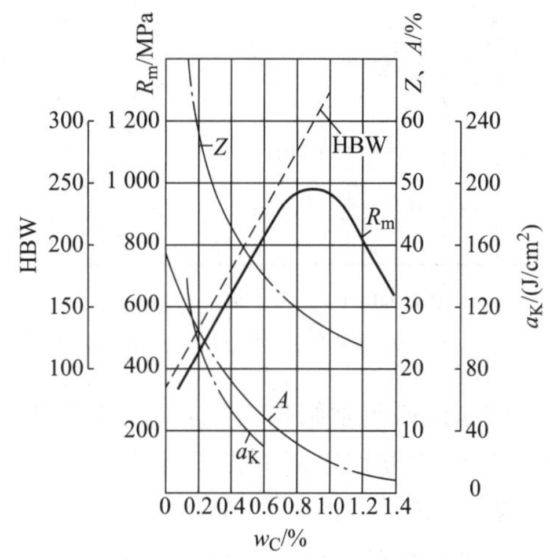

图 1-30　碳对钢的力学性能的影响

钢中杂质含量对其性能也有一定影响。磷和硫是钢中的有害杂质。磷可使钢的塑性、韧度下降,特别是在低温时脆性急剧增加,这种现象称为冷脆性。硫在钢的晶界处可形成低熔点的共晶体,致使含硫较高的钢在高温下进行热加工时容易产生裂纹,这种现象称为热脆性。由于磷、硫的有害作用,必须严格限制钢中的磷、硫含量,并以磷、硫含量的高低作为衡量钢的质量的重要依据。

硅和锰是炼钢后期作为脱氧剂加入钢液中残存的。硅和锰可提高钢的强度和硬度，锰还能与硫形成 MnS，从而抵消硫的部分有害作用。显然，它们都是钢中的有益元素。

二、碳素钢的牌号和用途

碳素钢通常分为如下三类。

(1) 碳素结构钢　碳素结构钢的碳质量分数 $w_C<0.38\%$，而以 $w_C<0.25\%$ 的最为常用，即以低碳钢为主。这类钢在使用中一般不进行热处理。尽管其硫、磷含量较高，但性能上仍能满足一般工程结构及一些机件的使用要求，且价格低廉，因此在国民经济各个部门得到了广泛应用，其产量占钢总产量的 70%~80%。

依据 GB/T 700—2006，碳素结构钢的牌号以代表屈服强度的“屈”字汉语拼音首字母 Q 和后面三位数字来表示，每个牌号中的数字表示该钢种厚度小于 16 mm 时的最低屈服强度(MPa)。在钢号尾部可用 A、B、C、D 表示钢的质量等级，其中 A、B 为普通级别，C、D 为磷、硫低的优等级别，可用于较重要的焊接结构。在牌号的最后还可用符号标志其冶炼时的脱氧程度，对未完全脱氧的沸腾钢标以符号“F”，对已完全脱氧的镇静钢标以符号“Z”或不标符号。表 1-4 所示为部分碳素结构钢的牌号、化学成分、力学性能和用途举例。

表 1-4　碳素结构钢的牌号、化学成分、力学性能和用途举例

牌号	等级	化学成分 w/%					力学性能			用途举例
		C	Mn	Si	S	P	R_{eH} /MPa	R_m /MPa	A /%	
				不大于						
Q215	A	0.15	1.20	0.35	0.050	0.045	≥215	335~450	≥31	塑性好通常轧制成薄板、钢管、型材制造钢结构，也用于制作铆钉、螺钉、冲压件、开口销等
	B				0.045					
Q235	A	0.22	1.40	0.35	0.050	0.045	≥235	370~500	≥26	强度较高，塑性也较好，常轧制成各种型钢、钢管、钢筋等制成各种钢构件、冲压件、焊接件及不重要的轴类、螺钉、螺母等
	B	0.20			0.045					
	C	0.17			0.040	0.040				
	D				0.035	0.035				

注：1. 摘自 GB/T 700—2006；

2. Q235C 为镇静钢，Q235D 为特殊镇静钢，其余脱氧方法不限制。

(2) 优质碳素结构钢　其硫、磷质量分数较小(<0.035%)，供货时既保证化学成分，又保证力学性能，主要用于制造机器零件。

依据 GB/T 17616—2013，优质碳素结构钢的牌号用两位数字表示，这两位数字即是钢中平均碳质量分数的万分数。例如，20 钢表示平均碳质量分数为 0.20% 的优质碳素结构钢。这类钢一般均为镇静钢。若为沸腾钢或专门用途钢，则在牌号尾部增加符号表示之。

08、10、15、20 等牌号属于低碳钢。其塑性优良，易于拉拔、冲压、挤压、锻造和焊接。其中 20

钢用途最广，常用于制造螺钉、螺母、垫圈、小轴、焊接件，有时也用于渗碳件。

40、45 等牌号属于中碳钢。因钢中珠光体含量增多，其强度、硬度有所提高，而淬火后的硬度提高尤为明显。其中以 45 钢最为典型，它的强度、硬度、塑性、韧度均较适中，即综合性能优良。45 钢常用来制造主轴、丝杠、齿轮、连杆、蜗轮、套筒、键和重要螺钉等。

60、65 等牌号属于高碳钢。经过淬火、回火后，不仅强度、硬度显著提高，且弹性优良，常用于制造小弹簧、发条、钢丝绳、轧辊、凸轮等。

(3) 碳素工具钢　碳素工具钢的碳质量分数高达 0.7%～1.3%，淬火、回火后有高的硬度和耐磨性，常用于制造锻工、钳工工具和小型模具。

碳素工具钢较合金工具钢价格便宜，但淬透性和热硬性差。由于淬透性差，只能在水类淬火介质中才能淬硬，且零件不宜过大和复杂。因热硬性差，淬火后零件的工作温度应低于 250 ℃，否则硬度将迅速下降。

依据国家标准 GB/T 1298—2008，碳素工具钢的牌号以符号“T”（“碳”的汉语拼音首字母）开始，其后面的一位或两位数字表示钢中平均碳质量分数的千分数。碳素工具钢一般均为优质钢。对于硫、磷含量更低的高级优质碳素工具钢，则在数字后面增加“A”表示，例如 T10A 表示平均碳质量分数为 1.0%的高级优质碳素工具钢。表 1-5 为几种碳素工具钢的牌号、化学成分、热处理及用途举例。

表 1-5　几种碳素工具钢的牌号、化学成分、热处理及用途举例（摘自 GB/T 1298—2008）

牌号	化学成分 w/%					淬火温度/℃	回火温度/℃	用途举例
	C	Mn	Si	S	P			
			不大于					
T8	0.75～0.84	≤0.40	0.35	0.030	0.035	780～800	180～200	冲头、錾子、锻工工具、木工工具、台虎钳钳口等
T10	0.95～1.04	≤0.40	0.35	0.030	0.035	760～780	180～200	硬度较高，但仍要求一定韧度的工具，如手锯条、小冲模、丝锥、板牙等
T10A	0.95～1.04	≤0.40	0.35	0.020	0.030	760～780	180～200	
T12	1.15～1.24	≤0.40	0.35	0.030	0.035	760～780	180～200	适用于不受冲击的耐磨工具，如钢锉、刮刀、铰刀等

第二节　低合金钢

合金钢是为了改善钢的某些性能，在碳素钢的基础上加入某些合金元素所炼成的钢。如果钢中的硅含量大于 0.5%，或者锰含量大于 1.0%，也属于合金钢。

低合金钢是指合金总含量较低（小于 5%）、碳质量分数也较低的合金结构钢。这类钢通常在退火或正火状态下使用，成形后不再进行淬火、调质等热处理。与碳质量分数相同的碳素钢相比，具有较高的强度、塑性、韧度和耐蚀性，且大多具有良好的焊接性，广泛用于制造桥梁、汽车、铁道、船舶、锅炉、高压容器、油缸、输油管、钢筋、矿用设备等。依照 GB/T 13304.2—2008，低合金钢可分类如下。

（1）可焊接低合金高强钢。包括一般用途低合金结构钢：锅炉和压力容器用低合金钢、造船用低合金钢、汽车用低合金钢、桥梁用低合金钢、自行车用低合金钢、舰船和兵器用低合金钢、核能用低合金钢等。

（2）低合金耐候钢。

（3）低合金钢筋钢。

（4）铁道用低合金钢。

（5）矿用低合金钢。

可焊接低合金高强钢（简称低合金高强钢）应用最为广泛。它的碳质量分数低于 0.2%，并以锰为主要合金元素（0.8%～1.8% Mn），有时还加入少量 Ti、V、Nb、Cr、Ni、Re 等，通过“固溶强化”和“细化晶粒”等作用，使钢的强度、韧度提高，但仍能保持优良的焊接性能。例如，原 16Mn 钢的 R_{eH} 约为 345 MPa，而碳素结构钢 Q235 的 R_{eH} 约为 235 MPa，因此用低合金高强钢代替碳素结构钢，就可在相同载荷条件下，使构件减重 20%～30%，从而节省钢材、降低成本。

低合金高强钢的牌号表示方法与碳素结构钢相同，即以字母“Q”开始，后面以三位数字表示其最低屈服强度，最后以符号表示其质量等级。如 Q355A 表示屈服强度不小于 355 MPa 的 A 级低合金高强钢。表 1-6 所示为一般用途的低合金高强钢的牌号、化学成分、力学性能和用途举例。

表 1-6 低合金高强钢的牌号、化学成分、力学性能和用途举例（摘自 GB/T 1591—2018）

牌号	相应旧牌号举例	化学成分 w/%						力学性能		用途举例
		C	Mn	V	Nb	Ti	其他	R_{eH} /MPa	A /%	
Q355	16 Mn 12 MnV	≤0.20	≤1.60	≤0.13	≤0.05	≤0.05	Cr≤0.30 Ni≤0.30	≥355	21～22	桥梁、船舶、压力容器、车辆等
Q390	15 MnV 15 MnTi	≤0.20	≤1.70	≤0.13	≤0.05	≤0.05	Cr≤0.30 Ni≤0.50	≥390	19～20	桥梁、船舶、起重机、压力容器等
Q420	15 MnV	≤0.20	≤1.70	≤0.13	≤0.05	≤0.05	Cr≤0.30 Ni≤0.80	≥420	18～19	高压容器、船舶、桥梁、锅炉等

第三节 合 金 钢

当钢中合金元素超过低合金钢的限度时，即为合金钢。GB/T 13304.1—2008 中的表 1“非合金钢、低合金钢和合金钢合金元素规定含量界限值”。合金钢不仅合金元素含量高，且严格控制硫、磷等有害杂质的含量，属于优质钢或高级优质钢。

一、合金结构钢

指常用于制造机器零件用的合金钢。常采用的合金元素为Mn、Cr、Si、Ni、W、V、Ti、B等，这些元素可增加钢的淬透性，并使晶粒细化，这样可使大截面零件经调质处理后，在整个截面上获得强、韧结合的力学性能。同时，因淬透性的提高，可采用冷却烈度较小的油类来淬火，从而减少淬火时的裂纹和变形倾向。

低碳合金结构钢用于渗碳件，中碳合金结构钢用于调质件和渗氮件，高碳合金结构钢用于制造较大的弹簧。

合金结构钢的牌号通常以“数字+元素符号+数字”来表示。牌号中开始的两位数字表示钢的平均碳质量分数的万分数，元素符号及其后的数字表示所含合金元素及其平均含量的百分数。当合金元素含量小于1.5%时，则不标其含量。高级优质合金钢则在牌号尾部增加符号“A”。滚动轴承钢的牌号表示方法与前述不同，在牌号前面加符号“G”表示“滚动轴承钢”，而合金元素含量用千分数表示。

二、合金工具钢

合金工具钢主要用于制造刀具、量具、模具等，碳质量分数甚高。其合金元素的主要作用是提高钢的淬透性、耐磨性及热硬性。加入合金元素Si、Cr、Mn等可提高钢的淬透性；加入W、Mo、V可形成特殊碳化物，提高钢的热硬性和耐磨性。

与碳素钢相比，合金工具钢适合制造形状复杂、尺寸较大、切削速度较高或工作温度较高的工具和模具。如高速工具钢含有大量的W、Mo、V、Cr等元素，用这种钢制成的钻头、铰刀或拉刀，在切削温度高达600 ℃时仍能保持高硬度，故可采用较高的切削速度进行切削。

合金工具钢分为量具、刃具用钢、耐冲击工具用钢、冷作模具钢、热作模具钢等。牌号与合金结构钢相似，不同的是以一位数字表示平均碳质量分数的千分数，若碳质量分数超过1%，则不标出。例外的是，高速钢的碳质量分数尽管未超过1%，牌号中也不标出。

三、特殊性能钢

这类钢包括不锈钢，耐磨钢，耐蚀钢及具有软磁、永磁、无磁等特殊物理、化学性能的钢。其中，不锈钢在石油、化工、食品、医药等工业及日用品、装饰材料中广为应用。

表1-7为几种合金钢的化学成分、热处理及用途举例。

表1-7 几种合金钢的化学成分、热处理及用途举例

类别	牌号	化学成分 $w/\%$							热处理及硬度	用途举例
		C	Mn	Si	Cr	V	Ti	其他		
合金结构钢	20Cr	0.18~0.24	0.50~0.80	0.17~0.37	0.70~1.00				渗碳、淬油、低温回火	小齿轮、活塞销、齿轮轴、蜗杆等
	20CMnTi	0.17~0.23	0.80~1.10	0.17~0.37	1.00~1.80		0.06~0.12		渗碳、淬油、低温回火	汽车、拖拉机变速箱齿轮、爪形离合器等

续表

类别	牌号	化学成分 w/%							热处理及硬度	用途举例
		C	Mn	Si	Cr	V	Ti	其他		
合金结构钢	40Cr	0.37~0.44	0.50~0.80	0.17~0.37	0.80~1.10				调质处理：207 HBS(有时还进行表面淬火)	轴、齿轮、连杆、螺栓、蜗杆等
	40MnVB	0.37~0.44	1.10~1.40	0.17~0.37		0.05~0.10		B:0.000 5~0.003 5	调质处理：207 HBS(有时还进行表面淬火)	代替 40Cr 作转向节、半轴、花键轴等
	60Si2Mn	0.56~0.64	0.60~0.90	1.50~2.00					淬油、中温回火	机车板簧、测力弹簧
合金工具钢	9SiCr	0.85~0.95	0.30~0.60	1.20~1.60	0.95~1.25				淬油、低温回火 60~62 HRC	板牙、丝锥、铰刀、搓丝板、冷冲模等
	CrWMn	0.90~1.05	0.80~1.10	≤0.40	0.90~1.20			W:1.20~1.60	淬油,低温回火>62 HRC	板牙、丝锥、量具、冷冲模
	W18Cr4V	0.70~0.80	≤0.4	≤0.4	3.80~4.40	1.00~1.40		W:17.5~19.0 Mo≤0.30	淬油、三次回火>63 HRC	钻头、铣刀、拉刀
特殊性能钢	30Cr13	0.26~0.40	≤1.00	≤1.00	12.00~14.00				980 ℃淬油,600~750 ℃回火后快冷：55 HRC	耐蚀、耐磨工具,医疗工具,滚动轴承
	ZGMn13	0.90~1.40	10.00~15.00						1 050~1 100 ℃淬水	破碎机齿板,坦克、拖拉机履带板

复 习 题

1. 下列牌号钢各属于哪类钢？试说明牌号中数字和符号的含义。其中哪些牌号钢的焊接性能好？

15　40　Q195　Q355　CrWMn　40Cr　60Si2Mn

2. 比较碳素工具钢和合金工具钢,它们的适用场合有何不同？

3. 填表

牌号	所属类别	大致碳质量分数(w_C/%)	性能特征	用途举例
Q235AF				
45				
T10A				
20Cr				

4. 仓库中混存三种相同规格的 20 钢、45 钢和 T10 圆钢,请提出一种最为简便的区分方法。

5. 现拟制造如下产品,请选出适用的钢号。

六角螺钉　车床主轴　钳工錾子　液化石油气罐　活扳手　脸盆　自行车弹簧　门窗合页

6. 下列产品该选用哪些钢号？分别适合采用哪种热处理？

汽车板簧　台钳钳口　拖拉机履带板　自行车轴挡

第五章　有色金属材料

金属分为黑色金属和有色金属两大类，黑色金属包括铁、铬、锰，工业中主要是指钢铁材料。而黑色金属以外的所有金属则为有色金属(非铁材料)。相对于黑色金属，有色金属有许多优良的特性，在工业领域尤其是高科技领域具有极为重要的地位。

本章主要介绍目前工程中广泛应用的铝、铜、镁、钛及其合金和相关材料，了解这些材料的典型性能特点以及材料一般用途等。

第一节　铝及铝合金

一、工业纯铝

工业纯铝强度低，室温下仅为45~50 MPa，一般不宜用作结构材料。纯铝按其纯度分为高纯铝、工业高纯铝和工业纯铝，纯度依次降低。工业纯铝主要用作配制铝基合金；高纯铝则主要用于科学试验、化学工业和其他特殊领域。此外纯铝还可用于制作电线、铝箔、屏蔽壳体、反射器、包覆材料及化工容器等。

工业纯铝的纯度为99.7%~98.8%，其牌号有L1、L2、L3、L4、L5、L6六种。

二、铝合金

往纯铝中加入合金元素就得到了铝合金。根据铝合金的加工工艺特性，可分作铸造铝合金和变形铝合金两类。变形铝合金塑性好，适宜于塑性加工。

1. 铸造铝合金

铸造铝合金具有良好的铸造性能，可直接铸造成形各种形状复杂的零件；并有足够的力学性能和其他性能，还可能通过热处理等方式改善其力学性能；且生产工艺和设备简单，成本低，在许多工业领域仍然有着广泛的应用。

根据合金中加入主要合金元素的不同，铸造铝合金主要可分为Al-Si合金(ZAlSi7Mg、ZAlSi12、ZAlSi5Cu1Mg、ZAlSi12Cu2Mg1等)，Al-Cu合金(ZAlCu5Mn、ZAlCu10等)，Al-Mg合金(ZAlMg10、ZAlMg5Si)和Al-Zn合金(ZAlZn11Si7等)四大类。铸造铝合金的牌号、化学成分、力学性能及用途见表1-8。

2. 变形铝合金

变形铝合金按性能和使用特点不同，可分为防锈铝合金、硬铝合金、超硬铝合金和锻铝合金四大类，旧牌号分别为LF、LY、LC、LD。国家标准GB/T 3190—2020采用新的牌号，将铝合金分为8个系列：1×××系列为纯铝(铝含量不小于99.00%)；2×××系列为以铜为主要合金元素的铝

表 1-8　常用铸造铝合金牌号、化学成分、性能及用途(GB/T 1173—2013)

合金种类	牌号(代号)	化学成分(质量分数)/%						力学性能≥			用途
		Si	Cu	Mg	Zn	Mn	Ti	σ_b /MPa	δ/%	HBW	
Al-Si合金	ZAlSi7Mg (ZL101)	6.5~7.5		0.25~0.45				135~225	1~4	45~70	复杂砂型、金属型、压铸件,如飞机、仪器、抽水机壳体等
	ZAlSi12 (ZL102)	10.0~13.0						135~155	2~4	50	复杂、耐蚀、气密机件,适于压铸,如仪器仪表、机器壳体等
	ZAlSi5Cu1Mg (ZL105)	4.5~5.5	1.0~1.5	0.4~0.6				155~235	0.5~1.0	65~70	250 ℃以下、中等载荷零件,如发动机气缸头、机匣和泵壳体等
	ZAlSi12Cu2Mg1 (ZL108)	11.0~13.0	1.0~2.0	0.4~1.0		0.3~0.9		195~255		85~90	高温、高强度低膨胀系数,如内燃机活塞、其他耐热件
Al-Cu合金	ZAlCu5Mn (ZL201)		4.5~5.3			0.6~1.0	0.15~0.35	229~335	2~8	70~90	300 ℃内瞬时重大载荷,长期中等载荷结构件,如增压器导风叶轮静叶片
	ZAlCu10 (ZL202)		9.0~11.0					104~163		50~100	形状简单、表面粗糙度低、耐高温受中等载荷结构件
Al-Mg合金	ZAlMg10 (ZL301)			9.5~11.0				280	9	60	耐大气、海水腐蚀,受较大冲击和振动的零件
	ZAlMg5Si (ZL303)	0.8~1.3		4.5~5.5		0.1~0.4		143	1	55	耐蚀、中等载荷结构件
Al-Zn合金	ZAlZn11Si7 (ZL401)	6.0~8.0		0.1~0.3	9.0~13.0			195~245	1.5~2	80~90	压力铸造零件,温度不超过 200 ℃,结构复杂的汽车、飞机零件

注:铸造方法和合金状态不同,其合金质量分数、力学性能也不同。详见 GB/T 1173—2013。

合金;3×××系列为以锰为主要合金元素的铝合金;4×××系列为以硅为主要合金元素的铝合金;5×××系列为以镁为主要合金元素的铝合金;6×××系列为以镁为主要合金元素并以 Mg2Si 相为强化相的铝合金;7×××系列为以锌为主要合金元素的铝合金;8×××系列为以其他元素为主要合金元素的铝合金。

牌号的第二位字母表示原始纯铝或铝合金的改型情况，最后两位数字表示同一组中不同的铝合金或表示铝的纯度。

防锈铝合金特点是抗蚀性、焊接和塑性好，并有良好的低温性能，较好的耐蚀性，同时强度高、密度小，在航空航天等领域有广阔的应用前景。

硬铝合金中合金含量越高，强度越高，而塑性、韧度越差。低合金硬铝主要用作铆钉，现场操作的变形件；中合金硬铝用作中等强度的零部件和半成品，如骨架、螺旋桨叶片、螺栓、大型铆钉、轧材冲压件等；而高合金硬铝则主要用作高强度的重要结构件，如飞机翼肋、翼梁，重要的销轴、铆钉等，是最为重要的飞机结构材料。

超硬铝合金是室温强度最高的铝合金。其时效后的强度可高达 680 MPa，但高温软化快，耐蚀性差。主要用于受力较大的重要结构和零件，如飞机大梁、起落架、加强框等。

锻铝合金中合金元素较多，但含量较低，故热塑性优良，热加工性能好，力学性能可与硬铝相当。主要用作复杂的航空及仪表零件，如叶轮、支杆等，也可作耐热合金（工作温度 200~300 ℃），如内燃机活塞及气缸头等。

近年还开发了新型的 Al-Li 合金，综合力学性能和耐热性好，耐蚀性较高，已达到部分取代硬铝和超硬铝的水平，使合金的比刚度比强度大大提高，是航空航天等工业的新型的结构材料，应用中具有极大的技术经济意义，并且已经在飞机和航天器中有部分应用。

表 1-9~表 1-12 分别给出了防锈铝合金、硬铝合金、超硬铝合金和锻铝合金的牌号及化学成分。

表 1-9　防锈铝合金牌号及化学成分

牌号	旧牌号	化学成分（质量分数）/%							
		Mn	Mg	Fe	Si	Cu	Zn	Ti	Al
3A21	LF21	1.0~1.6	0.05	0.70	0.60	0.20	0.10	—	余量
5A02	LF2	0.15~0.4	2.0~2.8	0.40	0.4	0.10	—	—	余量
5A03	LF3	0.3~0.6	3.2~3.8	0.50	0.5~0.8	0.10	0.20	0.15	余量
5A06	LF6	0.5~0.8	5.8~6.8	0.40	0.0001~0.05Be	0.10	0.20	0.02~0.10	余量
5B05	LF10	0.2~0.6	4.7~5.7	0.4	0.4	0.20	—	0.15	余量
5A12	LF12	0.4~0.8	8.3~9.6	0.3	Sb≥0.004	0.05	0.20	0.05~0.15	余量

表 1-10　硬铝合金牌号及化学成分

牌号	旧牌号	化学成分（质量分数）/%					
		Cu	Mg	Mn	Cr	Ti	Al
2A01	LY1	2.2~3.0	0.2~0.5	0.20	—	0.15	余量
2A02	LY2	2.6~3.2	2.0~2.4	0.45~0.7	—	0.15	余量
2A06	LY6	3.8~4.3	1.7~2.3	0.5~1.0	0.001~0.005Be	0.03~0.15	余量
2A10	LY10	3.9~4.5	0.15~0.3	0.3~0.5	—	0.15	余量
2A11	LY11	3.8~4.8	0.4~0.8	0.4~0.8	—	0.15	余量
2A12	LY12	3.8~4.9	1.2~1.8	0.3~0.9	—	0.15	余量

表 1-11 超硬铝的牌号及化学成分

牌号	旧牌号	化学成分(质量分数)/%							
		Zn	Mg	Cu	Cr	Mn	Ti	Fe	Si
7A03	LC3	6.0~6.7	1.2~1.6	1.8~2.4	0.05	0.10	0.02~0.08	≤0.2	≤0.2
7A04	LC4	5.0~5.7	1.8~2.8	1.4~2.0	0.1~0.25	0.2~0.6	0.10	≤0.5	≤0.5
7A05	LC5	7.0~8.0	1.2~2.0	0.3~1.0	—	0.3~0.8	—	≤0.6	≤0.4
7A06	LC6	7.6~8.6	2.5~3.2	2.2~2.8	0.1~0.25	0.2~0.5	—	≤0.5	≤0.5

表 1-12 锻铝合金牌号及化学成分

牌号	旧牌号	化学成分(质量分数)/%								
		Mg	Si	Cu	Mn	Cr	Ti	Fe	Zn	Ni
6A02	LD2	0.45~0.9	0.5~1.2	0.2~0.6	0.15~0.35	—	0.15	0.5	0.2	—
2A50	LD5	0.4~0.8	0.7~1.2	1.8~2.6	0.4~0.8	—	0.15	0.7	0.3	0.10
2B50	LD6	0.4~0.8	0.7~1.2	1.8~2.6	0.4~0.8	0.01~0.2	0.02~0.1	0.7	0.3	0.10
2A14	LD10	0.4~0.8	0.6~1.2	3.9~4.8	0.4~1.0	—	0.15	0.7	0.3	0.10
2A70	LD7	1.4~1.8	0.35	1.9~2.5	0.20	—	0.02~0.1	1.0~1.5	0.3	1.0~1.5
2A90	LD9	0.4~0.8	0.5~1.2	3.5~4.5	0.20	—	0.15	0.5~1.0	0.3	1.8~2.3

第二节 铜及铜合金

一、工业纯铜

纯铜外观呈紫红色,又称紫铜。强度较低,但塑性极好,可加工成铜箔;纯铜加工硬化指数高,通过冷变形强化效果好;低温韧度好,焊接性能优良。

纯铜主要用于导电、导热及兼有耐蚀性要求的结构件,如电动机、电器、电缆、电刷、防磁机械、化工换热及深冷设备等,也用于配制各种性能的铜合金。

工业纯铜按其纯度不同有四个牌号,即 T1(铜质量分数为 99.95%)、T1.5(铜质量分数为 99.50%)、T2(铜质量分数为 99.90%)、T3(铜质量分数为 99.70%)。

二、铜合金

按铜合金的成形方法可将其分为变形铜合金及铸造铜合金。除高锡、高锰、高铅等专用铸造铜合金外,大部分的铜合金既可用于变形铜合金,又可用于铸造铜合金。铜合金牌号及化学成分详见 GB/T 5231—2022。

1. 黄铜

黄铜是以锌为主要合金元素的铜合金,根据其成分特点又分为普通黄铜和特殊黄铜。普通黄铜牌号以“H” 加数字表示,数字代表铜的百分含量。如 H62 表示铜质量分数为 62%和锌质量分数为 38%的普通黄铜;特殊黄铜是在普通黄铜的基础上又加入 Al、Mn、Si、Pb 等元素的黄铜,其牌号以“H+主加元素的化学符号+铜百分含量及主加元素百分含量”表示。如 HMn58-2 表示铜质量分数为 58%和锰质量分数为 2%,其余为 Zn 的特殊黄铜。若材料为铸造黄铜,则在其牌号前加“Z”,如 ZH62、ZHMn58-2。

常用的黄铜有 H80、H70、H68 等,用于制作防护镀层、冷凝器、弹壳等。

普通黄铜和特殊黄铜的产品牌号,性能和主要用途列于表 1-13。

表 1-13 黄铜的牌号、性能和主要用途

类别	牌号	力学性能				用途
		R_m/MPa		A/%		
		M(R)	Y	M(R)	Y	
普通黄铜	H96	250	400	35	—	散热器,冷凝器管道
	H90	270	450	35	5	热双金属,双金属板
	H80	270	—	50	—	镀层,装饰制品,造纸工业金属网
	H68	300	400	40	15	弹壳,冷凝器管
	H65	300	420	40	10	散热器,弹簧,螺钉
	H62	300	420	40	10	散热器,弹簧,螺钉,垫圈,各种网等
	H59	300	420	25	5	热压及热轧零件
锡黄铜	HSn90-1	270	400	35	—	汽车、拖拉机的弹性套管
	HSn70-1	300		40	—	海轮用管材,冷凝器管
	HSn62-1	—	400	—	5	船舶零件
铅黄铜	HPb74-3	≥300	≥600	45	1	汽车、拖拉机零件及钟表零件
	HPb64-2	≥300	450~520	40	5	钟表零件及汽车零件
	HPb59-1	350	450	25	5	快削黄铜,热冲压及切削制作的零件
锰黄铜	HMn58-2	390	600	30	3	海轮零件及电讯器材
	HMn59-3-1	(450)	—	(10)	—	耐腐蚀零件
	HMn55-3-1(Fe)	(500)	—	(15)	—	螺旋桨
铝黄铜	HAl60-1-1(Fe)	(450)	—	(15)	—	海水中工作的高强度零件
	HAl67-2.5	(400)	—	(15)	—	船舶及其他耐腐蚀零件
	HAl66-6-2	(700)	—	(3)	—	蜗杆及重载荷下的螺母

注:M—退火态;Y—硬化态;R—热轧或挤压态。

2. 青铜

青铜是指以除 Zn 和 Ni 以外的其他元素为主要合金元素的铜合金。其牌号为“Q+主加元素符号+主加元素的百分含量”(若后面还有数字,则为其他附加元素的百分含量);若为铸造青铜,则在牌号前再加“Z”。青铜合金中,工业用量最大的为锡青铜和铝青铜,强度最高的为铍青铜。

(1) 锡青铜 锡青铜铸造流动性较差,易形成分散缩孔,故铸件致密度不高,但合金凝固时线收缩很小,适于铸造形状复杂但对外形和尺寸要求精确的铸件或工艺品,但不适于铸造要求致密度高和密封性好的铸造零件。锡青铜在大气、海水和无机盐类溶液中有极好耐蚀性，但在氨水、盐酸和硫酸中耐蚀性较差。

（2）铝青铜　铝青铜在结构件上应用极广，主要用于制造在复杂条件下工作要求高强度，高耐磨、高耐蚀零件和弹性零件，如齿轮、摩擦片、蜗轮、弹簧和船用设备等。

（3）铍青铜　抗拉强度可达 1 250～1 500 MPa，硬度为 350～400 HBW，远远超过了其他铜合金，且可与高强度合金钢相媲美。铍青铜有很高的疲劳强度和弹性极限，弹性稳定，弹性滞后小；导热导电性好、无磁性、耐磨耐蚀耐寒耐冲击。铍青铜被广泛用于制造精密仪器仪表的重要弹性元件、耐磨耐蚀零件、航海罗盘仪中零件和防爆工具等。但其生产工艺复杂，价格昂贵。

第三节　镁及镁合金

一、纯镁

镁的密度只有铝的 2/3，使镁合金在许多性能上可与铝合金相媲美，在许多飞机零件和航天器中越来越多地使用镁合金；同时镁资源丰富，镁合金也将越来越多地用于其他日常工业领域。

工业纯镁牌号用拼音字母 M 加顺序号表示。工业纯镁主要用于制造镁合金和用于其他合金的添加元素，其次还常用作化工与冶金生产中的还原剂和烟火工业、钢铁脱硫等。

二、镁合金

作为结构材料，一般要向纯镁中加入一些合金元素制成镁合金而应用。镁合金中常加入的合金元素有 Al、Zn、Mn、Zr 及稀土元素等。镁合金牌号及化学成分详见 GB/T 5153—2016。

（1）变形镁合金　主要为 Mg-Mn 系，Mg-Al-Zn 系和 Mg-Zn-Zr 系三类。其中 Mg-Mn 系合金（M2M、ME20M）有良好的耐蚀性和焊接性能，其板材用于制作蒙皮等焊接结构件，以及通过锻造制作外形复杂的耐蚀构件，且一般在退火状态使用；Mg-Al-Zn 系合金（MZ40M～MZ80M）强度较高，塑性好，多用于制造有中等力学性能要求的零件；而 Mg-Zn-Zr 系合金（MK61M）强度最高，属高强镁合金，是在航空等工业应用最多的变形镁合金，使用时应进行人工时效强化。

（2）铸造镁合金　铸造镁合金又分为高强度铸造镁合金和耐热铸造镁合金两大类。其中高强度铸造镁合金有 Mg-Al-Zn 系和 Mg-Zn-Zr 系，具有较高的室温强度，塑性好且工艺性能优异，但耐热性差（<150 ℃时使用），可用于制造飞机、发动机、卫星中承受较高载荷的铸造结构件或壳体。耐热铸造镁合金是 Mg-RE-Zr 系，合金工艺性能好，铸件致密性高，长期使用温度为 200～250 ℃，短期使用温度可达 300～350 ℃，但其常温强度和塑性较低。

第四节　钛及钛合金

一、纯钛

钛在地壳中蕴藏丰富，仅次于铝、铁、镁而居第四。钛弹性模量低，耐冲击性好，但低温塑变回弹大,不易成形校直;其强度与铁相似(R_m = 220~260 MPa),比强度很高,且具有很高的塑性(A=50%~60%)。

工业纯钛按其杂质含量和力学性能不同有 TA1、TA2、TA3 三个牌号,牌号顺序增大,表明杂质含量多,使强度增加,塑性下降。

工业纯钛因其密度小,耐蚀性优异,而更重要的是其力学性能良好,因此是航空航天、船舶、化工等工业中常用的一种结构材料。常用于制造350 ℃以下及超低温下工作的受力较小的零件及冲压件,如飞机蒙皮、构架、隔热板、发动机部件、柴油机活塞、连杆及耐海水等腐蚀介质下工作的管道阀门等。

二、钛合金

根据退火态下组织状态,将钛合金分为 α 型、β 型及 α+β 型三类。其牌号以"T"后分别跟 A、B、C 和顺序数字号表示。如 TA4~TA8 表示 α 型钛合金;TB1~TB2 表示 β 型钛合金;而 TC1~TC10 表示 α+β 型钛合金。

(1) α 型钛合金

α 型钛合金室温强度较低(R_m 约 850 MPa),但高温(500~600 ℃)强度(500 ℃时,R_m = 400 MPa)和蠕变强度却居钛合金之首;且该类合金组织稳定,耐蚀性优良,塑性及加工成形性好,还具有优良的焊接性能和低温性能。常用于制作飞机蒙皮、骨架、发动机压缩机盘和叶片、涡轮壳以及超低温容器。

(2) β 型钛合金

该类合金在淬火态塑性好,韧度高,冷成形性好;但该合金密度大,组织不够稳定,耐热性差,使用不太广泛。主要是用来制造飞机中使用温度不高但要求高强度的零部件,如弹簧、紧固件及厚截面构件。

(3) α +β 型钛合金

这类合金兼有 α 型及 β 型钛合金的特点,有非常好的综合性能,是应用最广泛的钛合金。在航空航天工业及其他工业部门得到了广泛的应用,可用于制造航空发动机压气机盘和叶片,火箭发动机外壳及冷却喷管、飞行器用特种压力容器及化工用泵、船舶零件和蒸汽轮机部件等。

复 习 题

1. 说明纯铝及铝合金的种类、性能及用途。
2. 列举铝及铝合金在航空航天、交通和建筑等领域的 10 个应用实例。
3. 说明纯铜的牌号、性能及用途。
4. 说明铜合金的种类、性能及用途。
5. 选择合适的铜合金制造下列零件:

船用螺旋桨 弹壳 发动机轴承 高级精密弹簧 冷凝器 钟表齿轮

6. 说明镁合金的种类、性能及用途。
7. 说明工业纯钛的牌号、性能及用途。
8. 钛合金有哪些种类?说明其性能及用途。

第六章　材料的选用

高质量的零件在于合理的设计、正确的选材和恰当的零件加工工艺。所谓合理的设计就是根据零件的工作条件进行必要的强度计算,确定其各部分尺寸,并应考虑零件的结构,使之具有优良的工艺性。正确的选材应该是在满足零件使用性能要求的前提下,具有良好的工艺性和经济性。恰当的零件加工工艺是对零件的组织、性能、尺寸精度的分析后,选择合理的加工工艺,以保证零件加工和使用性能的需求。正确选材是完成上述过程的重要一环。

对不同使用条件下工作零件的选材方法不可能有统一的步骤和规律,但正确合理的选材应考虑以下四个基本原则:材料的使用性能、工艺性能、经济性和材料及其加工过程的环保性能。四者之间有联系,也有矛盾,选材的任务就是上述原则的合理统一。

第一节　材料的使用性能

材料的使用性能是用于满足零件工作特性和使用条件的要求。大多数零件在工作时,对材料性能的要求不是单一的,而是多方面的,因此零件选材必须经过分析,分清材料性能要求的主次,首先应满足主要性能的要求,兼顾其他性能,并通过特定的工艺技术,使零件具有完美的使用性能。

在工程中,应根据零件的工作条件,首先确定对材料性能和使用性能的要求,这是材料选用的基本出发点。为便于分析零件的工作条件,可将其分为受力状态、载荷性质、工作场(如温度场、电磁场等)、环境介质等几个方面。实际上要更准确地了解零件的使用性能,还必须充分地研究零件的各种失效方式并分清主次,在此基础上找出对零件失效起主导作用的性能指标或其他性能指标,而这种指标可以是一个,也可以是多个;甚至选择不同材料和使用不同的加工工艺时,使零件失效的主导指标是变化的。

机械产品的设计和选材主要是针对材料断裂、磨损和腐蚀三大失效原因的综合设计,实际上这三大失效原因几乎完全包含在零件的全部工作条件中。

一、材料的强度指标

一般地说,材料的强度指标是指材料在达到允许的变形和断裂前所能承受的最大外加抗力。由于零件的使用性能要求及使用环境不同,其所供选择的强度指标有很多,如弹性极限、屈服极限、强度极限、疲劳极限、蠕变极限、断裂韧性等,因此要根据零件工作情况、受载状态和相关力学分析以及零件的典型失效分析,确定设计所需的强度指标进行零件设计和选材并由此确定零件的加工工艺。

而现代意义上的材料强度,已经不再是传统的强度,而是指材料失效抗力的综合表征,不仅包括上述的强度指标，还包括刚性、延伸率、硬度、冲击韧度及在不同载荷下材料对零件的尺寸效应、表面状态和环境介质的敏感性等指标。因此，零件设计和选材时要综合考虑强度和韧度指标，并应注意以下几个方面的问题。

1. 材料强度与零件强度

零件的强度除与材料自身的因素（如材料强度等）有关外，还与其结构、加工工艺及使用等因素有关。结构因素表明了零件各部分的形状尺寸，连接配合对材料强度的影响效应；加工工艺因素是指零件在所有的加工工序中导致零件表面状态、内部组织状态改变的影响作用。这些因素有各自的影响作用，同时又是相互影响的，决定了零件的瞬时承载能力和长期使用寿命。

2. 材料强度与材料韧度

在机械工程选材时，仅仅满足强度指标是远远不够的，还必须考虑其韧度指标，即达到强韧度的有机结合。材料的强度和韧度往往是互相矛盾的，即增加材料强度常常是以牺牲其韧度为代价，使材料变脆。在选材时，要寻求强韧性优良的材料，使零件的强韧性有机地结合起来，从而保证其设计和使用的可靠性。

3. 材料强韧度与其工艺性能

工程材料的强韧度与其工艺过程是密切相关的，设计零件和选材时，必须确定好的强韧化工艺。如低碳结构钢的淬火+低温回火工艺；中碳结构钢的调质处理工艺；Al-Si 铸造铝合金的变质处理；金属材料的形变热处理。除此之外，细化材料组织、适当的表面改性处理也可以改善零件韧度，尤其降低环境脆性。

二、材料的磨损与腐蚀

磨损和腐蚀是零件最常见的两种失效形式，但这两种失效都是从零件的表面开始的，是由于零件表面与对偶零件的相对运动或零件与介质间的物理化学作用或是两者的综合作用而引起零件材料的物质和性能的损失，从而导致零件失效。零件选材时仅仅满足其整体使用性能的要求是不够的，还应充分考虑其使用时表面性能的需求。

1. 材料的耐磨性与其整体性能

零件的磨损失效主要包括磨粒磨损、黏着磨损、腐蚀磨损和疲劳磨损四种形式，不同的磨损形式对材料选择上要求不同。一般来讲，表面的硬度越高，或相同硬度条件下韧度越高时，材料的耐磨粒磨损性越好。增加材料的化学稳定性和强韧性是提高零件的腐蚀磨损性的主要途径，且增加材料的化学稳定性更为重要。

2. 零件的耐腐蚀性和选材

零件的腐蚀不但与零件材料的成分、显微组织和加工工艺有关，同时也决定于机器中各相关零件的材料组成体系和零件的使用环境。大部分由陶瓷材料和高分子材料制作的零件在一般的条件下都具有较好的耐腐蚀性。

大部分金属零件的腐蚀都是电化学腐蚀，且腐蚀作用也是首先从零件的表面开始的，因此设计零件和选材时，应选择耐腐蚀材料或使用某些表面改性工艺获得表面防护层，通过调整工作环境改变零件的工作状态。

第二节　材料的工艺性能

工程零部件质量的优劣不仅取决于工件选材的使用性能，还取决于其工艺性能的好坏。因为制作任何一个合格的零件，都要经过一系列的加工过程，故所选用材料加工工艺性能将直接影响零件的质量、生产效率和成本。

材料的工艺性能主要包括冷加工性能（如冷变形加工和切削加工性能）和热加工性能（如铸造性能、焊接性能、锻造性能和热处理性能等）。不同零件对各种加工工艺性能的要求是不同的，如很好的铸造性能是制造铸件的先决条件；冷成形件要求材料有好的均匀塑性变形性能；工程构件的材料应具有好的焊接和冷变形性能；而大多数的机器零件对材料工艺上最突出的要求是可切削加工性和热处理工艺性（包括淬锈性、变形规律、氧化和热化学稳定性等）。

当工艺性能和力学性能相矛盾时，有时要选择工艺性能更好的材料（当然材料的使用性能必须满足零件工作的最低使用性能要求）而舍弃某些力学性能更优越的材料，这对于大批量生产的零件尤为重要。因为在大量生产时，工艺周期长短和加工费用高低常常是生产的关键。因此，工程选材时工艺性能应从以下几方面加以考虑。

一、尽量选用工艺简单的材料

例如，冷拔硬化钢料具有良好的强韧性，加工成形后一般不需热处理，且其还有良好的切削加工性；自动加工机床选用易切钢，可以延长刀具寿命，提高生产率，改善零件的表面粗糙度；用低碳钢淬火（低碳马氏体）代替中碳钢调质，热处理工艺性大大改善，不易淬火变形和开裂，不易脱碳，其他加工工艺性也可得到改善；在机械制造业中还常常考虑以铁代钢、以铸代锻，简化了工艺，同时还降低了成本。

二、选材材质与其工艺性要求

机械零件用材料的材质对其使用性能和工艺性能都有很大的影响。例如，钢中杂质硫影响材料锻造工艺性（有热脆性），但硫可改善钢的切削加工性；而磷使钢产生“冷脆”，影响冲压和焊接工艺性，但磷可改善钢的耐大气腐蚀能力；沸腾钢的冲压性能不如镇静钢，故形状复杂的冲压件不能选用沸腾钢；渗碳钢最好是本质细晶钢，否则需要重新加热淬火以细化晶粒、改善性能；普通结构钢的碳质量分数范围较宽，淬透性变化较大，不宜用作热处理；过热敏感性较大的钢，要求严格控制加热温度和保温时间，大型零件不宜采用这类钢。同样在铝、铜、镁等有色合金中杂质和特定的合金元素对其零件的各工艺性能也有很大影响。高分子材料中固化剂、填充剂的性能，数量对其成形性影响很大；陶瓷材料中的杂质对其烧结成形的影响可能是巨大的，如氧化铝瓷中的 SiO_2、MgO、NaO 等杂质（或添加剂）对其零件的烧结温度、烧结速度和材料的致密度有极大的影响作用。

三、各工序工艺之间的相互联系和结合

零件制作过程中，各工序的工艺之间是互相联系，相辅相成的。如大多数的钢制零件加工时，其预备热处理会对后面的机械加工，最终热处理等工序产生重要影响。而若生产中要把铸

件、锻件用焊接的方法连成一体,成为铸-锻-焊件,或是要采用高能表面热处理方法,且将这种工序纳入零件生产自动线,或采用冷塑性变形的方法(冷轧、冷挤、冷冲压、冷滚、冷镦等)取代部分机械加工时,这些工艺方法的应用往往要求材料作相应改变,或是充分考虑前后工艺间的相容性,以适应新生产技术的要求。

第三节　选材的经济性

在设计和生产中,可能不止一种材料可以满足零件的使用性能和其加工工艺性能的要求,这时经济性就成为选材的重要依据。经济性涉及材料本身成本的高低,供应是否充分,零件加工工艺过程的复杂程度,加工成品率和加工效率的高低,甚至机器零件设计使用寿命的长短。因此,考虑材料的经济性时,应当以综合效益来评价材料经济性的高低。

一、材料的价格

在满足性能和工艺要求的前提下,零件材料的价格应该尽量低。材料的价格在产品的总成本中占有较大的比重,据统计占产品价格的30%~70%,因此设计人员要十分关心材料的市场价格。

二、加工费用

对于形状复杂的零件可采用型钢和焊接结构,比整体锻件、机械加工件更为方便、省时、便宜。制造内腔较大的零件时,采用铸造、冲压或旋压加工比采用实心坯料经切削加工制造内腔要便宜。对于耐腐蚀件,在满足使用要求的前提下,采用碳素钢进行表面涂层工艺代替不锈钢,成本可降低很多。

三、成组选材,减少品种

机械设计时,在满足使用性能的情况下,同一个机器上的零件,应尽量减少材料的品种,减少采购手续,便于管理。尽量选择型材,代替锻、轧材,可减少加工程序。

第四节　材料的环保性能

材料的选择要求在产品设计中尽可能选用那些对生态环境影响小并充分利用资源能源的材料,即选用绿色材料。绿色材料分为生态环境材料和清洁能源材料。生态环境材料包括环境相容性材料、生物降解材料、可循环制备和使用的材料、环境工程材料等;清洁能源材料包括太阳能转化材料、热电材料、碳的循环利用材料等。

材料选择应选择绿色材料,还应保证在整个制造过程中对环境污染最小和对资源利用率最高。有些材料在成形或加工过程中容易产生高温、粉尘、噪声、废液、废弃物和有害气体等问题,不仅污染环境、影响工人的身体健康,而且影响产品质量的稳定和提高,必须予以高度重视。

在选择材料时,采取环保优先原则,不选用对环境造成污染的材料和在加工成形、制造过程中易产生污染的材料。在选材时必须了解我国工业发展趋势,按国家标准,结合我国资源和生产条件,从实际出发考虑各方面因素,追求绿色环保、健康、节能、低碳和可持续发展。

做好绿色发展、循环发展、低碳发展,构建高效、清洁、低碳循环的绿色制造体系,深入实施绿色制造工程,是制造技术的重要发展方向。

复 习 题

1. 合理选材的四个基本原则是什么?
2. 选材时,应从哪几个方面满足使用性能?
3. 选材时,如何考虑工艺性能?
4. 如何选材才能保证经济性?

第二篇　铸　　造

将液态金属浇注到铸型中，待其冷却凝固，以获得一定形状、尺寸和性能的毛坯或零件的成形方法，称为铸造。

铸造是历史悠久的金属成形方法之一，直到今天仍然是毛坯生产的主要方法。在机器设备中铸件所占比例很大，如机床、内燃机中，铸件占总重的70%~90%，压力机中占60%~80%，拖拉机中占50%~70%，农业机械中占40%~70%。铸造之所以获得如此广泛的应用，是由于它有如下优越性：

(1) 可制成形状复杂特别是具有复杂内腔的毛坯，如箱体、气缸体等。

(2) 适应范围广。如工业上常用的金属材料(碳素钢、合金钢、铸铁、铜合金、铝合金等)件都可铸造成形。铸件的大小几乎不限，从几克到数百吨；铸件的壁厚可由1 mm到1 m左右；铸造的批量不限，从单件小批直到大量生产。

(3) 铸造不仅可直接利用成本低廉的废机件和切屑，而且设备费用较低。同时，铸件毛坯上要求的机械加工余量小，节省金属，减少机械加工量，从而降低制造成本。

在铸造生产中，最基本的工艺方法是砂型铸造，用这种方法生产的铸件占总产量的90%以上。此外，还有多种特种铸造方法，如熔模铸造、消失模铸造、金属型铸造、压力铸造、离心铸造等，它们在不同条件下各有其优势。

第一章 铸造工艺基础

在铸造生产中,获得优质铸件是最基本要求。所谓优质铸件是指铸件的轮廓清晰、尺寸准确、表面光洁、组织致密、力学性能合格,没有超出技术要求的铸造缺陷等。

由于铸造的工序繁多,影响铸件质量的因素繁杂,难以综合控制,因此铸造缺陷难以完全避免,废品率较其他加工方法高。同时,许多铸造缺陷隐藏在铸件内部,难以发现和修补,有些则是在机械加工时才暴露出来,这不仅浪费机械加工工时、增加制造成本,有时还延误整个生产过程的完成。因此,控制铸件质量,降低废品率是非常重要的。铸造缺陷的产生不仅取决于铸型工艺,还与铸件结构、合金铸造性能、熔炼、浇注等密切相关。

合金铸造性能是指合金在铸造成形时获得外形准确、内部健全铸件的能力。主要包括合金的流动性、凝固特性、收缩性、吸气性等,它们对铸件质量有很大影响。依据合金铸造性能特点,采取必要的工艺措施,对于获得优质铸件有着重要意义。本章对与合金铸造性能有关的铸造缺陷的形成与防止进行分析,为阐述铸造工艺奠定基础。

第一节 液态合金的充型

液态合金填充铸型的过程,简称充型。液态合金充满铸型型腔,获得形状准确、轮廓清晰铸件的能力,称为液态合金的充型能力。在液态合金的充型过程中,有时伴随着结晶现象,若充型能力不足,在型腔被填满之前,形成的晶粒将充型的通道堵塞,金属液被迫停止流动,于是铸件将产生浇不到或冷隔等缺陷。影响充型能力的主要因素如下。

一、合金的流动性

液态合金本身的流动能力,称为合金的流动性,是合金主要铸造性能之一。合金的流动性愈好,充型能力愈强,愈便于浇铸出轮廓清晰、薄而复杂的铸件。同时,有利于非金属夹杂物和气体的上浮与排出,还有利于对合金冷凝过程所产生的收缩进行补缩。

液态合金的流动性通常以“螺旋形试样”(图 2-1)长度来衡量。显然,在相同的浇注条件下,浇出的试样愈长,合金的流动性愈好。试验得知,在常用铸造合金中,灰铸铁、硅黄铜的流动性最好,铸钢的流动性最差。

影响合金流动性的因素很多,但以化学成分的影响最为显著。纯金属和共晶成分合金的结晶是在恒温下进行的,此时,液态合金从表层逐层向中心凝固,由于已结晶的固体层内表面比较光滑,对金属液的流动阻力小,故流动性最好。其他成分合金是在一定温度范围内逐步凝固的,此时,结晶在一定宽度的凝固区内同时进行,由于初生的树枝状晶体使固体层内表面粗糙,所以合金的流动性变差。显然,合金成分愈远离共晶点,结晶温度范围愈宽,流动性愈差。图 2-2 所示为铁碳合金的流动性与碳质量分数的关系。由图可见,亚共晶铸铁随碳质量分数的增加,结晶温度范围减小,流动性提高。

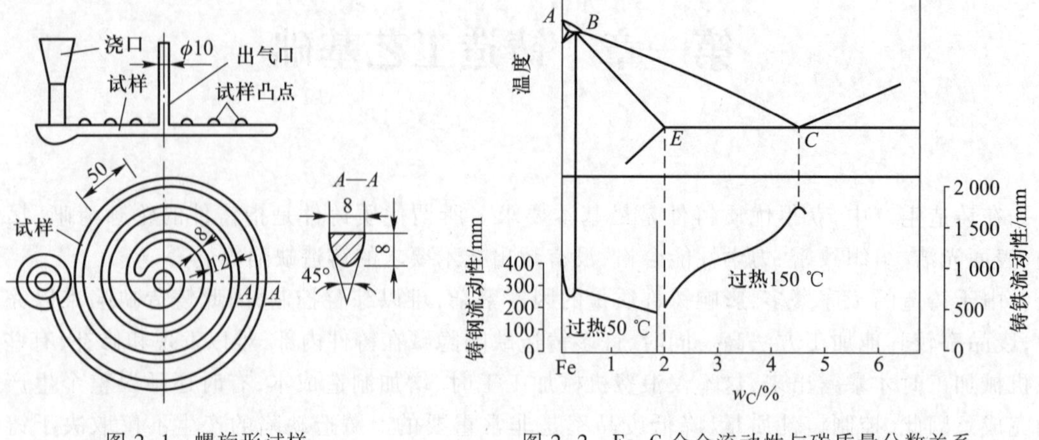

图 2-1　螺旋形试样

图 2-2　Fe-C 合金流动性与碳质量分数关系

二、浇注条件

(1) 浇注温度　浇注温度对合金充型能力有着决定性影响。浇注温度愈高,合金的黏度下降,且因过热度高,合金在铸型中保持流动的时间长,故充型能力强;反之,充型能力差。

鉴于合金的充型能力随浇注温度的提高呈直线上升,因此,对薄壁铸件或流动性较差的合金可适当提高其浇注温度,以防止浇不到或冷隔缺陷。但浇注温度过高,铸件容易产生缩孔、缩松、黏砂、析出性气孔、粗晶等缺陷,故在保证充型能力足够的前提下,浇注温度不宜过高。

(2) 充型压力　砂型铸造时,提高直浇道高度,使液态合金压力加大,充型能力可改善。压力铸造、低压铸造和离心铸造时,因充型压力提高甚多,故充型能力强。

三、铸型填充条件

液态合金充型时,铸型阻力将影响合金的流动速度,而铸型与合金间的热交换又将影响合金保持流动的时间,因此如下因素对充型能力均有显著影响:

(1) 铸型材料　其导热系数愈大,对液态合金的激冷能力愈强,合金的充型能力就愈差。如金属型铸造较砂型铸造容易产生浇不到和冷隔缺陷。

(2) 铸型温度　金属型铸造、压力铸造和熔模铸造时,铸型被预热到数百摄氏度,由于减缓了金属液的冷却速度,使充型能力显著提高。

(3) 铸型中的气体　充型过程也就是液体金属排除型腔中气体的过程。同时,在金属液的热作用下,铸型(尤其是砂型)将产生大量气体,如果铸型的排气能力差,型腔中的气压将增大,以致阻碍液态合金的充型。为了减小气体的压力,除应设法减少气体的来源外,应使铸型具有良好的透气性,并在远离浇道的最高部位开设出气口。

(4) 铸件结构　铸件结构复杂,如铸件的壁厚过薄或有大的水平面时,都使金属液的流动困难。表 2-1 为砂型铸件允许的最小壁厚,在设计铸件时,铸件的壁厚应大于表中规定的最小壁厚值,以防缺陷的产生。

表 2-1　砂型铸件的最小允许壁厚　mm

铸件轮廓尺寸	铸造碳钢	灰铸铁	球墨铸铁	可锻铸铁	铝合金	铜合金
<200	5	3～4	3～4	3.5～4.5	3～5	3～5
≥200～400	6	4～5	4～5	4～5.5	5～6	6～8
≥400～800	8	5～6	8～10	5～8	6～8	—
≥800～1 250	12	6～8	10～12	—	—	—

第二节　铸件的凝固与收缩

浇入铸型中的金属液在冷凝过程中,其液态收缩和凝固收缩若得不到补充,铸件将产生缩孔或缩松缺陷。为防止上述缺陷,必须合理地控制铸件的凝固过程。

一、铸件的凝固方式

在铸件的凝固过程中,其断面上一般存在三个区域,即固相区、凝固区和液相区。其中,对铸件质量影响较大的主要是液相和固相并存的凝固区。铸件的“凝固方式”就是依据凝固区的宽窄(图 2-3c 中 S)来划分的。

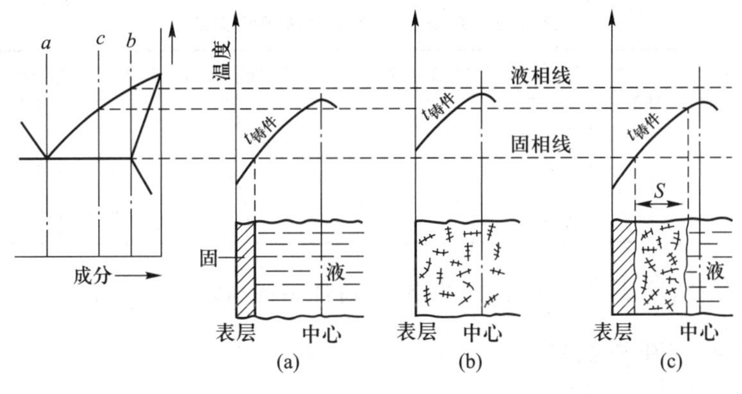

图 2-3　铸件的凝固方式

1. 逐层凝固

纯金属或共晶成分合金在凝固过程中因不存在液、固并存的凝固区(图 2-3a),故断面上外层的固体和内层的液体由一条界限(凝固前沿)清楚地分开。随着温度的下降,固体层不断加厚、液体层不断减少,直达铸件的中心,这种凝固方式称为逐层凝固。

2. 糊状凝固

如果合金的结晶温度范围很宽,且铸件的温度分布较为平坦,则在凝固的某段时间内,铸件表面并不存在固体层,而液、固并存的凝固区贯穿整个断面(图 2-3b)。由于这种凝固方式与水泥类似,即先呈糊状而后固化,故称糊状凝固。

3. 中间凝固

大多数合金的凝固介于逐层凝固和糊状凝固之间(图 2-3c),称为中间凝固方式。

铸件质量与其凝固方式密切相关。一般说来,逐层凝固时,合金的充型能力强,便于防止缩孔和缩松;糊状凝固时,难以获得结晶紧实的铸件。在常用合金中,灰铸铁、铝硅合金等倾向于逐层凝固,易于获得紧实铸件;球墨铸铁、锡青铜、铝铜合金等倾向于糊状凝固,为获得紧实铸件常需采用适当的工艺措施,以便补缩或减小其凝固区域。

二、铸造合金的收缩

合金从浇注、凝固直至冷却到室温,其体积或尺寸缩减的现象,称为收缩。收缩是合金的物理本性。收缩给铸造工艺带来许多困难,是多种铸造缺陷(如缩孔、缩松、裂纹、变形等)产生的根源。为使铸件的形状、尺寸符合技术要求,组织致密,必须研究收缩的规律性。

合金的收缩经历如下三个阶段:

(1) 液态收缩　从浇注温度到凝固开始温度(即液相线温度)间的收缩;

(2) 凝固收缩　从凝固开始温度到凝固终止温度(即固相线温度)间的收缩;

(3) 固态收缩　从凝固终止温度到室温间的收缩。

合金的液态收缩和凝固收缩表现为合金体积的缩减,常用单位体积收缩量(即体积收缩率)来表示。合金的固态收缩不仅引起合金体积上的缩减,同时,更明显地表现在铸件尺寸上的缩减,因此固态收缩常用单位长度上的收缩量(即线收缩率)来表示。

不同合金的收缩率不同,表 2-2 所示为几种铁碳合金的体积收缩率。

表 2-2　几种铁碳合金的体积收缩率

合金种类	碳质量分数/%	浇注温度/℃	液态收缩/%	凝固收缩/%	固态收缩/%	总体积收缩/%
铸造碳钢	0.35	1 610	1.6	3	7.8	12.4
白口铸铁	3.00	1 400	2.4	4.2	5.4~6.3	12~12.9
灰铸铁	3.50	1 400	3.5	0.1	3.3~4.2	6.9~7.8

铸件的实际收缩率与其化学成分、浇注温度、铸件结构和铸型条件有关。

三、铸件中的缩孔与缩松

1. 缩孔与缩松的形成

液态合金在冷凝过程中,若其液态收缩和凝固收缩所缩减的容积得不到补足,则在铸件最后凝固的部位形成一些孔洞。按照孔洞的大小和分布,可将其分为缩孔和缩松两类。

(1) 缩孔　它是集中在铸件上部或最后凝固部位容积较大的孔洞。缩孔多呈倒圆锥形,内表面粗糙,通常隐藏在铸件的内层,但在某些情况下,可暴露在铸件的上表面,呈明显的凹坑。

为便于分析缩孔的形成,现假设铸件呈逐层凝固,其形成过程如图 2-4 所示。液态合金填满铸型型腔(图 2-4a)后,由于铸型的吸热,靠近型腔表面的金属很快凝结成一层外壳,而内部仍然是高于凝固温度的液体(图 2-4b)。温度继续下降、外壳加厚,但内部液体因液态收缩和补充凝固层的凝固收缩,体积缩减、液面下降,使铸件内部出现了空隙(图 2-4c)。直到内部完全凝固,在铸件上部形成了缩孔(图 2-4d)。已经产生缩孔的铸件继续冷却到室温时,因固态收缩使铸件的外廓尺寸略有缩小(图 2-4e)。

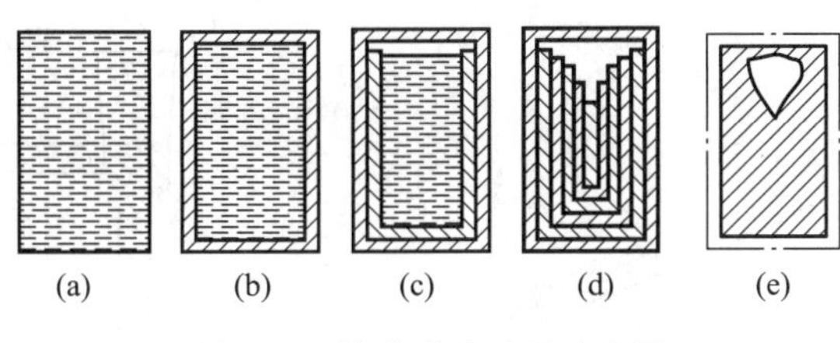

图 2-4 缩孔形成过程示意图

总之,合金的液态收缩和凝固收缩愈大、浇注温度愈高、铸件愈厚,缩孔的容积愈大。

(2) 缩松　分散在铸件某区域内的细小缩孔,称为缩松。当缩松与缩孔的容积相同时,缩松的分布面积要比缩孔大得多。缩松的形成原因也是由于铸件最后凝固区域的收缩未能得到补足,或者,因合金呈糊状凝固,被树枝状晶体分隔开的小液体区难以得到补缩所致。

缩松分为宏观缩松和显微缩松两种。宏观缩松是用肉眼或放大镜可以看出的小孔洞,多分布在铸件中心轴线处或缩孔的下方(图 2-5)。显微缩松是分布在晶粒之间的微小孔洞,要用显微镜才能观察出来,这种缩松的分布更为广泛,有时遍及整个截面。

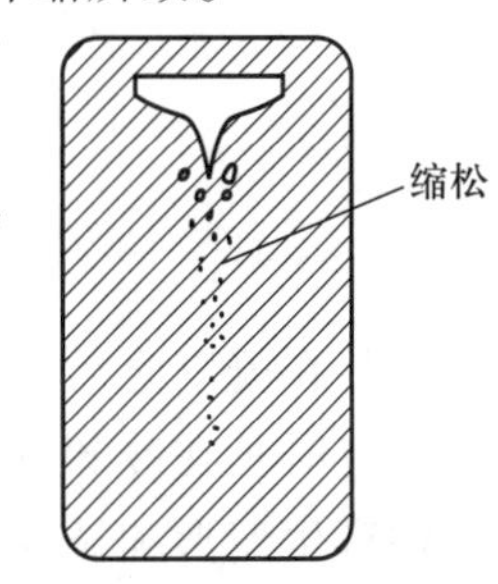

图 2-5 宏观缩松

不同铸造合金的缩孔和缩松的倾向不同。逐层凝固合金(纯金属、共晶合金或结晶温度范围窄的合金)的缩孔倾向大,缩松倾向小;反之,糊状凝固的合金缩孔倾向虽小,但极易产生缩松。

2. 缩孔和缩松的防止

缩孔和缩松都使铸件的力学性能下降,缩松还可使铸件因渗漏而报废。因此,必须依据技术要求,采取适当的工艺措施予以防止。实践证明,只要能使铸件实现“顺序凝固”,尽管合金的收缩较大,也可获得没有缩孔的致密铸件。

所谓顺序凝固就是在铸件上可能出现缩孔的厚大部位通过安放冒口等工艺措施,使铸件远离冒口的部位(图 2-6 中Ⅰ)先凝固;然后是靠近冒口部位(图 2-6 中Ⅱ、Ⅲ)凝固;最后才是冒口本身的凝固。按照这样的凝固顺序,先凝固部位的收缩,由后凝固部位的金属液来补充;后凝固部位的收缩,由冒口中的金属液来补充,从而使铸件各个部位的收缩均能得到补充,而将缩孔转移到冒口之中。冒口是多余部分,在铸件清理时予以切除。

为了使铸件实现顺序凝固,在安放冒口的同时,还可在铸件上某些厚大部位增设冷铁。图 2-7 所示铸件的金属局部聚集部位不止一个,若仅靠顶部冒口难以向底部凸台补缩,为此在该凸台的型壁上安放了两个冷铁。由于冷铁加快了该处的冷却速度,使厚度较大的凸台反而最先凝固,由于实现了自下而上的顺序凝固,从而防止了凸台处缩孔、缩松的产生。可以看出,冷铁仅是加快某些部位的冷却速度,以控制铸件的凝固顺序,但本身并不起补缩作用。冷铁通常用钢或铸铁制成。

安放冒口和冷铁、实现顺序凝固,虽可有效地防止缩孔和宏观缩松,但却耗费许多金属和工时,加大了铸件成本。同时,顺序凝固扩大了铸件各部分的温度差,促进了铸件的变形和裂纹倾向。因此,主要用于必须补缩的场合,如铝青铜、铝硅合金和铸钢件等。

必须指出,对于结晶温度范围甚宽的合金,由于倾向于糊状凝固,结晶开始之后,发达的树枝状晶架布满了铸件整个截面,使冒口的补缩通路严重受阻,因而难以避免显微缩松的产生。显然,选用近共晶成分或结晶温度范围较窄的合金生产铸件是适宜的。

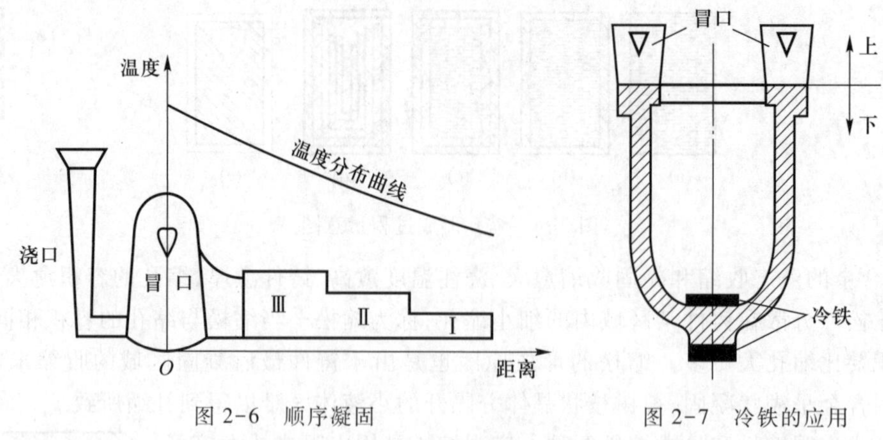

图 2-6　顺序凝固　　　　图 2-7　冷铁的应用

第三节　铸造内应力、变形和裂纹

铸件在凝固之后的继续冷却过程中,其固态收缩若受到阻碍,铸件内部将产生内应力,这些内应力有时是在冷却过程中暂存的,有时则一直保留到室温,后者称为残余内应力。铸造内应力是铸件产生变形和裂纹的基本原因。

一、内应力的形成

按照内应力的产生原因,可分为热应力和机械应力两种。

1. 热应力

它是由于铸件的壁厚不均匀、各部分的冷却速度不同,以致在同一时期内铸件各部分收缩不一致而引起的。为了分析热应力的形成,首先必须了解金属自高温冷却到室温时应力状态的改变。固态金属在再结晶温度(钢和铸铁为 620~650 ℃)以上时,处于塑性状态。此时,在较小的应力下就可发生塑性变形,变形之后应力可自行消除。在再结晶温度以下的金属呈弹性状态,此时,在应力的作用下、将发生弹性变形,而变形之后的应力继续存在。

下面用图 2-8a 所示的框形铸件来分析热应力的形成。当铸件处于高温阶段(图 2-8 中 $t_0 \sim t_1$ 间),杆Ⅰ和杆Ⅱ均处于塑性状态,尽管两杆的冷却速度不同,收缩不一致,但瞬时的应力均可通过塑性变形而自行消失。继续冷却后,冷速较快的杆Ⅱ已进入弹性状态,而粗杆Ⅰ仍处于塑性状态(图 2-8 中 $t_1 \sim t_2$ 间)。由于细杆Ⅱ冷速快,收缩大于粗杆Ⅰ,所以细杆Ⅱ受拉伸、粗杆Ⅰ受压缩(图 2-8b),形成了暂时内应力,但这个内应力随之便因粗杆Ⅰ的微量塑性变形(压短)而消失(图 2-8c),杆Ⅰ、Ⅱ保持相同长度。再进一步冷却到更低温度时(图 2-8 中 $t_2 \sim t_3$),粗杆Ⅰ也处于弹性状态,但所处的温度不同。粗杆Ⅰ的温度较高,还将进行较大的收缩;而细杆Ⅱ的温度较低,收缩已趋停止。因此,粗杆Ⅰ的收缩必然受到细杆Ⅱ的强烈阻碍,于是细杆Ⅱ受压缩,粗杆Ⅰ受拉伸,直到室温,形成了残余内应力(图 2-8d)。由此可见,热应力使铸件的厚壁或心部受拉伸,薄壁或表层受压缩。铸件的壁厚差别愈大、合金线收缩率愈高、弹性模量愈大,产生的热应力愈大。

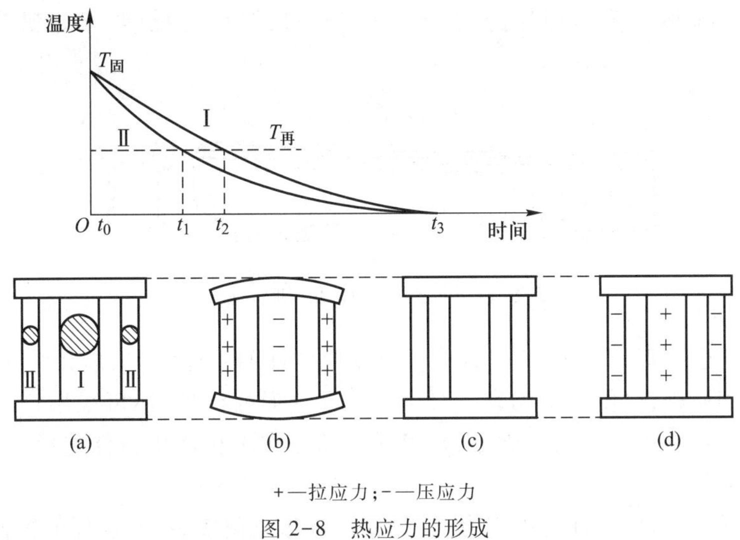

+—拉应力；-—压应力

图 2-8　热应力的形成

预防热应力的基本途径是尽量减少铸件各个部位间的温度差，使其均匀地冷却。为此，可将浇道开在薄壁处，使薄壁处铸型在浇注过程中的升温较厚壁处高，因而可补偿薄壁处冷速快的现象。有时为加快厚壁处的冷速，还可在厚壁处安放冷铁（图 2-9）。这种采用同时凝固原则的方法可减少铸造内应力，防止铸件的变形和裂纹缺陷，又可免设冒口而省工省料。其缺点是铸件心部容易出现缩孔或缩松。同时凝固原则主要用于灰铸铁、锡青铜等。这是由于灰铸铁的缩孔、缩松倾向小；而锡青铜倾向于糊状凝固，采用顺序凝固也难以有效地消除其显微缩松缺陷。

2. 机械应力

它是合金的固态收缩受到铸型或型芯的机械阻碍而形成的内应力，如图 2-10 所示。机械应力使铸件产生暂时性的正应力或剪应力，这种内应力在铸件落砂之后便可自行消除。但它在铸件冷却过程中可与热应力共同起作用，增大了某些部位的应力，促进了铸件的裂纹倾向。

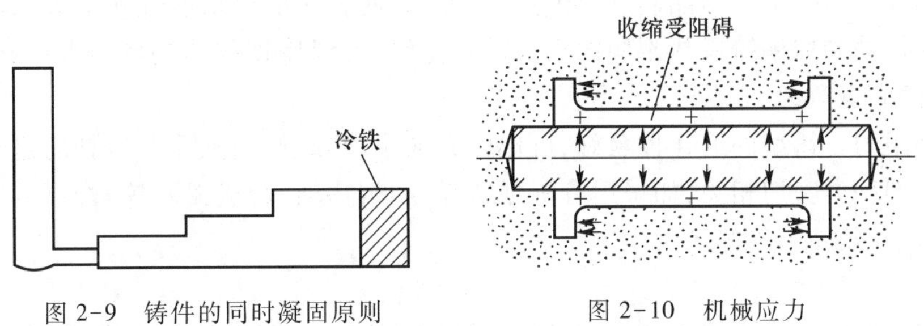

图 2-9　铸件的同时凝固原则　　图 2-10　机械应力

二、铸件的变形与防止

具有残余内应力的铸件是不稳定的，它将自发地通过变形来减缓其内应力，以便趋于稳定状态。显然，只有原来受拉伸部分产生压缩变形、受压缩部分产生拉伸变形，才能使残余内应力减小或消除。图 2-11 所示为车床床身,其导轨部分因较厚而受拉伸,于是朝着导轨方向产生内凹。

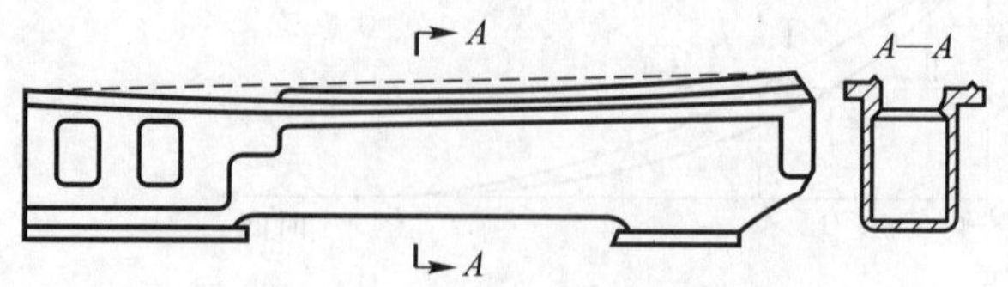

图 2-11 车床床身挠曲变形示意图

为防止铸件产生变形,除在铸件设计时尽可能使铸件的壁厚均匀、形状对称外,在铸造工艺上应采用同时凝固原则,以便冷却均匀。对于长而易变形的铸件,还可采用"反变形"工艺。反变形法是在统计铸件变形规律的基础上,在模样上预先作出相当于铸件变形量的"反变形量",以抵消铸件的变形。

实践证明,尽管变形后铸件的内应力有所减缓,但并未彻底去除,这样的铸件经机械加工之后,由于内应力的重新分布,还将缓慢地发生微量变形,使零件丧失了应有的精确度。为此,对于不允许发生变形的重要件必须进行时效处理。自然时效是将铸件置于露天场地半年以上,使其缓慢地发生变形,从而使内应力消除。人工时效是将铸件加热到 550~650 ℃进行去应力退火。时效处理宜在粗加工之后进行,以便将粗加工所产生的内应力一并消除。

三、铸件的裂纹与防止

当铸造内应力超过金属的强度极限时,铸件便将产生裂纹。裂纹是严重缺陷,多使铸件报废。裂纹可分成热裂和冷裂两种。

1. 热裂

热裂是在高温下形成的裂纹。其形状特征是缝隙宽、形状曲折、缝内表面呈氧化色。

试验证明,热裂是在合金凝固末期的高温下形成的。因为合金的线收缩在完全凝固之前便已开始,此时固态合金已形成完整的骨架,但晶粒之间还存有少量液体,故强度、塑性甚低,若机械应力超过了该温度下合金的强度,便发生热裂。形成热裂的主要影响因素如下。

(1) 合金性质　合金的结晶温度范围愈宽,液、固两相区的绝对收缩量愈大,合金的热裂倾向也愈大。灰铸铁和球墨铸铁热裂倾向小,铸钢、铸铝、可锻铸铁的热裂倾向大。此外钢铁中含硫愈高,热裂倾向也愈大。

(2) 铸型阻力　铸型的退让性愈好,机械应力愈小,热裂倾向愈小。铸型的退让性与型砂、型芯砂的黏结剂种类密切相关,如采用有机黏结剂(如植物油、合成树脂等)配制的型芯砂,因高温强度低,退让性较黏土砂好。

2. 冷裂

冷裂是在较低温下形成的裂纹。其形状特征是裂纹细小、呈连续直线状,有时缝内表面呈轻微氧化色。

冷裂常出现在形状复杂铸件的受拉伸部位,特别是应力集中处(如尖角、孔洞类缺陷附近)。不同铸造合金的冷裂倾向不同。如塑性好的合金,可通过塑性变形使内应力自行缓解,故冷裂倾向小;反之,脆性大的合金(如灰铸铁)较易产生冷裂。

第四节 铸件中的气孔

气孔是最常见的铸造缺陷,它是由于金属液中的气体未能排出,在铸件中形成气泡所致。气孔减少了铸件的有效截面积,造成局部应力集中,降低了铸件的力学性能。同时,一些气孔是在机械加工中才被发现,成为铸件报废的重要原因。按照气体的来源,铸件中的气孔主要分为因金属原因形成的"析出性气孔"、因铸型原因形成的"侵入性气孔"、因金属与铸型相互化学作用形成的"反应性气孔"三种。

一、析出性气孔

在金属的熔化或浇注过程中,一些气体(如 H_2、N_2、O_2 等)可被金属液所吸收,其中氢气因不与金属形成化合物且原子直径最小,故较易溶于金属液之中。由于合金吸收气体为吸热过程,故合金的吸气性随温度的升高而加大,而气体在液态合金中的溶解度比固态大得多,如图 2-12 所示。合金的过热度愈高,其气体含量愈多。

溶有氢气的液态合金在冷凝过程中,由于氢气的溶解度降低,呈过饱和状态,因此氢原子结合成分子呈气泡状从液态合金中逸出,上浮的气泡若被阻碍或由于金属液冷却时黏度增加,使其不能上浮,就会留在铸件中形成析出性气孔。析出性气孔的特征是分布面积大,有时遍及整个截面。这种气孔在铝合金中最为多见,因其直径多小于 1 mm,故常称"针孔",不仅降低力学性能,并且严重影响铸件的气密性,容器内压力升高易发生渗漏。铸钢中的氢不仅可形成气孔,由于气体析出时产生压力,还可导致铸件产生裂纹。

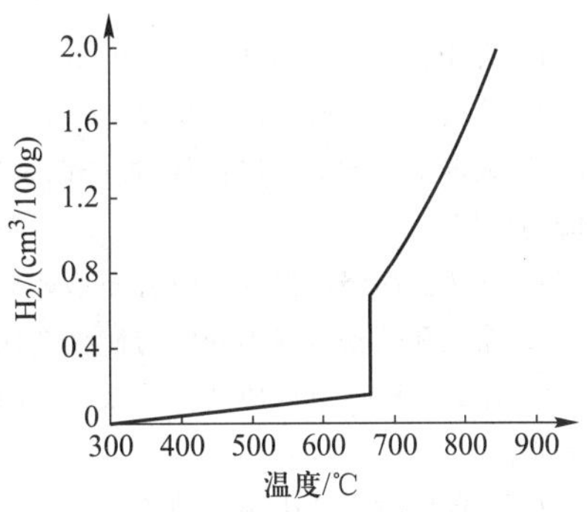

图 2-12 氢在纯铝中的溶解度

防止上述气孔的主要方法是在浇注前对金属液进行"除气处理",以减少金属液中的气体含量。同时,对炉料要去除油污和水分、浇注用具要烘干、铸型水分勿过高等。

二、侵入性气孔

侵入性气孔是砂型或砂芯在浇注时产生的气体聚集在型腔表层侵入金属液内所形成的气孔,多出现在铸件局部上表面附近。其特征是尺寸较大,呈椭圆或梨形,表面被氧化。铸铁件中的气孔大多属于这种气孔。防止侵入性气孔的基本途径是提高型砂透气性,增加铸型的排气能力。实践证明,侵入性气体大多来自砂芯,因为砂芯受热严重,排气条件差,为此应选择适合的芯砂黏结剂,以减少砂芯的发气量。

三、反应性气孔

反应性气孔是由高温金属液与铸型材料、冷铁(或型芯撑)、熔渣之间,由于化学反应形成的气体留在铸件内形成的气孔。由于形成原因不同,气孔的表现形式也有差异。

(1) 皮下气孔 是铸件表层下 1~3 mm 处存在的气孔。对于湿型铸造的铸钢件皮下气孔多呈细长条状垂直于铸件表面(图 2-13a);在湿型铸造球墨铸铁件中也较易产生。产生皮下气孔的主要原因是在金属液高温作用下,铸型表面的水蒸气分解出原子状态的氢进入金属液中所致。

(2) 冷铁气孔 冷铁(或型芯撑)表面若有油污或铁锈,与灼热的钢铁液接触时,经化学反应分解出 CO,这种气体可在冷铁(或型芯撑)附近产生气孔(图 2-13b)。

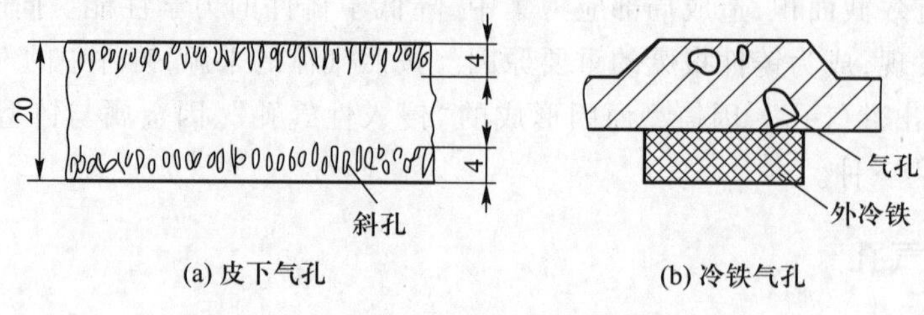

图 2-13 反应性气孔

复 习 题

1. 为什么铸造是毛坯生产中的重要方法？试从铸造的特点并结合示例分析之。

2. 什么是液态合金的充型能力？它与合金的流动性有何关系？不同成分的合金为何流动性不同？

3. 某定型生产的厚铸铁件,投产以来质量基本稳定,但近一段时间浇不到和冷隔缺陷突然增加,试分析其可能的原因。

4. 既然提高浇注温度可改善充型能力,那么为什么又要防止浇注温度过高？

5. 缩孔和缩松有何不同？为何缩孔比缩松较容易防止？

6. 什么是顺序凝固原则？什么是同时凝固原则？各需采取什么措施来实现？上述两种凝固原则适用场合有何不同？

7. 某铸件时常产生裂纹缺陷,如何鉴别其裂纹性质？如果属于热裂,应该从哪些方面寻找产生原因？

8. 试用下图所示异形梁铸钢件分析其热应力的形成原因,并用虚线表示出铸件的变形方向。

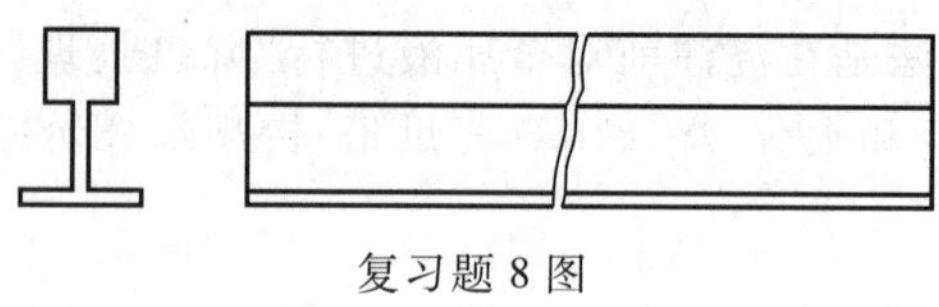

复习题 8 图

9. 如何区分气孔、缩孔、砂眼、夹渣缺陷？存在铸造缺陷的铸件是否都属于废品？

第二章　常用合金铸件的生产

本章介绍各种铸铁的组织、性能、牌号及其应用。同时,简介铸钢和铸造铜、铝合金及其生产特点。

第一节　铸铁件生产

铸铁是极其重要的铸造合金,它是碳质量分数超过 2.11%的铁碳合金。铸铁件大量用于制造机器设备,其产量占全部铸件总产量的 80%左右。

机械制造中广泛应用的铸铁中的碳主要是以石墨状态存在的。铸铁中的石墨一般呈片状,经过不同的处理,石墨还可以呈团絮状、球状、蠕虫状等,使铸铁获得不同的性能。因此,常用的铸铁为灰铸铁、可锻铸铁、球墨铸铁、蠕墨铸铁等。

一、灰铸铁

灰铸铁是指具有片状石墨的铸铁,是应用最广的铸铁,其产量占铸铁总产量的 80%以上。

1. 灰铸铁的性能

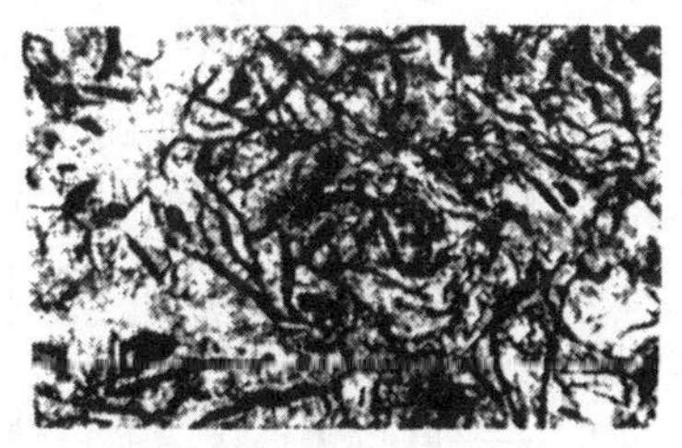

图 2-14　灰铸铁的显微组织

灰铸铁的显微组织由金属基体(铁素体和珠光体)和片状石墨所组成(图 2-14),相当于在纯铁或钢的基体上嵌入了大量石墨片。石墨的强度、硬度、塑性极低,因此可将灰铸铁视为布满细小裂纹的纯铁或钢。由于石墨的存在,减少了承载的有效面积,石墨的尖角处还会引起应力集中,因此,灰铸铁的抗拉强度低,塑性、韧性差,通常 R_m 仅 120~250 MPa,A、a_K 接近于零。显然,石墨愈多、愈粗大、分布愈不均,其力学性能愈差。必须看到,灰铸铁的抗压强度受石墨的影响较小,并与钢相近,这对于灰铸铁的合理应用甚为重要。

由于灰铸铁属于脆性材料,故不能对其进行锻造和冲压。灰铸铁的焊接性能很差,焊接区容易出现白口组织,裂纹的倾向较大。

必须看到,由于石墨的存在还赋予灰铸铁如下优越性能:

(1) 优良的减振性　由于石墨对机械振动起缓冲作用,从而阻止振动能量的传播。灰铸铁减振能力为钢的 5~10 倍,是制造机床床身、机器底座的好材料。

(2) 耐磨性好　石墨本身是一种良好的润滑剂,而石墨剥落后又可使金属基体形成储存润滑油的凹坑,故灰铸铁的耐磨性优于钢,适于制造机器导轨、衬套、活塞环等。

(3) 缺口敏感性小　由于石墨的存在已使金属基体形成了大量缺口,因此外来缺口对灰铸铁的疲劳强度影响甚微,从而增加了零件工作的可靠性。

(4) 铸造性能优良,切削加工性好 灰铸铁的碳质量分数近于共晶成分,流动性好。由于灰铸铁在结晶过程中伴有石墨析出,所产生的体积膨胀抵消了部分铁的收缩,故收缩率甚小(参见表2-2)。在常用铸造合金中,其铸造性能最好。同时,切削灰铸铁时呈脆断切屑,不需使用切削液,刀具磨损少。

2. 影响铸铁组织和性能的因素

灰铸铁依照其金属基体显微组织的不同,可分为珠光体灰铸铁、珠光体-铁素体灰铸铁和铁素体灰铸铁三种。珠光体灰铸铁是在珠光体的基体上分布着均匀、细小的石墨片,其强度、硬度相对较高,常用于制造床身、机体等重要件。珠光体-铁素体灰铸铁是在珠光体和铁素体混合的基体上,分布着较为粗大的石墨片,此种铸铁的强度、硬度尽管比前者低,但仍可满足一般零件要求,其铸造性能、减振性均佳,且便于熔炼,是应用最广的灰铸铁。铁素体灰铸铁是在铁素体的基体上分布着多而粗大的石墨片,其强度、硬度差,故很少应用。

灰铸铁显微组织的不同,实质上是碳在铸铁中存在形式的不同。灰铸铁中的碳是以化合碳(Fe_3C)和石墨碳形态存在。化合碳为0.77%时,属珠光体灰铸铁;化合碳小于0.77%时,属珠光体-铁素体灰铸铁;碳以石墨形态存在时,则为铁素体灰铸铁。因此,欲想控制铸铁的组织和性能,必须控制其石墨化程度。影响铸铁石墨化的主要因素是化学成分和冷却速度。

(1) 化学成分 铸铁中的碳、硅、锰、硫、磷对其石墨化有着不同的影响,其中最主要的是碳和硅。

碳既是形成石墨的元素,又是促进石墨化的元素。含碳愈高,析出的石墨数量愈多、愈粗大,而基体中铁素体增加、珠光体减少;反之,含碳降低,石墨减少,且细化。硅是强烈促进石墨化的元素,随着硅质量分数的增加,石墨显著增多。实践证明,铸铁若硅质量分数过少,即使碳质量分数甚高,石墨也难以形成。可以得出,碳和硅的作用是一致的,都是促进石墨化的元素,因此在铸件壁厚不变的前提下,改变碳、硅总含量,可使铸铁获得不同的组织。图2-15是表示上述关系的铸铁组织图,图中共分如下五个区:

Ⅰ——白口铸铁区,其组织由莱氏体、二次渗碳体和珠光体组成。

$Ⅱ_a$——麻口铸铁区。麻口铸铁是白口与灰口间的过渡组织。其组织由莱氏体、二次渗碳体、珠光体和石墨组成。

Ⅱ——珠光体灰铸铁区,其组织由珠光体和石墨组成。

$Ⅱ_b$——珠光体-铁素体灰铸铁区,其组织由珠光体、铁素体和石墨组成。

Ⅲ——铁素体灰铸铁区,其组织由铁素体和石墨组成。

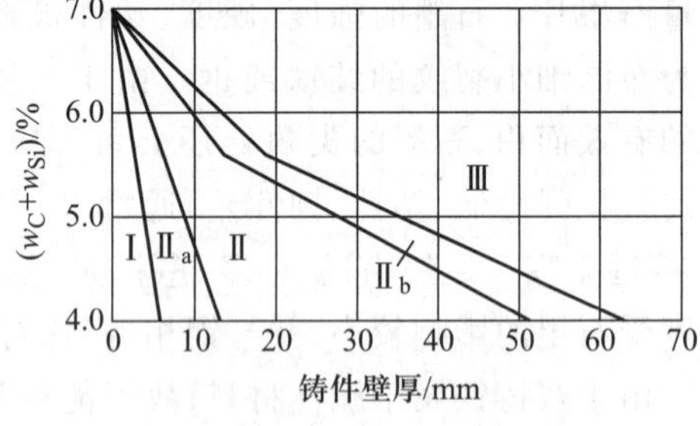

图2-15 铸铁组织示意图

灰铸铁的碳、硅质量分数范围分别是2.7%~3.9%、1.1%~2.6%。由于近共晶成分的铸铁最容易熔炼和铸造,故以碳质量分数为3%~3.5%、硅质量分数为1.4%~2.4%最为多见①。必须指出,在冲天炉化铁时,由于炽热的焦炭与铁料直接接触,致使铸铁碳质量分数趋向于共晶成分,并难以

① 上述的碳质量分数之所以接近共晶成分,是因铸铁中的硅质量分数每增加1%,可使共晶碳质量分数下降0.3%左右。

大幅度地增减,因此改变铸铁的组织和性能更多地依靠调整其硅质量分数。

硫会引起铸铁的热脆性,阻碍石墨的析出,增加白口倾向。磷会增加铸铁的冷脆性,但对石墨化基本没有影响。硫、磷都属于有害杂质,一般限制在 0.1%~0.15%以下。锰可部分抵消硫的有害作用,并可增加铸铁的强度,属有益元素。但含锰过多将阻碍石墨的析出,增加铸铁的白口倾向,通常锰质量分数为 0.6%~1.2%。

(2) 冷却速度　相同化学成分的铸铁,若冷却速度不同,其组织和性能也不同。从图 2-16 所示的三角形试样断口处可以看出,冷却速度很快的左部尖端处呈银白色,属白口组织;冷却速度较慢的右部呈暗灰色,其心部晶粒较为粗大,属灰口组织;在灰口和白口的交界处属麻口组织。这是由于缓慢冷却时,石墨得以顺利析出;反之,石墨的析出受到抑制。为了确保铸件的组织和性能,必须考虑冷却速度对铸铁组织和性能的影响。铸件的冷却速度主要取决于铸型材料和铸件的壁厚。

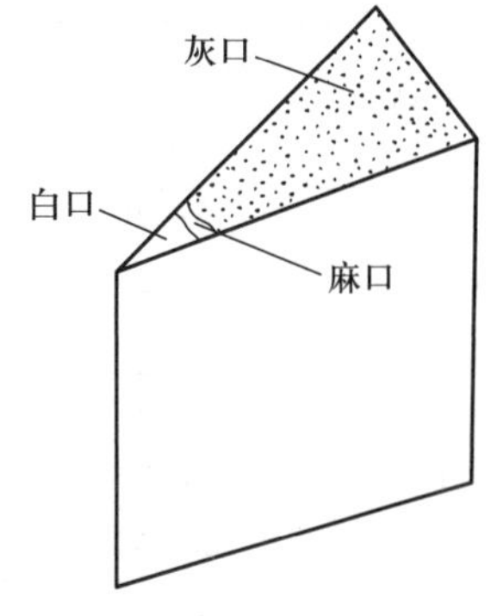

图 2-16　冷却速度对铸铁组织的影响

各种铸型材料的导热能力不同。如金属型比砂型导热快,铸件的冷却速度快,致使石墨化受到严重阻碍,铸件容易产生白口组织。反之,砂型导热慢,容易获得灰口组织,这也是砂型铸造广泛用于铸铁件生产的重要原因。

在铸型材料相同的条件下,不同壁厚的铸件因冷却速度的差异,铸铁的组织也随之而变(参见图 2-15),因此,必须按照铸件的壁厚选定铸铁的化学成分和牌号。

3. 灰铸铁的孕育处理

普通灰铸铁是将熔炼出炉的铁液、不经过任何处理直接浇入铸型。主要缺点是粗大的石墨片严重地割裂金属基体,致使铸铁强度低。若能采用一些工艺措施将灰铸铁的抗拉强度提高到 250 MPa 以上或者更高,这对灰铸铁的扩大应用具有重要意义。

实践证明,提高灰铸铁抗拉强度的有效途径是对出炉铁液先进行孕育处理再行浇注,所获得的铸铁强度可达 250~350 MPa,这种高强度灰铸铁常称孕育铸铁。孕育铸铁另一重要优点是冷却速度对其组织性能影响很小,这就使得铸件厚大截面上性能较均匀。这种铸铁适用于静载荷下,要求具有较高强度、高耐磨性、高气密性,特别是厚大铸件,如重型机床床身、气缸体、缸套、液压件、齿轮等。必须指出,孕育铸铁因石墨仍为片状,其塑性、韧度仍然很低,故仍然属于灰铸铁。

制作孕育铸铁需向含碳 2.8%~3.2%、含硅 1%~2%的高温(≥1400℃)铁液中加入孕育剂来获得。常用的孕育剂为硅质量分数为 75%的硅铁合金,块度为 5~10 mm,加入量为铁液重的 0.2%~0.7%。常用的加入方法是将孕育剂加入出铁槽中,待冲入铁水包后进行搅拌。也可将硅铁块插入铸型内,进行型内孕育。

孕育处理的强化原理,一般认为,由于铁液中均匀悬浮着外来弥散质点,增加了石墨结晶的核心,使石墨化作用骤然提高。因此,经过孕育处理的铸铁石墨细小,分布均匀,并获得珠光体基体,因此强度、硬度、气密性显著提高。

4. 灰铸铁的牌号

由于灰铸铁的性能不仅取决于化学成分,还与铸件的壁厚(即冷却速度)密切相关。因此它的牌号以力学性能来表示。依照国家标准,灰铸铁的牌号用“HT”加三位数字表示。其中“HT”

代表灰铸铁,后面的三位数字表示其最低抗拉强度值。例如 HT250,表示 ϕ30 mm 单铸试棒的最低抗拉强度值为 250 MPa。灰铸铁的牌号、力学性能及用途举例见表 2-3。表中 HT100、HT150、HT200 为普通灰铸铁,HT250、HT300、HT350 为经过孕育处理的高强度灰铸铁。

表 2-3 不同壁厚灰铸铁件的力学性能及用途举例(摘自 GB/T 9439—2010)

牌号	铸件壁厚 /mm	最小抗拉强度 R_m/MPa	硬度 /HBW	用途举例
HT100	5~10 10~20 20~40	100	110~166 93~140 87~131	低负荷不重要件或薄件,如盖罩、手轮、重锤等
HT150	5~10 10~20 20~40	150	137~205 119~179 110~166	承受中等负荷的铸件,如机床支架、带轮、轴承座、法兰、泵体、阀体、飞轮、缝纫机件等
HT200	5~10 10~20 20~40	200	157~236 148~222 134~200	承受中等负荷的重要件,如气缸、齿轮、底架、飞轮、齿条、刀架、普通机床床身等
HT250	5~10 10~20 20~40	250	175~262 164~247 157~236	载荷较大、要求较高的重要铸件。如气缸、机体、床身、齿轮、凸轮、液压缸、衬套、联轴器、飞轮等
HT300	10~20 20~40	300	182~272 168~251	承受高负荷,耐磨和高气密性的重要铸件,如重型机床、压力机床身、活塞环、液压件、凸轮等
HT350	10~20 20~40	350	199~298 182~272	

注:铸件壁厚 30~50 mm 的数据本表从略。

由表 2-3 可见,选择铸铁牌号时,必须考虑铸件的壁厚。例如,某机床铸件壁厚有 8 mm、25 mm 两种,要求的抗拉强度值均为 170 MPa,则壁厚 25 mm 的铸件应选 HT200,壁厚 8 mm 的铸件则应选 HT150。

二、可锻铸铁

可锻铸铁又称玛铁或玛钢,是将白口铸铁坯件经石墨化退火而成的一种铸铁。由于其石墨呈团絮状,大大减轻了对金属基体的割裂作用,故抗拉强度得到显著提高,如 R_m 一般达 300~400 MPa,最高可达 700 MPa。尤为可贵的是这种铸铁有着相当高的塑性与韧度($A\leqslant 12\%$,$a_K\leqslant$ 30 J/cm^2),可锻铸铁就是因此而得名,其实并不能真的用于锻造。可锻铸铁已有 200 多年生产历史,在球墨铸铁问世之前,曾是力学性能最高的铸铁。

按照退火方法的不同,可锻铸铁可分为黑心可锻铸铁、珠光体可锻铸铁和白心可锻铸铁三种,其中以黑心可锻铸铁在我国最为常用。黑心可锻铸铁为铁素体基体(图 2-17),其牌号用“KTH”表示,后面用两位数字分别表示其最低抗拉强度和伸长率。黑心可锻铸铁的性能特征是塑性、韧性好,耐蚀性较高,但强度、硬度较珠光体可锻铸铁低。表 2-4 为黑心可锻铸铁的牌号、力学性能和用途举例。

表 2-4　黑心可锻铸铁的牌号、力学性能和用途举例(摘自 GB/T 9440—2010)

牌号	抗拉强度 R_m/MPa	伸长率 A/%	硬度 /HBW	用途举例
KTH300-06	300	6	≤150	用于承受冲击、振动及扭转负荷的零件,如汽车、拖拉机后桥壳、轮壳、转向机构壳体、水暖管件(如三通、弯头、阀门)、农机件、电力线路上的金属用具等
KTH330-08	330	8		
KTH350-10	350	10		
KTH370-12	370	12		

可锻铸铁通常用于制造形状复杂、承受冲击载荷的薄壁小件。这些小件若用一般铸钢制造困难较大;若改用球墨铸铁,质量又难保证。

制造可锻铸铁件的首要步骤是先铸出白口铸铁坯件,若坯件在退火前已存在片状石墨,则无法经退火制造出团絮状石墨。为此,必须采用碳(2.4%~2.8%)和硅(0.4%~1.4%)含量均低的铁液。石墨化退火是制造可锻铸铁最主要的工艺过程。此时,将清理后的白口铸铁坯件叠放于退火箱中,将箱盖用泥封好后送入退火炉中,缓慢加热到 920~980 ℃的高温,保温 10~20 h,并按照规范冷却到室温(对于黑心可锻铸铁还要在 700 ℃以上进行第二段保温)。石墨化退火的总周期一般为 40~70 h。可以看出,可锻铸铁的生产过程复杂,退火周期长,能源耗费大,铸件的成本较高。

图 2-17　黑心可锻铸铁

三、球墨铸铁

球墨铸铁是 20 世纪 40 年代末发展起来的一种铸造合金,是向出炉的铁液中加入球化剂和孕育剂而得到的球状石墨铸铁。

1. 球墨铸铁的组织和性能

球墨铸铁由于石墨呈球状(图 2-18),使石墨对金属基体的割裂作用进一步减轻,其基体强度利用率可达 70%~90%,而灰铸铁仅 30%~50%,故球墨铸铁强度和韧性远远超过灰铸铁,并可与钢媲美。如抗拉强度一般为 400~600 MPa,最高可达 900 MPa;伸长率一般为 2%~10%,最高可达 18%。球墨铸铁可通过退火、正火、调质、高频淬火、等温淬火等热处理使基体形成不同组织,如铁素体、珠光体及其他淬火、回火组织,从而进一步改善其性能。此外,球墨铸铁还兼有接近灰铸铁的优良铸造性能。

球墨铸铁的牌号中 QT 表示“球铁”,后面两组数字的含义与可锻铸铁相同。表 2-5 为球墨铸铁的牌号、力学性能和用途举例。

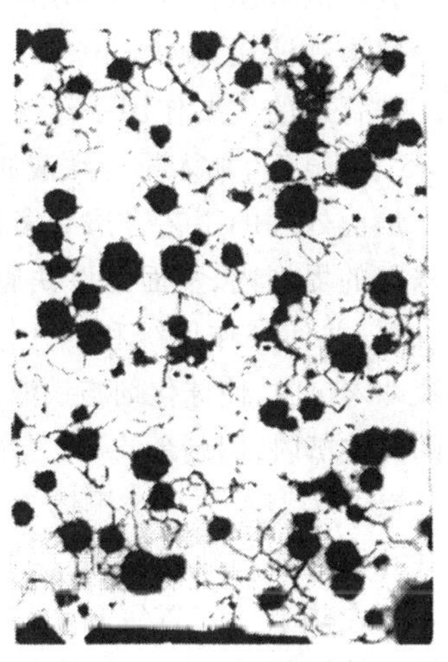

图 2-18　球墨铸铁

表 2-5　球墨铸铁的牌号、力学性能和用途(摘自 GB/T 1348—2019)

牌号	基体组织	抗拉强度 R_m /MPa(min)	屈服强度 $R_{r0.2}$ /MPa(min)	伸长率 A /%(min)	硬度 /HBW	用途
QT400-18	铁素体	400	250	18	120~175	承受冲击、振动的零件。如汽车、拖拉机底盘零件(后桥壳),中低压阀门,上、下水及输气管道
QT400-15	铁素体	400	250	15	120~180	
QT450-10	铁素体	450	310	10	160~210	
QT500-7	铁素体+珠光体	500	320	7	170~230	
QT600-3	珠光体+铁素体	600	370	3	190~270	负荷大、受力复杂的零件。如汽车、拖拉机曲轴,连杆,凸轮轴,机床蜗杆、蜗轮,轧钢机轧辊、大齿轮
QT700-2	珠光体	700	420	2	225~305	
QT800-2	珠光体或回火组织	800	480	2	245~335	
QT900-2	贝氏体或回火马氏体	900	600	2	280~360	高强度齿轮,如汽车后桥螺旋锥齿轮、大减速齿轮等

球墨铸铁目前已成功地取代部分可锻铸铁件、铸钢件,也取代了部分负荷较重但受冲击不大的锻钢件。由于使用范围的扩大,球墨铸铁的产量也在迅速增长,因此是发展前途广阔的铸造合金。

2. 球墨铸铁的生产特点

(1) 铁液　制造球墨铸铁所用的铁液碳(3.6%~4.0%)、硅(2.4%~2.8%)含量要高,但硫、磷含量要低。为防止浇注温度过低,出炉的铁液温度必须高达 1 450 ℃以上,以弥补球化和孕育处理时温度的损失。

(2) 球化处理和孕育处理　是制造球墨铸铁的关键,必须严格操作。

球化剂的作用是使石墨呈球状析出,我国广泛采用的球化剂是稀土镁合金。稀土镁合金中的镁和稀土都是球化元素,其含量均小于 10%,其余为硅和铁。以稀土镁合金作球化剂不仅结合了我国的资源特点,其作用平稳,减少了镁的用量,还能改善球墨铸铁的质量。球化剂的加入量一般为铁液质量的 1.3%~1.8%(视铸铁的化学成分和铸件大小而定)。

孕育剂的主要作用是促进石墨化,防止球化元素所造成的白口倾向。常用的孕育剂为含硅量 75%的硅铁,加入量为铁液质量的 0.4%~1.0%。

炉前处理的工艺方法有多种,其中以冲入法最为常用,如图 2-19 所示。它是将球化剂放在铁水包的堤坝内,上面铺以铁屑(或硅铁粉)和稻草灰,以防球化剂上浮,并使其作用缓和。开始时,先将铁水包容量 1/2 左右的铁液冲入包内,使球化剂与铁液充分反应,而后将孕育剂放在冲天炉的出铁槽内,用剩余的 1/2 包铁液将其冲入包内,进行孕育。

图 2-19　冲入法球化处理

(3) 铸型工艺　球墨铸铁较灰铸铁容易产生缩孔、缩松、皮下气孔和夹渣等缺陷,因此在工艺上要采取措施。

如在热节上安置冒口、冷铁,以便对铸件进行补缩。同时,应增加铸型刚度,防止因铸件外形扩大所造成的缩孔和缩松。

还应降低铁液的硫质量分数和残余镁量，以防止皮下气孔。此外，还应加强挡渣措施，以防产生夹渣缺陷。

(4) 热处理　多数球铁件铸后要进行热处理，以保证应有的力学性能。这是由于铸态的球墨铸铁多为珠光体和铁素体的混合基体，有时还有自由渗碳体，形状复杂件还存在残余内应力。常用的热处理方法是退火和正火。退火可获得铁素体基体，正火可获得珠光体基体。制取牌号QT900-2球墨铸铁则需经过等温淬火才能得到。

四、蠕墨铸铁

蠕墨铸铁是近几十年发展起来的一种新型铸铁。由于其石墨呈短片状，片端钝而圆，类似蠕虫，故而得名。图2-20所示的图片为以珠光体(黑色)和少量铁素体(白色)构成的基体，而短片为蠕虫状石墨。

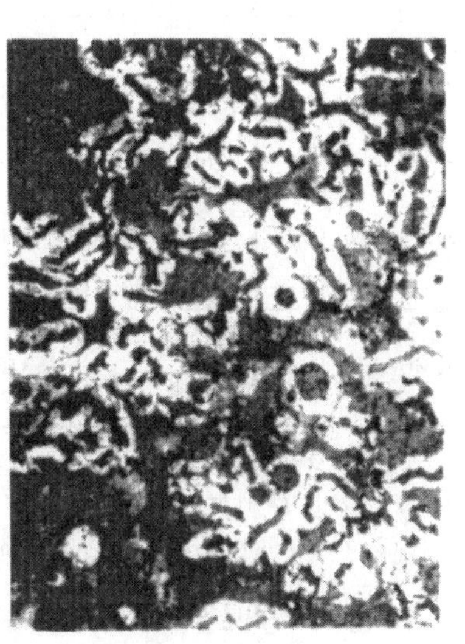

图2-20　蠕墨铸铁

1. 蠕墨铸铁的制取

制造蠕墨铸铁的原铁液与球墨铸铁相似，即先熔炼出碳、硅含量较高，硫、磷含量较低的高温铁液。炉前处理时，先向铁液中冲入蠕化剂。我国多以稀土硅铁合金、稀土硅钙合金或镁钛合金作为蠕化剂，加入量为铁液质量的1.0%~2.0%，蠕化处理后再加入孕育剂进行孕育。

2. 蠕墨铸铁的性能和应用

蠕墨铸铁的石墨形状是介于片状和球状之间的过渡组织，所以其力学性能也介于基体相同的灰铸铁和球墨铸铁之间。由于其石墨仍然是互相连接的，故强度和韧度低于球墨铸铁，但抗拉强度优于灰铸铁，并且具有一定的塑性和韧度。如 R_m 为260~420 MPa、$R_{r0.2}$ 为195~335 MPa、A 为0.75%~3.0%。

蠕墨铸铁的断面厚度敏感性比普通灰铸铁小得多，在厚大截面上的性能较为均匀，其耐磨性优于灰铸铁和孕育铸铁，因此适于代替高强度灰铸铁制造形状复杂的大铸件。蠕墨铸铁的导热性、耐热疲劳性高于球墨铸铁，适于制作在较大温度梯度条件下工作的零件。此外，其气密性优于灰铸铁等。

依照GB/T 26655—2022，蠕墨铸铁的牌号以“RuT”表示，后面的三位数字表示其最低抗拉强度值。蠕墨铸铁共有RuT300、RuT350、RuT400、RuT450、RuT500五个牌号。蠕墨铸铁主要用于代替高强度灰铸铁，用来制造重型机床，大型柴油机的机体、缸盖，也用于制造耐热疲劳的钢锭模、金属型及要求气密性的阀体等。必须指出，蠕墨铸铁的发展历史较短，对其生产的规律性掌握仍不够充分，以致有时质量尚不够稳定。

第二节　铸钢件生产

铸钢也是一种重要的铸造合金，它的年产量仅次于灰铸铁，约为球墨铸铁和可锻铸铁的总和。

一、铸钢的类别和性能

按照化学成分，铸钢可分为铸造碳钢和铸造合金钢两大类，其中铸造碳钢应用较广，约占铸钢件总产量的80%以上。表2-6所示为几种常用的铸造碳钢的牌号、成分、力学性能和用途举例。

表2-6 几种常用铸造碳钢的牌号、成分、力学性能和用途举例(摘自GB/T 11352—2009)

<table>
<tr><th rowspan="2">牌号</th><th colspan="3">化学成分/%</th><th colspan="4">力学性能≥</th><th rowspan="2">用途举例</th></tr>
<tr><th>C</th><th>Si</th><th>Mn</th><th>屈服强度 R_{eL}/MPa</th><th>抗拉强度 R_m/MPa</th><th>伸长率 A_5/%</th><th>冲击吸收功 A_{KV}/J</th></tr>
<tr><td>ZG230-450</td><td>0.30</td><td rowspan="2">0.60</td><td rowspan="3">0.90</td><td>230</td><td>450</td><td>22</td><td>25</td><td>受力不大、要求韧性高的零件,如砧座、轴承盖、箱体、阀体等</td></tr>
<tr><td>ZG270-500</td><td>0.40</td><td>270</td><td>500</td><td>18</td><td>22</td><td>受力复杂的零件,如轧钢机机架、连杆、曲轴、车轮、水压机工作缸、联轴器等</td></tr>
<tr><td>ZG310-570</td><td>0.50</td><td>0.60</td><td>310</td><td>570</td><td>15</td><td>15</td><td>受力较大的耐磨零件,如制动轮、大齿轮、缸体、辊子等</td></tr>
</table>

注:1. 牌号中"ZG"表示铸钢,后面两组数字分别表示钢的屈服强度和抗拉强度最低值(MPa)。
2. 表中力学性能适于厚度100 mm以下的铸件。
3. ZG200-400、ZG340-640本表从略。

由表2-6可见,铸钢不仅比铸铁强度高,并有优良的塑性和韧度,因此适于制造形状复杂、强度和韧度要求都高的零件。铸钢较球墨铸铁质量易控制,这在大断面铸件和薄壁铸件生产中尤为明显。此外,铸钢的焊接性能好,便于采用铸、焊联合结构制造巨型铸件。因此,铸钢在重型机械制造中甚为重要。

为改善性能而在碳钢中增加合金元素的铸钢,称为铸造合金钢。其牌号是按化学成分编制的,与第一篇中介绍的合金结构钢雷同。依据合金元素加入量,可分为低合金钢和高合金钢两大类:

(1)低合金钢 它是指合金元素总量≤5%的铸钢。当加入少量单一合金元素,如Mn、Cr、Si等,能提高钢的强度、韧度,从而减轻设备自重、节省钢材,如ZG40Mn、ZG40Cr等。当加入多种复合元素,可制成 R_{eL} 超过420 MPa的高强度铸钢。

(2)高合金钢 欲使钢具有耐磨、耐蚀、耐热等特殊性能,则需加入超过10%的合金元素,制成高合金钢。如ZG1Cr18Ni9为铸造镍铬不锈钢,常用来制造耐酸泵等石油、化工用机器设备。

二、铸钢件的生产特点

(1)钢的熔炼 铸钢的熔炼必须采用炼钢炉。目前最广泛应用的三相电弧炉,它是以三根石墨电极与金属炉料之间引燃电弧所产生的热量来熔炼金属的,常用的容量(每炉所炼的钢液量)为5~10 t。近年来,感应电炉也开始广泛用于铸钢件生产。

(2)铸造工艺 钢的浇注温度高、流动性差,钢液易氧化和吸气,同时,其体积收缩率为灰铸铁的2~3倍。因此,铸造性能差,容易产生浇不到、气孔、缩孔、缩松、热裂、黏砂等缺陷。为防止上述缺陷的产生,必须在工艺上采取相应的措施。

铸钢用型砂应有高的耐火度和抗黏砂性,以及高的强度、透气性和退让性,通常要采用颗粒大而均匀的硅砂，型腔表面要涂以硅粉或锆石粉涂料，大件多采用干砂型或水玻璃砂快干型。此外，型砂中还常加入糖浆、木屑等，以提高强度和退让性。

为了防止铸件产生缩孔和缩松，除薄壁件或小件外，多数铸钢件需安置相当多的冒口和冷铁，以便实现顺序凝固、达到补缩的效果。如图 2-21 所示的铸钢齿轮，在轮缘、轮辐的六个交接处是容易产生缩孔的热节 A。为防止该处的缩孔，本应在轮缘上安置六个补缩冒口来补缩，但为减少冒口金属的损耗，现采用三个冒口和三个冷铁来控制凝固顺序。由于冷铁导热快，故浇入的金属首先在冷铁处凝固，继而是热节 A 处凝固，最后才是在截面最大的冒口凝固，因此轮缘形成了三个补缩区。考虑轮缘边缘厚度小于热节 A 直径，为防止轮缘边缘提早凝固、将补缩通道堵塞，故将轮缘局部加厚，形成“补贴”，此补贴可在铸后用气割切除。为了向轮毂及其与轮辐交接处热节 B 处补缩，轮毂上还安置了一个大的冒口。本例所用的冒口未露出上箱，故称暗冒口，它比明冒口散热慢、补缩效率高、节省钢液，常用于大批生产。

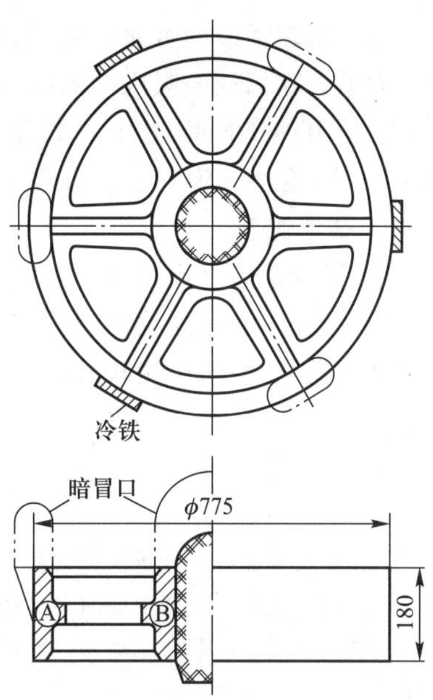

图 2-21　铸钢齿轮的铸造工艺

由上可知，钢的铸造工艺复杂，要求严格。同时，冒口要消耗大量钢液常占浇入钢液的 25%～60%，这些都使铸件成本增加。

(3) 铸钢件的热处理　铸钢件铸态晶粒粗大，且组织不均、常有残余内应力，致使塑性和韧度不够高。为此，铸后必须进行正火或退火。

第三节　铜、铝合金铸件生产

铜、铝合金具有优良的物理性能和化学性能，因此也常用来制造铸件。

铜、铝合金的熔化特点是金属料与燃料不直接接触，以减少金属的损耗和保证金属的纯洁。在一般铸造车间，铜、铝合金多采用以焦炭为燃料的坩埚炉及电阻炉来熔化。

1. 铜合金的熔化

铜合金在液态下极易氧化，形成的氧化物（Cu_2O）因溶解在铜内而使合金的性能下降。为防止铜的氧化，熔化青铜时应加熔剂以覆盖铜液。为去除已形成的 Cu_2O，最好在出炉前向铜液中加入 0.3%～0.6%磷铜来脱氧。由于黄铜中的锌本身就是良好的脱氧剂，所以熔化黄铜时不需另加熔剂和脱氧剂。

2. 铝合金的熔化

铝硅合金在铸态下，其粗大的硅晶体将降低合金的力学性能。为此，在浇注前，常向铝液中加入 NaF 和 NaCl 的混合物进行变质处理（加入量为铝液重的 2%～3%），使共晶硅由粗针变成细小点状，从而提高了力学性能。

铝合金在液态下也极易氧化，形成的氧化物 Al_2O_3 的熔点高达 2 050 ℃，密度稍大于铝，所以熔化搅拌时容易进入铝液，呈非金属夹渣。铝液还极易吸收氢气，使铸件产生针孔缺陷。

为了减缓铝液的氧化和吸气,可向坩埚内加入 KCl、NaCl 等作为熔剂,以便将铝液与炉气隔离。为了去除铝液中吸入的氢气、防止针孔的产生,在铝液出炉之前应进行“除气处理”。简便的方法是用钟罩向铝中压入氯化锌($ZnCl_2$)、六氯乙烷(C_2Cl_6)等氯盐或氯化物,反应后生成 $AlCl_3$ 气泡,这些气泡在上浮过程中可将氢气及部分 Al_2O_3 夹渣一并带出铝液。

3. 铸造工艺

铝、铜合金熔点比铸钢、铸铁低,为使铜、铝铸件表面光洁,砂型铸造时应选用细砂来造型。

铜、铝合金的凝固收缩率较灰铸铁高,一般多需安置冒口使其顺序凝固,以便补缩。但锡青铜结晶区间宽,倾向于糊状凝固,容易产生缩松,因此适于金属型铸造。

复习题

1. 试从石墨的存在分析灰铸铁的力学性能和其他性能特征。

2. 影响铸铁石墨化的主要因素是什么?为什么铸铁的牌号不用化学成分来表示?

3. 灰铸铁最适于制造哪类铸件?试举车床上 10 种灰铸铁件名称,示例说明选用灰铸铁、而不选用铸钢的原因。

4. HT100、HT150、HT200、HT300 的显微组织有何不同?为什么 HT150、HT200 灰铸铁应用最广?

5. 某产品上的灰铸铁件壁厚计有 5 mm、25 mm 两种,力学性能全部要求 R_m = 220 MPa,若全部选用 HT200,是否正确?

6. 填表比较各种铸铁。阐述灰铸铁应用最广的原因。

类别	石墨形状	制造过程简述 (铁液成分、炉前处理、热处理)	力学性能特征			适用范围
			R_m/MPa	A/%	a_K/(J/cm^2)	
灰铸铁						
可锻铸铁						
球墨铸铁						

7. 为什么球墨铸铁是“以铁代钢”的好材料?球墨铸铁是否可以全部取代可锻铸铁?

8. 制造铸铁件、铸钢件和铸铝件所用的熔炉有何不同?所用的型砂又有何不同?为什么?

9. 下列铸件宜选用哪类铸造合金?请阐述理由。

车床床身　摩托车气缸体　火车轮　压气机曲轴　气缸套　自来水管道弯头　减速器蜗轮

第三章　砂型铸造

砂型铸造是传统的铸造方法，适用于各种形状、大小、批量及各种合金铸件的生产。掌握砂型铸造是合理选择铸造方法和正确设计铸件的基础。

为了获得健全的铸件、减少制造铸型的工作量、降低铸件成本，必须合理地制订铸造工艺方案，并绘制出铸造工艺图。铸造工艺图是在零件图上用各种工艺符号及参数表示出铸造工艺方案的图形。其中包括浇注位置，铸型分型面，型芯的数量、形状、尺寸及其固定方法，要求的机械加工余量，收缩率，浇注系统，起模斜度，冒口和冷铁的尺寸和布置等。铸造工艺图是指导模样（芯盒）设计、生产准备、铸型制造和铸件检验的基本工艺文件。依据铸造工艺图，结合所选定的造型方法，便可绘制出模样图及合型图（图 2-22）。

本章围绕着铸造工艺方案的制订，介绍有关造型方法的选择、浇注位置和分型面的选择等内容。

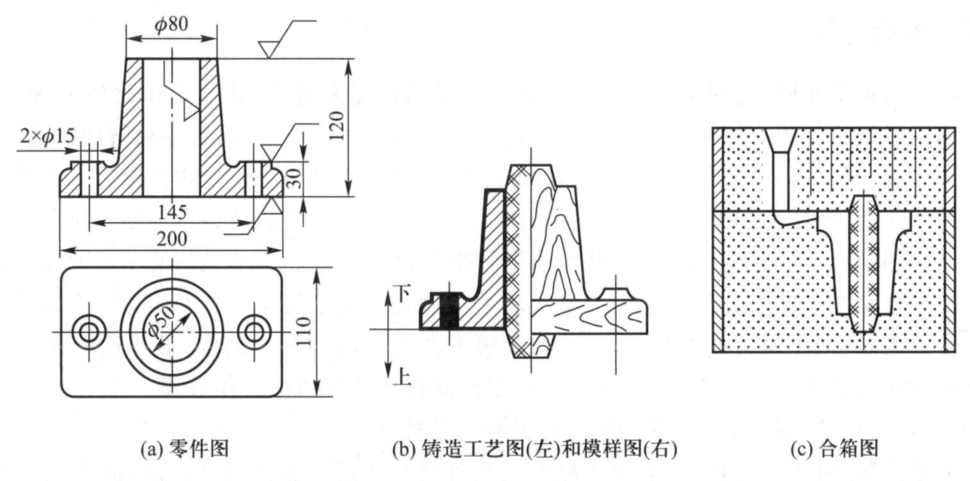

图 2-22　支架的零件图、铸造工艺图、模样图及合型图

第一节　造型方法的选择

造型是砂型铸造最基本的工序，造型方法的选择是否合理，对铸件质量和成本有着重要的影响。由于手工造型和机器造型对铸造工艺的要求有着明显的不同，在许多情况下，造型方法的选定是制订铸造工艺的前提，因此先来研究造型方法的选择。

一、手工造型

手工造型操作灵活，大小铸件均可适应，可采用各种模样及型芯，通过两箱造型、三箱造型等方法制出外廓及内腔形状复杂的铸件。手工造型对模样的要求不高,一般采用成本较低的实体木模样,对于尺寸较大的回转体或等截面铸件还可采用成本甚低的刮板来造型。手工造型对砂箱的要求也不高,如砂箱不需严格的配套和机械加工,较大的铸件还可采用地坑来取代下箱,这样可减少砂箱的费用,并缩短生产准备时间。因此,尽管手工造型生产率低,对工人技术水平要求较高,而且铸件的尺寸精度及表面质量较差,但在实际生产中仍然是难以完全被取代的重要造型方法。手工造型主要用于单件、小批生产,有时也可用于较大批量的生产。

为了适应不同铸件和不同批量的生产,手工造型的具体工艺是多种多样的。图 2-23 所示的环形铸件,由于其尺寸较大,又属回转体,故在单件小批生产条件下,宜采用刮板-地坑造型。当铸件的生产批量较大、又缺乏机械化生产的条件下,上述圆环仍可采用手工造型,此时宜采用实体模样(木模样或金属模样)进行两箱造型,这不仅简化了造型和合型操作,还因型砂紧实度较为均匀,铸件的质量得以提高。

刮板造型
工艺过程

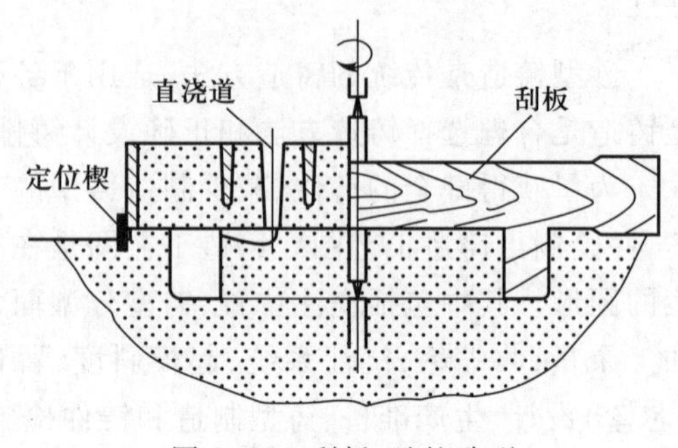

图 2-23 刮板-地坑造型

二、机器造型

现代化的铸造车间,特别是专业铸造厂已广泛采用机器来造型,并与机械化砂处理、浇注等工序共同组成机械化生产流水线。机器造型可大大提高劳动生产率,改善劳动条件,铸件尺寸精确、表面光洁,要求的机械加工余量小。尽管机器造型需要的设备、模板、专用砂箱以及厂房等投资大,但在大批量生产中铸件的成本仍能显著降低。应当看到,随着模板的结构不断改进和制造成本的降低,现在生产上百件批量的铸件已开始采用机器来造型,因此机器造型的使用范围日益扩大。

机器造型是将紧砂和起模等主要工序实现了机械化。为了适应不同形状、尺寸和不同批量铸件生产的需要,造型机的种类繁多,紧砂和起模方法也有所不同。其中,最普通的是以压缩空气驱动的振压式造型机。图 2-24 所示为顶杆起模式振压造型机的工作过程。

(1) 填砂(图 2-24a) 打开砂斗门,向砂箱中放满型砂。

(2) 振击紧砂(图 2-24b) 先使压缩空气从进气口 1 进入振击气缸底部,活塞在上升过程中关闭进气口,接着又打开排气口,使工作台与振击气缸顶部发生一次振击。如此反复进行振击,使型砂在惯性力的作用下被初步紧实。

(3) 辅助压实(图 2-24c) 由于振击后砂箱上层的型砂紧实度仍然不足,还必须进行辅助压实。此时,压缩空气从进气口 2 进入压实气缸底部,压实活塞带动砂箱上升,在压头的作用下,使型砂受到压实。

(4) 起模(图 2-24d) 当压缩空气推动的压力油进入起模油缸,四根顶杆平稳地将砂箱顶起,从而使砂型与模样分离。

一般振压式造型机价格较低,生产率为每小时 30~60 箱,目前主要用于一般机械化铸造车间。它的主要缺点是型砂紧实度不够高、噪声大、工人劳动条件差,且生产率不够高。在现代化的铸造车间,一般振压式造型机已逐步被其他先进造型机所取代。

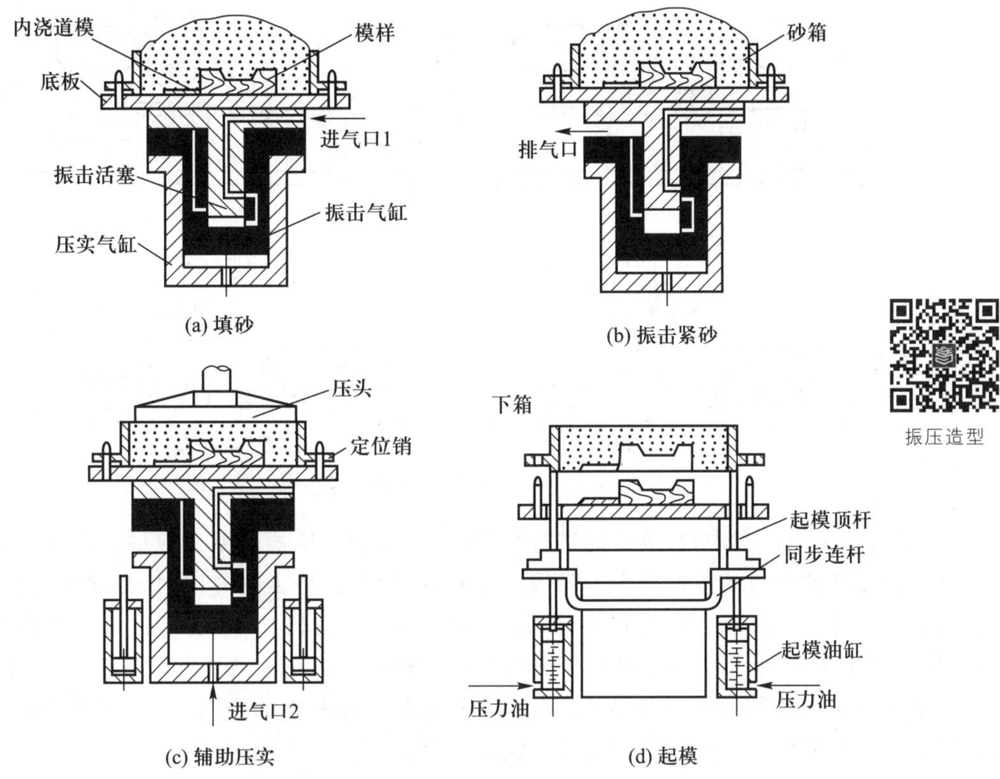

图 2-24　振压造型机的工作过程

微振压实造型机在压实的同时进行微振(振动频率 600~800 次/min、振幅 15~30 mm),因而型砂紧实度的均匀性和型腔表面质量均优于振压造型机,且噪声较小。

高压造型机的压实比压(即型砂表面单位面积上所受的压实力)大于 0.7 MPa,由于高压造型采用浮动式多触头压头,还可在压实过程中进行微振,故其生产率高,型砂的紧实度高且均匀,铸件尺寸精度和表面质量大为提高,且噪声更小。高压造型机广泛用于汽车、拖拉机上较复杂件的大量生产。

射压造型机的工作原理如图 2-25 所示,它是采用射砂(参见图 2-27)和压实复合方法紧实型砂。首先,利用压缩空气使型砂从射砂头射入造型室内(图 2-25a),造型室由左右两块模板(又称压实板)组成。射砂完毕后,通过右模板(即右压实板)水平施压,以进行压实(图 2-25b)。然后,左模板向左移动,起模一定距离后向上翻起,以让出空间。右模板前移、推出砂型,并与前一块砂型合上,形成空腔(图 2-25c)。最后,左右模板恢复原位,准备下一次射砂(图 2-25d)。射压造型所形成的是一串无砂箱的垂直分型的铸型,其生产率可高达每小时 240~300 型。射压造型的主要缺点是因垂直分型,下芯困难,且对模具精度要求高,现主要用于大量生产小型简单件。

机器造型的工艺特点通常是采用模板进行两箱造型。模板是将模样、浇注系统模样沿分型面与模底板连接成一整体的专用模具。造型后,模底板形成分型面,模样形成铸型空腔,而模底板的厚度并不影响铸件的形状与尺寸。

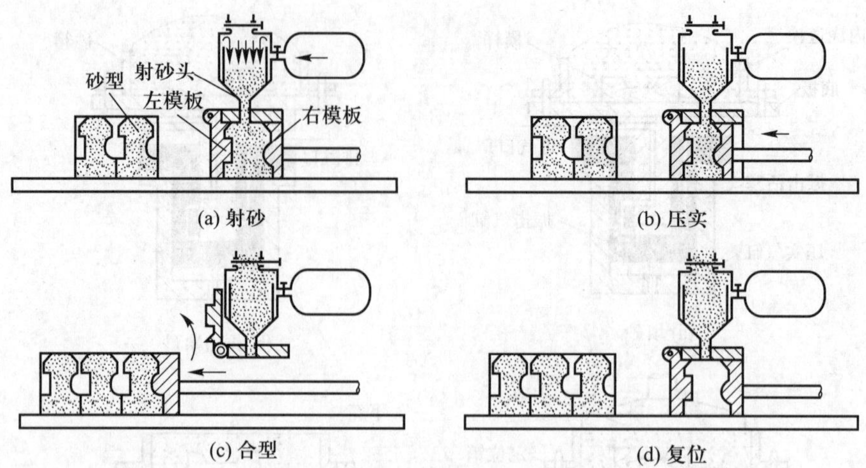

图 2-25　射压造型机的工作原理

机器造型不能紧实中箱,故不能进行三箱造型。同时,机器造型也应尽力避免活块,因为取出活块费时,使造型机的生产率大为降低。为此,在制订铸造工艺方案时,必须考虑机器造型这些工艺要求。图 2-26 所示的轮形铸件,由于轮的圆周面有侧凹,在生产批量不大的条件下,通常采用三箱手工造型,以便分别从两个分型面取出模样。但在大批量生产条件下,由于采用机器造型,故应改用图中所示的环状型芯,使铸型简化成只有一个分型面。这尽管增加了型芯的费用,但机器造型所取得的经济效益可以补偿而有余。

三、机器造芯

在大批大量生产中多用机器来造芯,此时,除可采用前述之振击、压实等紧砂方法外,最常用的是射芯机。射芯技术随芯砂黏结剂和造芯方法的变化而发展的。图 2-27 为普通射芯机的工作原理:开始时,将芯盒置于工作台上,工作台上升使芯盒与底板压紧。射砂时,打开射压阀,使储气罐中的压缩空气通过射砂筒上的缝隙进入射砂筒内,于是芯砂形成高速的砂流从射砂孔射入芯盒,

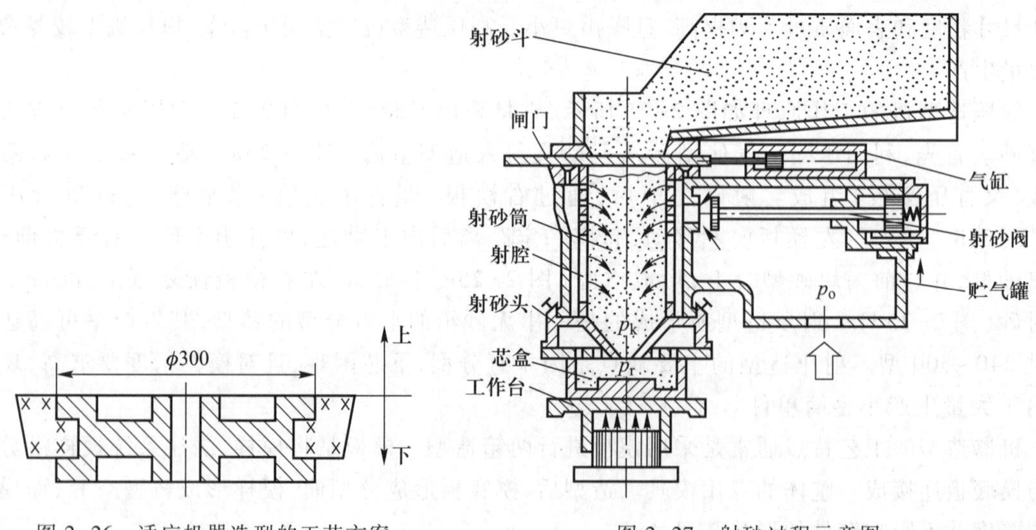

图 2-26　适应机器造型的工艺方案

图 2-27　射砂过程示意图

并将芯砂紧实，而空气则从射砂头和芯盒的排气孔排入大气。可见，射砂紧实是将填砂与紧砂两个工序一并完成，故生产率很高，不仅用于造芯，也开始用于造型。射芯机造芯有如下三种：

射芯机工作过程

(1) 普通造芯　是用普通的芯盒(木质或金属)，射入普通芯砂(多为油砂或合脂砂)，射芯后从芯盒内取出型芯，随之将其放入炉内烘干硬化。随着树脂砂的发展，这种制芯方法逐步被取代。

(2) 热芯盒造芯　在射芯机上设有电加热板，使芯盒在 200~250 ℃保温，由于射入的芯砂为呋喃树脂砂，属于热固性材料，故型芯在芯盒内经 60 s 左右即可硬化。与传统的造芯方法相比，热芯盒造芯省去了放置型芯骨和烘干工序，生产率高，型芯尺寸精确、表面光洁、强度高，适于制造汽车、拖拉机铸件上的各种复杂型芯。

(3) 冷芯盒造芯　它是指采用常温的芯盒，射芯后通以气雾硬化剂，使特制的树脂砂通过化学反应迅速硬化。这种造芯方法要采用专门的射芯机，所制出的型芯尺寸精确，生产率高，是一种很有发展前途的造芯方法。

此外，近些年研制出壳芯机造芯。它采用酚醛树脂砂，用吹砂法填充和紧实，由于芯盒由电热板预热到 200~280 ℃，在保温 20~60 s 后，因树脂受热熔融，芯砂结成 3~10 mm 厚的薄壳，此时翻转芯盒、摇动，倒出松散芯砂，形成了中空的壳芯。然后继续加热 30~90 s，从而制成强度更高的壳芯。壳芯不仅节省树脂砂，且有利于型芯的排气，目前已广泛用于制造汽车上的复杂型芯。

必须指出，采用树脂砂制造型芯的不足之处是硬化时有刺激性气味的气体或有害气体发出，应注意环境的密封或通风。

第二节　浇注位置和分型面的选择

一、浇注位置选择原则

浇注位置是指浇注时铸件在型内所处的空间位置。铸件的浇注位置正确与否对铸件质量影响很大，是制订铸造方案时必须优先考虑的。具体原则参见表 2-7。

表 2-7　铸件浇注位置选择原则

选择原则		图例	
		(a) 不合理	(b) 合理
1	铸件重要的加工面应朝下。铸件上表面容易产生砂眼、气孔、夹渣等缺陷，组织也不如下表面细致。如果这些表面难以朝下，则应尽量位于侧面	车床床身	
2	铸件的大平面应朝下。浇注过程中金属液对型腔上表面有强烈的热辐射，型砂因急剧热膨胀和因强度下降而拱起或开裂，致使上表面容易产生夹砂或结疤缺陷	钳工平板	

续表

	选择原则	图例	
		(a) 不合理	(b) 合理
3	为防止铸件薄壁部分产生浇不到或冷隔缺陷,应将面积较大的薄壁部分置于铸型下部或使其处于垂直或倾斜位置	油盘	
4	若铸件圆周表面质量要求高,应进行立铸(三箱造型或平作立浇),以便于补缩。应将厚的部分放在铸型上部,以便安置冒口,实现顺序凝固	卷扬筒	

二、分型面选择原则

铸型分型面是指铸型组元间的接合面。铸型分型面的选择正确与否是铸造工艺合理性的关键之一。如果选择不当,不仅影响铸件质量,而且还会使制模、造型、造芯、合型或清理等工序复杂化,甚至还可增加机械加工工作量。因此,分型面的选择应能在保证铸件质量的前提下,尽量简化工艺,节省人力物力。分型面的选择原则如下。

(1) 应尽量使分型面平直、数量少。图 2-28 所示为一起重臂铸件,图中所示的分型面为一平面,故可采用简便的分开模造型。如果采用顶视图所示的弯曲分型面,则需采用挖砂或假箱造型。显然,在大批量生产中应尽量采用图中所示的分型面,这不仅便于造型操作,且模板的制造费用低。但在单件小批生产中,由于整体模样坚固耐用、造价低,故仍可采用弯曲分型面。

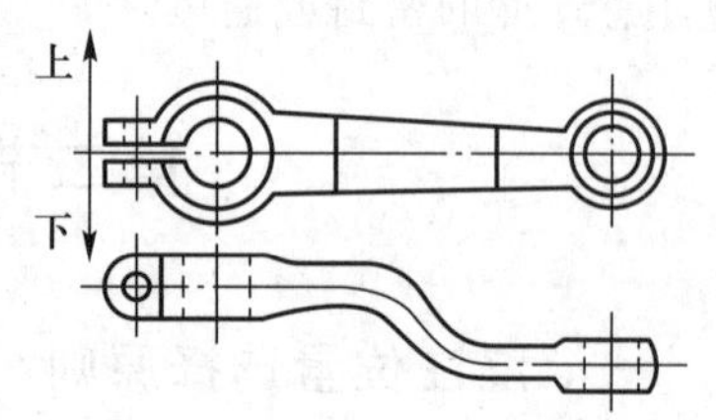

图 2-28 起重臂的分型面

应尽量使铸型只有一个分型面,以便采用工艺简便的两箱造型。同时,多一个分型面,铸型就增加一些误差,使铸件的精度降低。图 2-29 所示的三通铸钢件,其内腔必须采用一个 T 字型芯来形成,但不同的分型方案,其分型面数量不同。当中心线 *ab* 处于竖直位置时(图 2-29b),铸型必须有三个分型面才能取出模样,即用四箱造型。当中心线 *cd* 处于竖直位置时(图 2-29c),铸型有两个分型面,须采用三箱造型。当中心线 *ab* 与 *cd* 都处于水平位置时(图 2-29d),因铸型只有一个分型面,仅采用两箱造型即可。显然,后者是合理的分型方案。

(2) 应避免不必要的型芯和活块,以简化造型工艺。图 2-30 所示支架分型方案是避免活块的示例。按图中方案Ⅰ,凸台必须采用四个活块方可制出,而下部两个活块的部位甚深,取出困难。当改用方案Ⅱ时,可省去活块,仅在 *A* 处稍加挖砂即可。

型芯通常用于形成铸件的内腔,有时还可用来简化铸件的外形,以制出妨碍起模的凸台、凹槽等。但制造型芯需要专门的芯盒、芯骨,还需烘干及下芯等工序,增加了铸件成本。因此,选择分型面时应尽量避免不必要的型芯。图 2-31 为一底座铸件。若按图中方案Ⅰ分开模造型,其上、下内腔均需采用型芯。若改用图中方案Ⅱ,采用整模造型,则上、下内腔均可由砂垛形成,省掉了型芯。

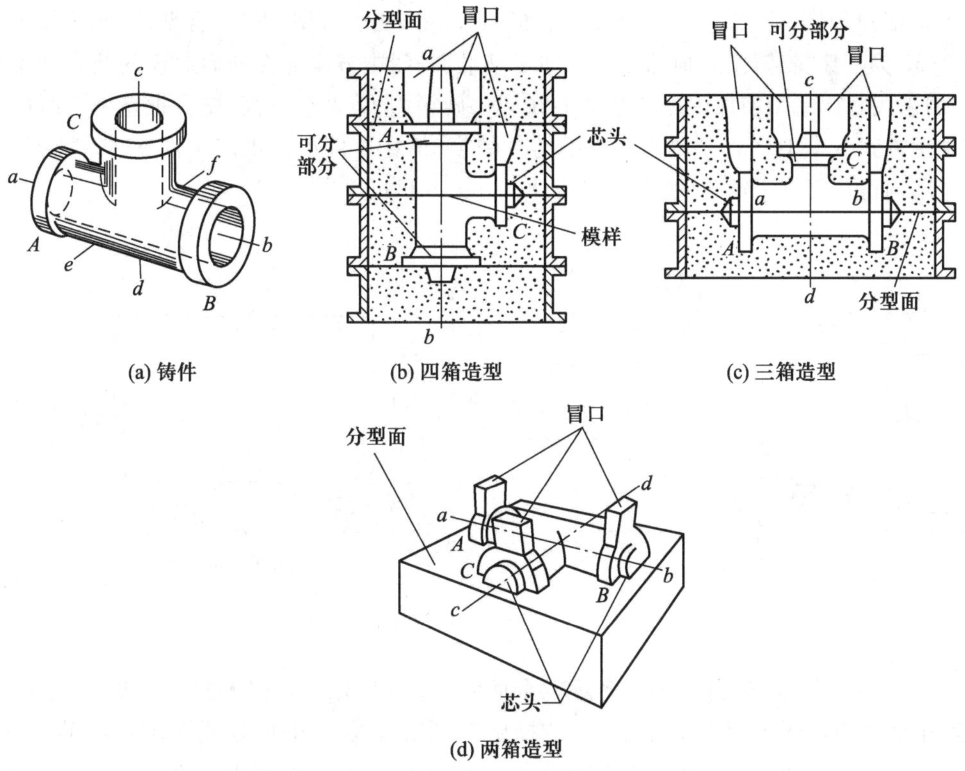

图 2-29　三通铸钢件的分型面选择

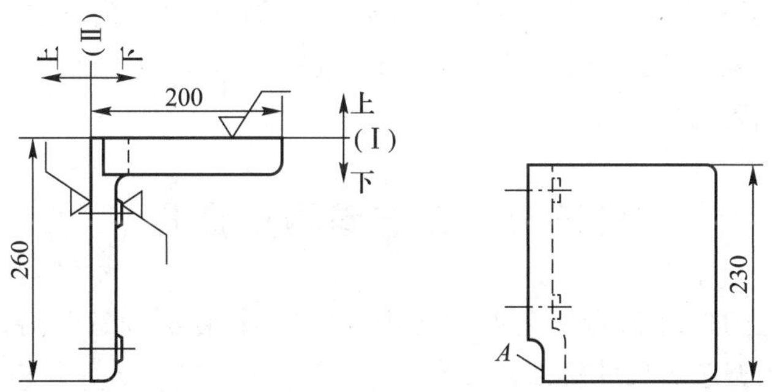

图 2-30　支架的分型方案

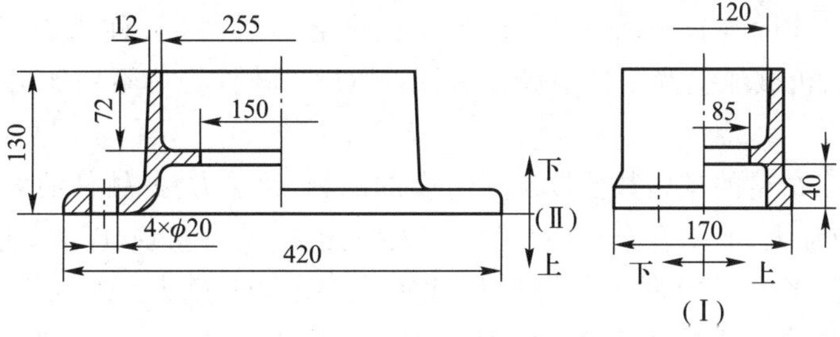

图 2-31　底座铸件

（3）应尽量使铸件全部或大部分置于下箱。这不仅便于造型、下芯、合型，也便于保证铸件精度。图 2-32 为一床身铸件，其顶部平面为加工基准面，图中方案 a 在妨碍起模的凸台处增加了外部型芯，因采用整模造型使加工面和基准面在同一砂箱内，铸件精度高，是大批量生产时的合理方案。若采用方案 b，铸件若产生错型将影响铸件精度，但在单件小批生产条件下，铸件的尺寸偏差在一定范围内可用划线来矫正，故在相应条件下方案 b 仍可采用。

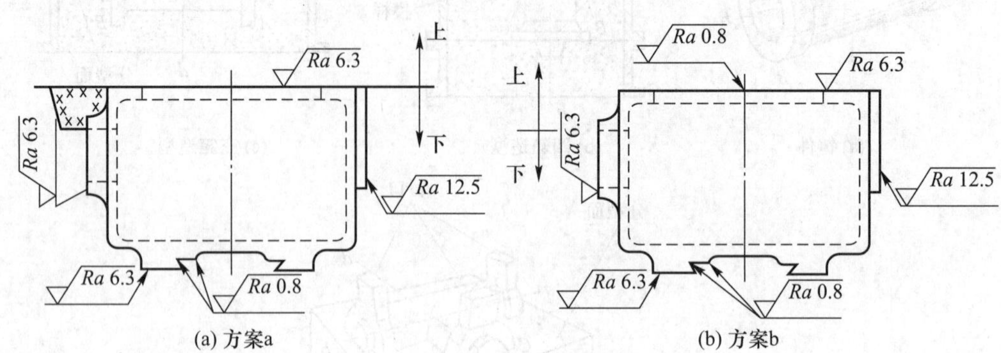

图 2-32　床身铸件

上述诸原则，对于具体铸件来说多难以全面满足，有时甚至互相矛盾。因此，必须抓住主要矛盾、全面考虑，至于次要矛盾，则应从工艺措施上设法解决。例如，质量要求很高的铸件（如机床床身、立柱、钳工平板、造纸烘缸等），应在满足浇注位置要求的前提下考虑造型工艺的简化。对于没有特殊质量要求的一般铸件，则以简化工艺、提高经济效益为主要依据，不必过多地考虑铸件的浇注位置。对于机床立柱、曲轴等圆周面质量要求很高又需沿轴线分型的铸件，在批量生产中有时采用"平作立浇"法，此时，采用专用砂箱，先按轴线分型来造型、下芯，合型之后，将铸型翻转 90°，竖立后进行浇注。

第三节　工艺参数的选择

为了绘制铸造工艺图，在铸造工艺方案初步确定之后，还必须选定铸件要求的机械加工余量、起模斜度、收缩率、型芯头尺寸等工艺参数。

一、要求的机械加工余量和最小铸孔

设计铸造工艺图时，为铸件预先增加要切去的金属层厚度，称为要求的机械加工余量（RMA）。余量过大，机械加工费工且浪费金属；余量过小，铸件将达不到加工面的表面特征与尺寸精度要求。

要求的机械加工余量的具体数值取决于合金的品种、铸造方法、铸件的大小等。砂型铸钢件因表面粗糙，余量应加大；非铁合金价格昂贵，且表面光洁，故余量应比铸铁件小。机器造型时，铸件精度高，余量应比手工造型小。铸件尺寸愈大，误差也愈大，故余量应随之加大。依据 GB/T 6414—2017，要求的机械加工余量等级有 10 级，称为 A、B、…、H、J、K 级，其中灰铸铁砂型铸件要求的机械加工余量如表 2-8 所示。

表 2-8　灰铸铁砂型铸件要求的机械加工余量(RMA)

零件的最大尺寸		手工造型 F~H 级	机器造型 E~G 级	零件的最大尺寸		手工造型 F~H 级	机器造型 E~G 级
大于	至			大于	至		
—	40	0.5~0.7	0.4~0.5	250	400	2.5~5.0	1.4~3.5
40	63	0.5~1.0	0.4~0.7	400	630	3.0~6.0	2.2~4.0
63	100	1.0~2.0	0.7~1.4	630	1 000	3.5~7.0	2.5~5.0
100	160	1.5~3.0	1.1~2.2	1 000	1 600	4.0~8.0	2.8~5.5
160	250	2.0~4.0	1.4~2.8	1 600	2 500	4.5~9.0	3.2~6.0

注:1. 对圆柱及双侧加工的表面,RMA 值应加倍。
2. 对同一铸件所有的加工表面,一般只规定一个 RMA 值。

铸件上孔、槽是否铸出,不仅取决于工艺上的可能性,还必须考虑其必要性。一般说来,较小的孔、槽不必铸出,留待机械加工制出反而经济。灰铸铁的最小孔径(毛坯孔径)推荐如下:单件生产 30~50 mm,成批生产 15~30 mm,大量生产 12~15 mm。对于零件图上不要求加工的孔、槽,无论大小均应铸出。

二、起模斜度

为了使模样便于从砂型中取出,凡平行起模方向的模样表面上所增加的斜度(图 2-33),称为起模斜度。

起模斜度的大小取决于模样的高度、造型方法、模样材料等因素。木模样外壁高为 40~100 mm 时,起模斜度 $\alpha_1 \leqslant 40'$;外壁高为 100~160 mm 时 $\alpha_1 \leqslant 30'$。为使型砂便于从模样内腔中取出,内壁的起模斜度(图中 α_2、α_3)应比外壁大。

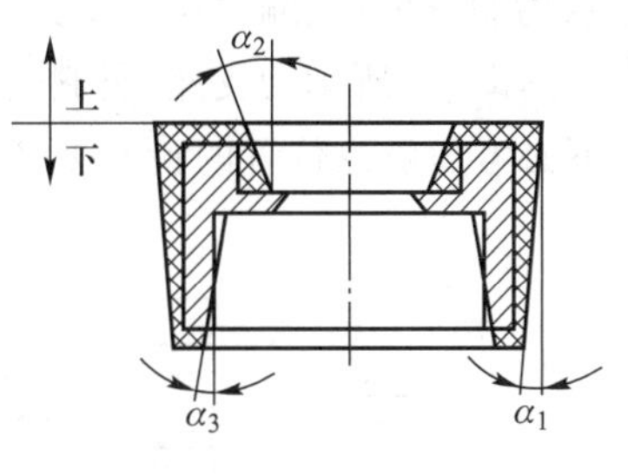

图 2-33　起模斜度

三、收缩率

由于合金的线收缩,铸件冷却后的尺寸将比型腔尺寸略有缩小。为保证铸件应有的尺寸,模样尺寸必须比铸件放大一个该合金的收缩量。为此制造模样时,多使用特别的收缩尺,如 0.8%、1.0%、1.5%……各种比例收缩尺。

在铸件冷却过程中,其线收缩不仅受到铸型和型芯的机械阻碍,而且还受到铸件各部分的互相制约。因此,铸件的实际线收缩率除随合金的种类而异外,还与铸件的形状、结构、尺寸有关。通常,灰铸铁为 0.8%~1.0%、铸造碳钢及低合金钢为 1.3%~2.0%、铝硅合金为 0.8%~1.2%、锡青铜为 1.2%~1.4%。

四、型芯头

型芯头的形状和尺寸,对型芯装配的工艺性和稳定性有很大影响。垂直型芯一般都有上、下芯头(图 2-34a),但短而粗的型芯也可省去上芯头。芯头必须留有一定的斜度 α。下芯头的斜度应小些(6°~7°),上芯头的斜度为便于合型应大些(8°~10°)。水平芯头(图 2-34b)的长度取决于型芯头直径及型芯的长度。悬臂型芯头必须加长,以防合型时型芯下垂或被金属液抬起。型芯头与铸型型芯座之间应有小的间隙(S),以便于铸型的装配。

有关模样上型芯头长度(L)或高度(H),以及与型芯座配合间隙(S),详见 JB/T 5106—1991 标准。

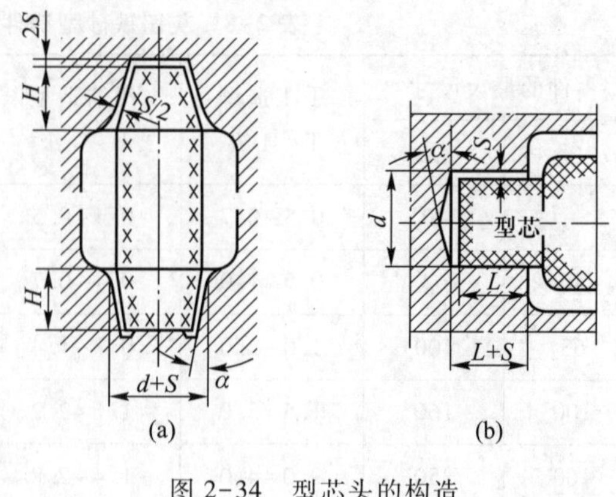

图 2-34　型芯头的构造

第四节　综合分析举例

在确定某铸件的铸造工艺方案时,首先应了解合金品种、生产批量及铸件质量要求等。分析铸件结构,以便确定铸件的浇注位置,同时,分析铸件分型面的选择方案。在此基础上,依据选定的工艺参数,用红、蓝色笔在零件图上绘制铸造工艺图(包括型芯的数量和固定、冷铁、浇冒口等),为制造模样、编写铸造工艺卡等奠定基础。

图 2-35 所示为支座,材料为 HT150,大批量生产。支座属于支承件,没有特殊的质量要求,故不必考虑浇注位置的特殊要求,主要着眼于工艺上的简化。该件虽属简单件,但底板上四个

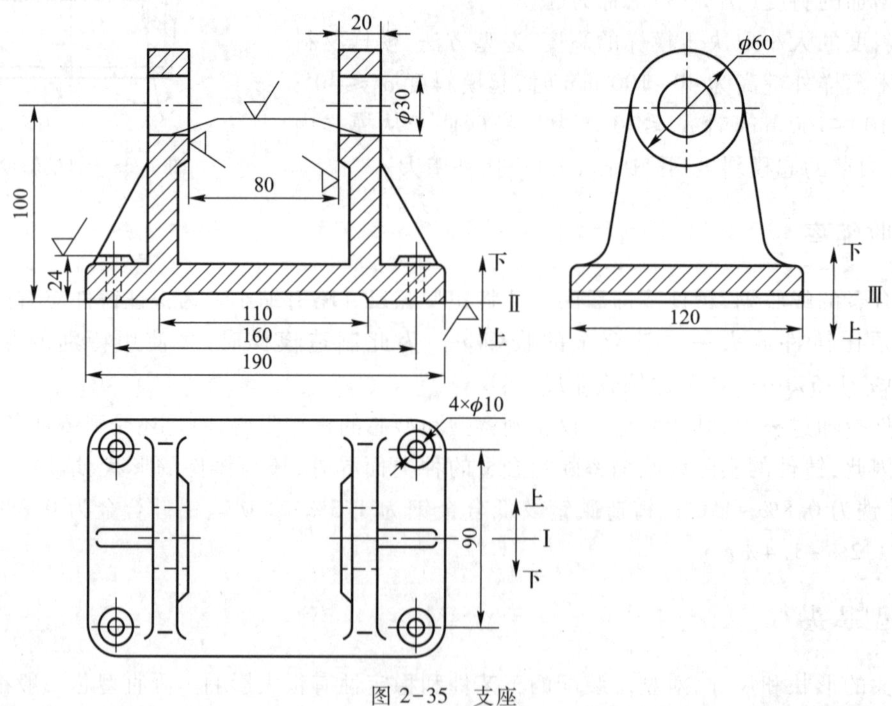

图 2-35　支座

ϕ10 mm 孔的凸台及两个轴孔的内凸台可能妨碍起模。同时,轴孔如若铸出,还必须考虑下芯的可能性。根据以上分析该件可供选择的分型方案如下:

(1) 方案Ⅰ 沿底板中心线分型,即采用分开模造型。其优点是底面上 110 mm 凹槽容易铸出,轴孔下芯方便,轴孔内凸台不妨碍起模。缺点是底板上四个凸台必须采用活块,同时,铸件易产生错型缺陷,飞翅清理的工作量大。此外,若采用木模样,加强筋处过薄,木模样易损坏。

(2) 方案Ⅱ 沿底面分型,铸件全部位于下箱,为铸出 110 mm 凹槽必须采用挖砂造型。方案Ⅱ克服了方案Ⅰ的缺点,但轴孔内凸台妨碍起模,必须采用两个活块或下型芯。当采用活块造型时,ϕ30 mm 轴孔难以下芯。

(3) 方案Ⅲ 沿 110 mm 凹槽底面分型。其优缺点与方案Ⅱ类同,仅是将挖砂造型改用分开模造型或假箱造型,以适应不同的生产条件。

可以看出,方案Ⅱ、Ⅲ的优点多于方案Ⅰ。但在不同生产批量下,具体方案可选择如下:

(1) 单件小批生产 由于轴孔直径较小、无须铸出,而手工造型便于进行挖砂和活块造型,此时依靠方案Ⅱ分型较为经济合理。

(2) 大批大量生产 由于机器造型难以使用活块,故应采用型芯制出轴孔内凸台。同时,应采用方案Ⅲ从 110 mm 凹槽底面分型,以降低模板制造费用。图 2-36 为其铸造工艺图(浇注系统图从略),由图可见,方型芯的宽度大于底板,以便使上箱压住该型芯,防止浇注时上浮。若轴孔需要铸出,采用组合型芯即可实现。

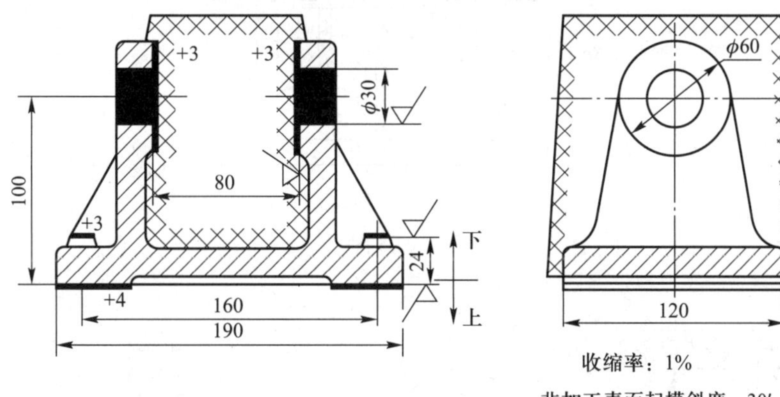

图 2-36 支座的铸造工艺图

复 习 题

1. 为什么手工造型仍是目前不可忽视的造型方法?机器造型有哪些优越性?其工艺特点是哪些?
2. 在射芯机上现代造芯法与传统造芯法有何根本不同?壳芯机制芯有何优越性?
3. 什么是铸造工艺图?包括哪些内容?在铸件生产的准备阶段起着哪些重要作用?
4. 浇注位置选择和分型面选择哪个重要?如若它们的选择方案发生矛盾该如何统一?
5. 图示铸件在单件生产条件下该选用哪种造型方法?

6. 图示铸件有哪几种分型方案？在大批大量生产中该选择哪种方案？

7. 试绘制图示调整座铸件在大批大量生产中的铸造工艺图。

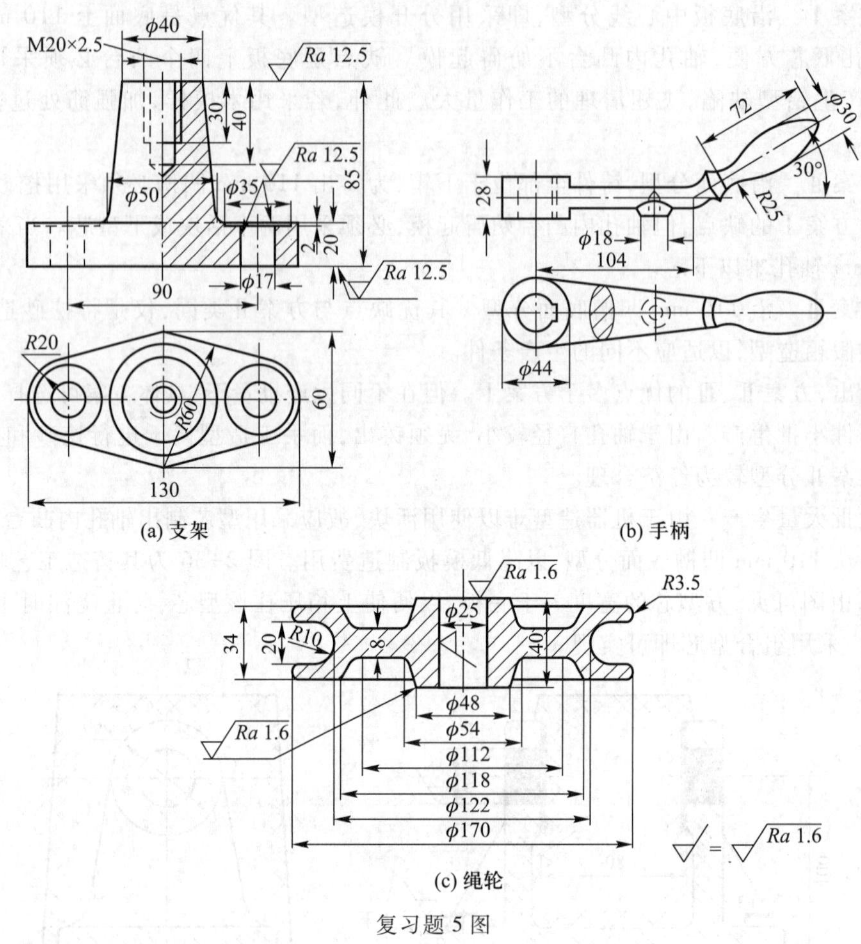

复习题 5 图

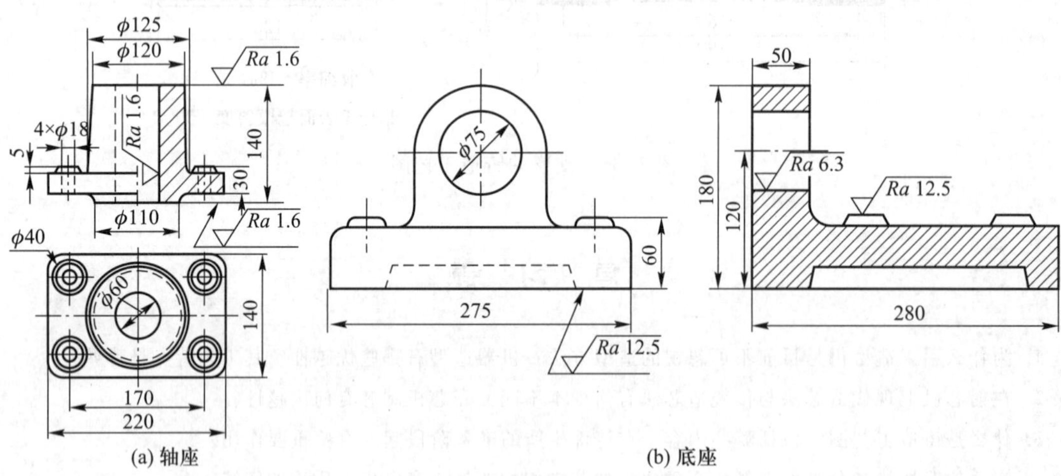

复习题 6 图

Ra 12.5
Ra 6.3
60
Ra 6.3
ϕ17
M6
ϕ62
ϕ40
C5
Ra 6.3
ϕ62
ϕ65
50
80
12
Ra 12.5
17
30
70
Ra 6.3
75
105
调整座

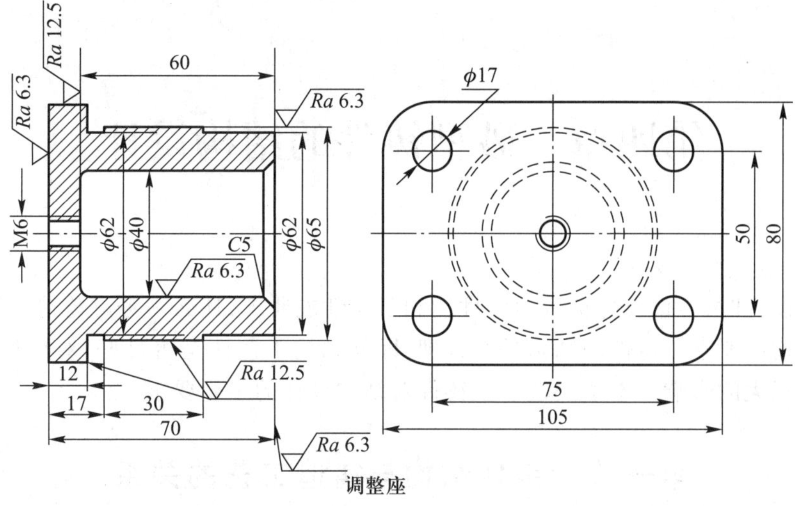

复习题 7 图

第四章　砂型铸件的结构设计

进行铸件设计时，不仅要保证其力学性能和工作性能要求，还必须考虑铸造工艺和合金铸造性能对铸件结构的要求。铸件的结构是否合理，即其结构工艺性是否良好，对铸件的质量、生产率及其成本有很大的影响。本章介绍砂型铸件对结构设计的主要要求。

第一节　铸件结构与铸造工艺的关系

铸件结构应尽可能使制模、造型、造芯、合型和清理过程简化，并为实现自动化生产创造条件。铸造工艺对铸件结构的要求如表 2-9 所示。

表 2-9　铸造工艺对铸件结构的要求

对铸件结构的要求	图例	
	(a) 不合理	(b) 合理
1. 尽量避免铸件起模方向存有外部侧凹，以便于起模 (1) 图 a 存有上下法兰，通常要用三箱造型；图 b 去掉上部法兰，简化了造型 (2) 图 a 需增加外部圈芯，才能起模；图 b 去掉了外部圈芯，简化了制模和造型工艺	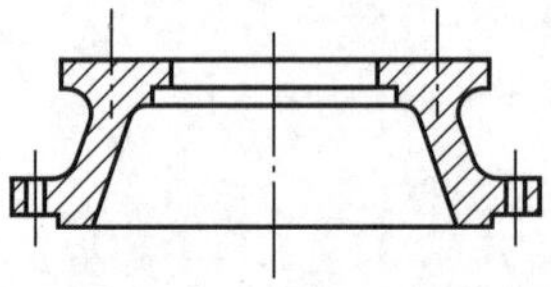 圈芯 凹入部分 主型芯	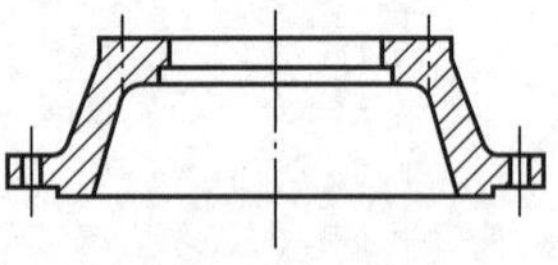 主型芯
2. 尽量使分型面为平面 图 a 分型面需采用挖砂造型；图 b 去掉了不必要的外圆角，使造型简化	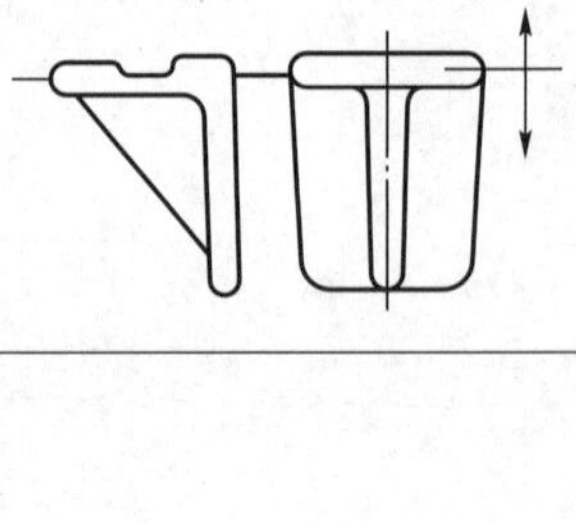	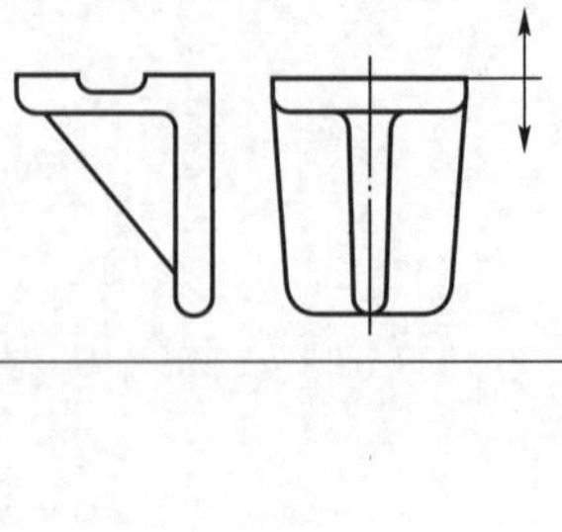

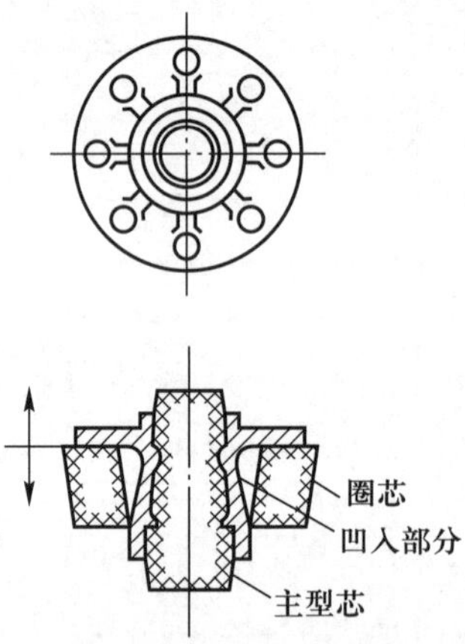

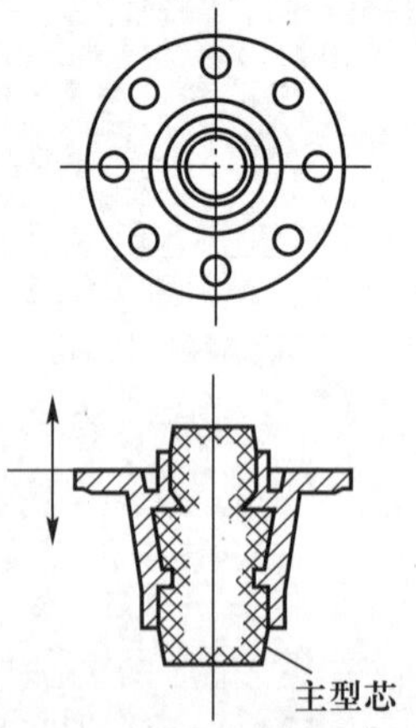

续表

对铸件结构的要求	图例	
	(a) 不合理	(b) 合理
3. 凸台和筋条结构应便于起模 (1) 图 a 需用活块或增加外部型芯才能起模；图 b 将凸台延长到分型面，省去了活块或型芯 (2) 图 a 筋条和凸台阴影处阻碍起模；图 b 将筋条和凸台顺着起模方向布置，容易起模	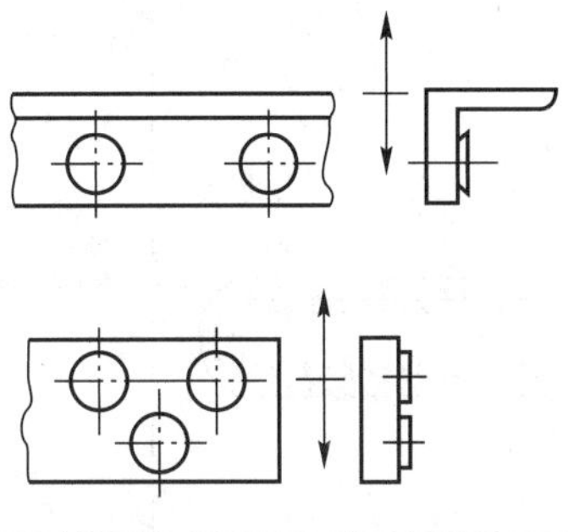	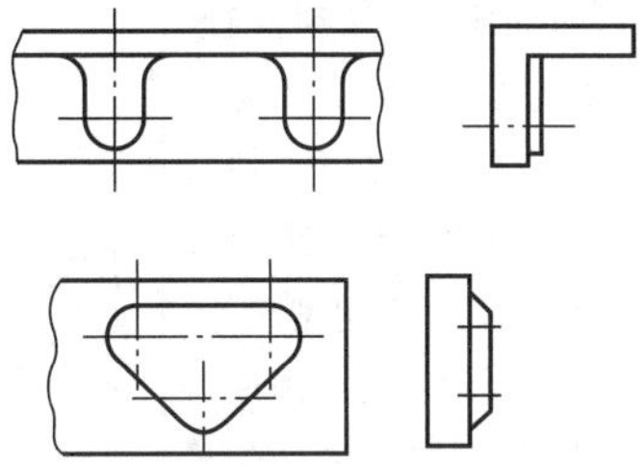
4. 垂直分型面上的不加工表面最好有结构斜度 (1) 图 b 具有结构斜度，便于起模 (2) 图 b 内壁具有结构斜度，便于用砂垛取代型芯	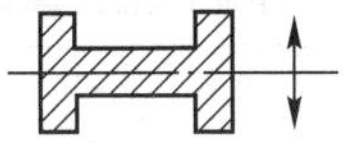	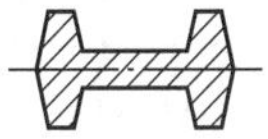
5. 尽量不用和少用型芯 (1) 图 a 采用中空结构，要用悬臂型芯和型芯撑加固；图 b 采用开式结构，省去了型芯 (2) 图 a 因出口处尺寸小，要用型芯形成内腔；图 b 扩大了出口，且 $D>H$，故可用砂垛（自带型芯）形成内腔，从而省掉型芯	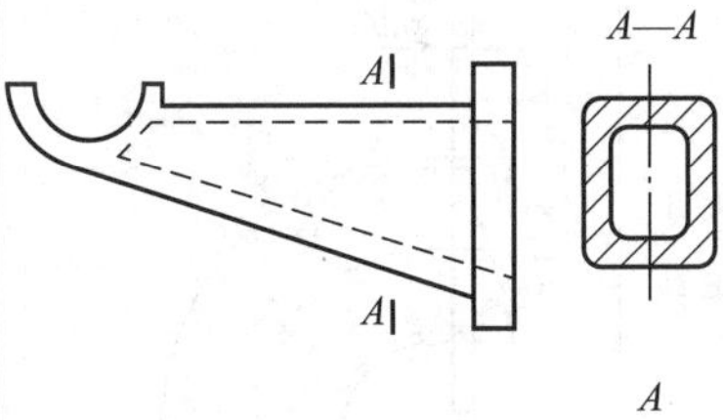 A—A　A　型芯	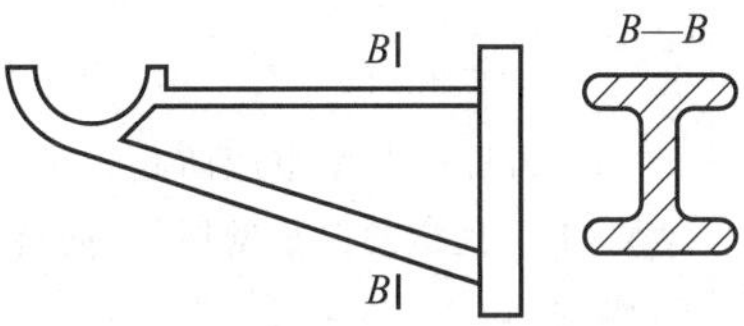 B—B　B　自带 型芯　H　D

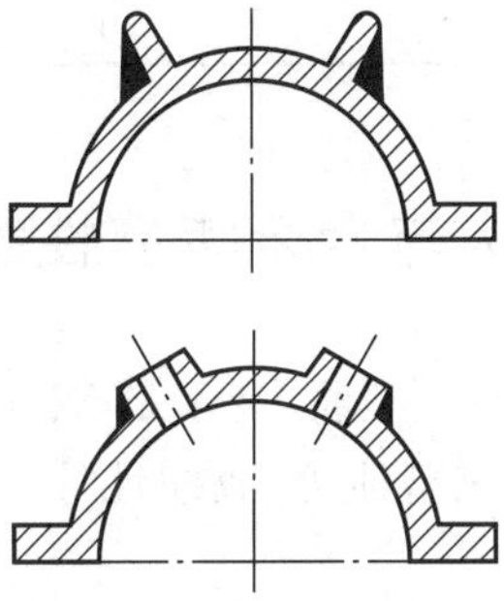

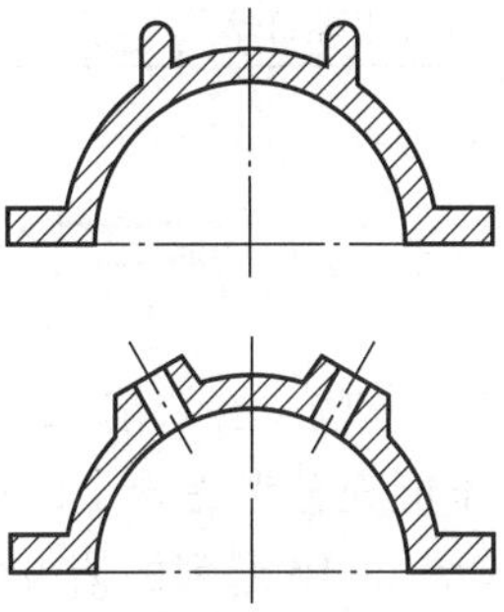

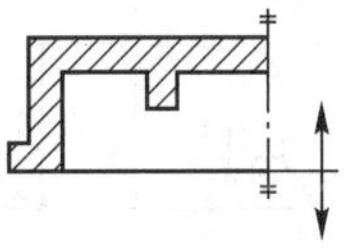

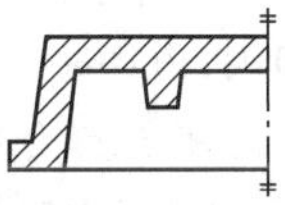

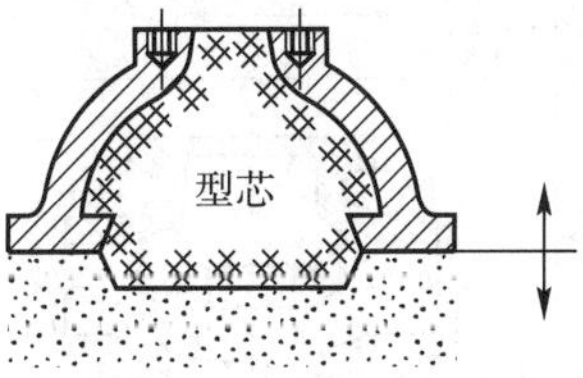

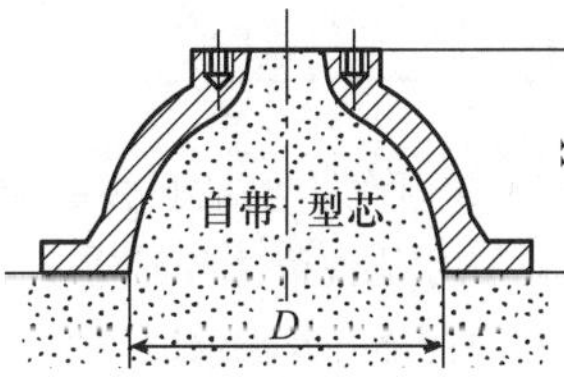

续表

对铸件结构的要求	图例	
	(a) 不合理	(b) 合理
6. 应有足够的芯头,以便于型芯的固定、排气和清理。图 a 采用悬臂型芯,需用型芯撑加固,下芯、合型和清理费工,对于薄壁件、加工表面和耐压铸件均不宜采用型芯撑;图 b 增加两个工艺孔,因而避免了型芯撑,并使型芯定位稳固,有利于排气和清理。工艺孔在加工后可用螺钉堵住	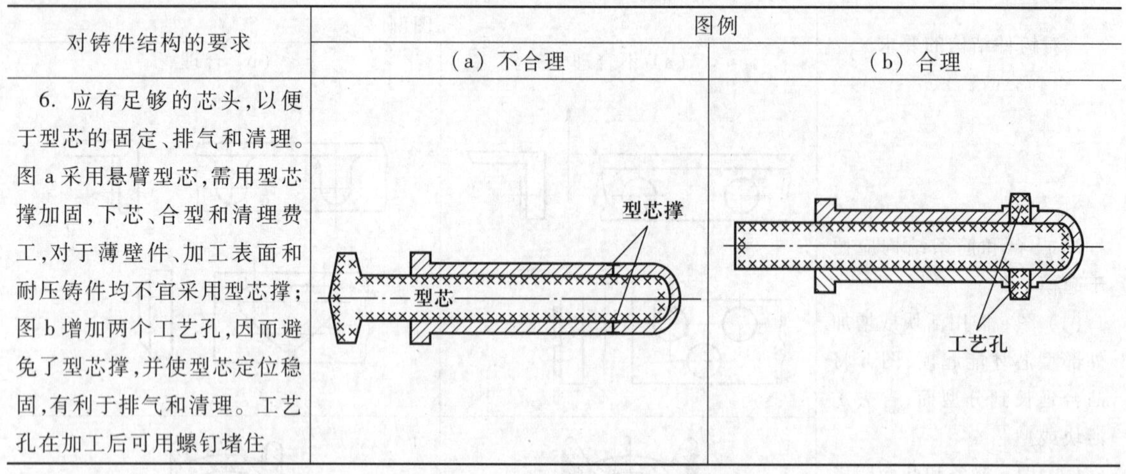	

第二节 铸件结构与合金铸造性能的关系

铸件的一些主要缺陷,如缩孔、缩松、变形、裂纹、浇不足、冷隔等,有时是由于铸件的结构不够合理,未能充分考虑合金的铸造性能(如充型能力、收缩性等)要求所致。因此,设计铸件时,必须考虑表 2-10 所列的诸方面。

表 2-10 铸件结构与合金铸造性能的关系

类别	对铸件结构的要求	图例	
		(a) 不合理	(b) 合理
1. 铸件的壁厚	(1) 铸件应有适合的壁厚。过厚时,铸件晶粒粗大,内部缺陷多,导致力学性能下降。为此,应选择合理的截面形状或采用加强筋,以便采用较薄的结构		
	(2) 铸件的壁厚也应防止过薄,应大于表 2-1 所规定的最小壁厚,以防浇不足或冷隔缺陷	6.5 2 ϕ44.5 6.5 57	6.5 3.5 ϕ44.5 6.5 57
	(3) 铸件的内壁散热慢故应比外壁薄些,这样才能使铸件各部分冷却速度趋于一致,以防缩孔及裂纹的产生	b b	a b a<b

续表

类别	对铸件结构的要求	图例	
		(a) 不合理	(b) 合理
1. 铸件的壁厚	(4) 铸件的壁厚应尽可能均匀，以防厚壁处金属聚集，产生缩孔、缩松等缺陷。厚度差过大时，易在薄厚交接处引起热应力	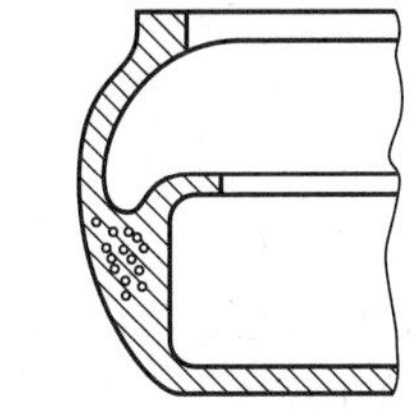	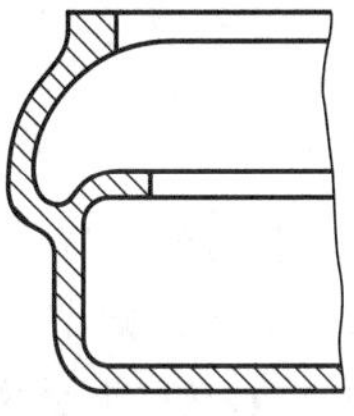
2. 壁的连接	(1) 铸件壁间转角处一般应具有结构圆角，因直角连接处的内侧较易产生缩孔、缩松和应力集中。同时，一些合金由于形成与铸件表面垂直的柱状晶，使转角处的力学性能下降，较易产生裂纹。 结构圆角的大小应与壁厚相适应。通常使转角处内接圆直径小于相邻壁厚的1.5倍	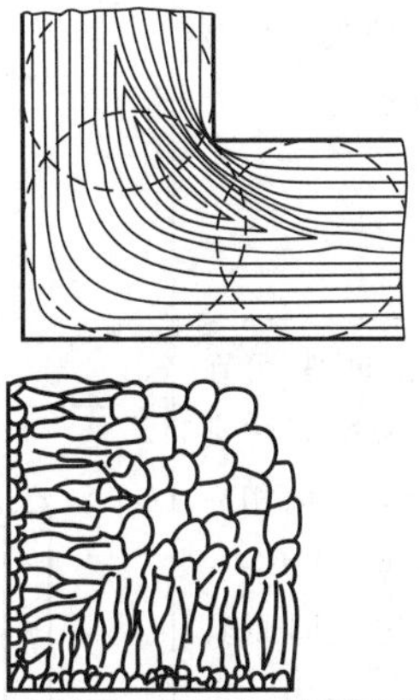	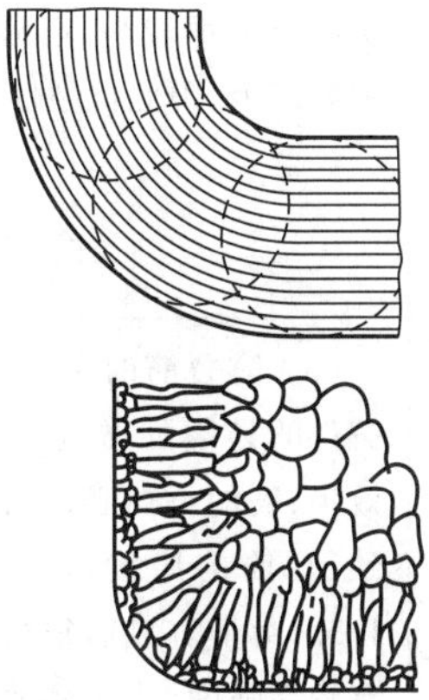
	(2) 为减小热节和内应力，应避免铸件壁间锐角连接，而改用先直角接头后再转角的结构。 当接头间壁厚差别很大时，为减少应力集中，应采用逐步过渡方法，防止壁厚的突变	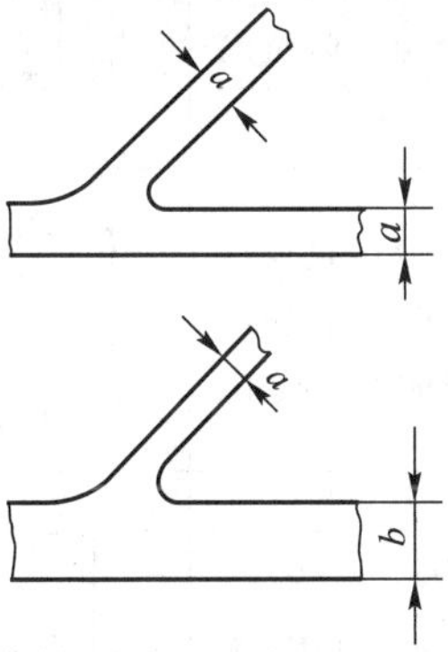	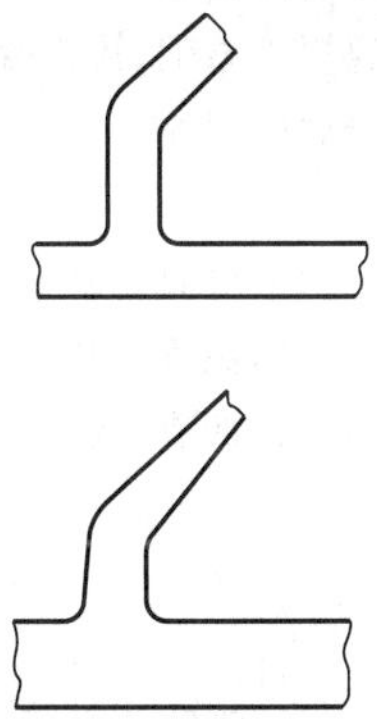
3. 轮辐和筋的设计	(1) 设计铸件轮辐时，应尽量使其得以自由收缩，以防产生裂纹。 当采用直线形偶数轮辐时，可因收缩不一致产生的内应力过大，使轮辐产生裂纹。而奇数轮辐可通过轮缘的微量变形自行减缓内应力。同理，弯曲的轮辐可借轮辐本身的微量变形而防止裂纹的产生	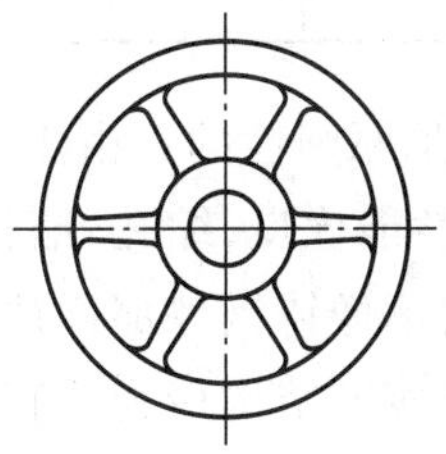	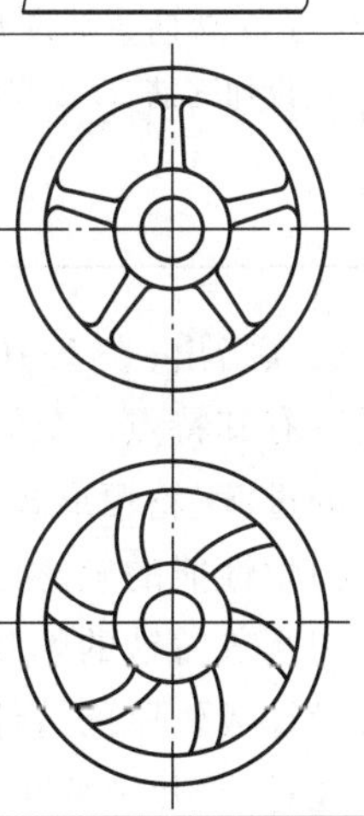

续表

类别	对铸件结构的要求	图例 (a) 不合理	图例 (b) 合理
3. 轮辐和筋的设计	(2) 筋的布置有不同的形式。交叉接头因交叉处热节较大,内应力也难以松弛,故较易产生裂纹。交错接头和环状接头的热节都较小,且都可通过微量变形缓解内应力,因此抗裂性能都较好	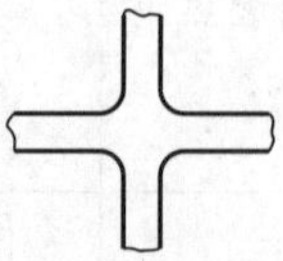 交叉接头	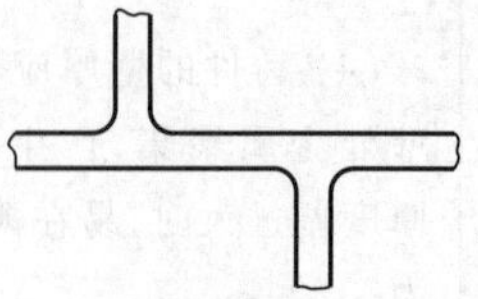 交错接头  环状接头
	(3) 防裂筋的应用。为防止热裂,可在铸件的易裂处增设防裂筋。为达到防裂效果,筋的方向必须与机械应力方向相一致,且筋的厚度应为连接壁厚的 1/4~1/3。由于防裂筋很薄,故优先凝固而具有较高强度,从而增大了壁间连接力。主要用于铸钢、铸铝等易热裂合金。防裂筋铸后应切除	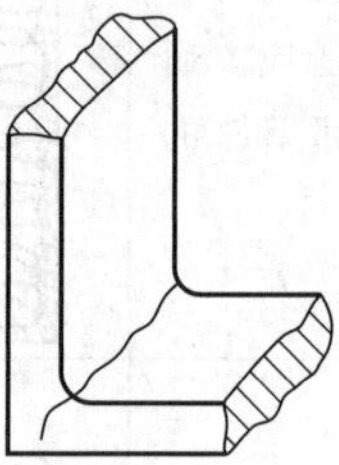	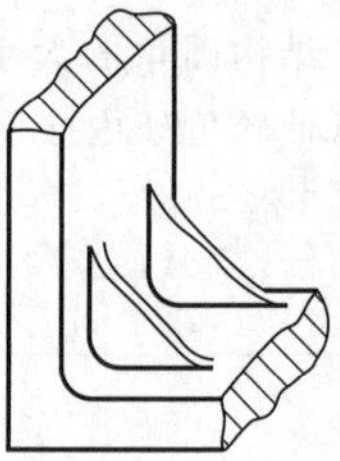
4. 防止变形的设计	(1) 细而长易变形的铸件,应尽量设计成对称截面。由于冷却过程产生的热应力互相抵消,从而使铸件的变形大为减小	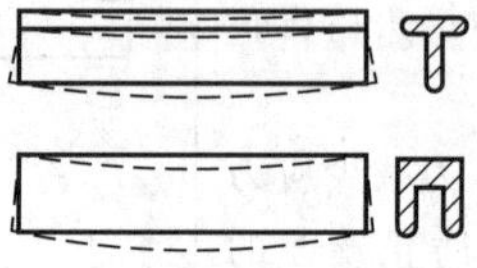	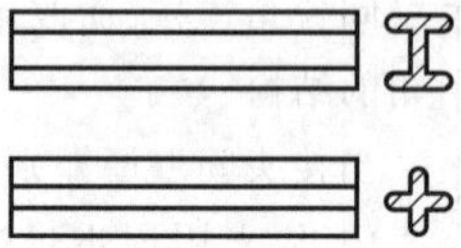
	(2) 为防止平板类铸件的翘曲变形,可增设加强筋,以提高铸件的刚度	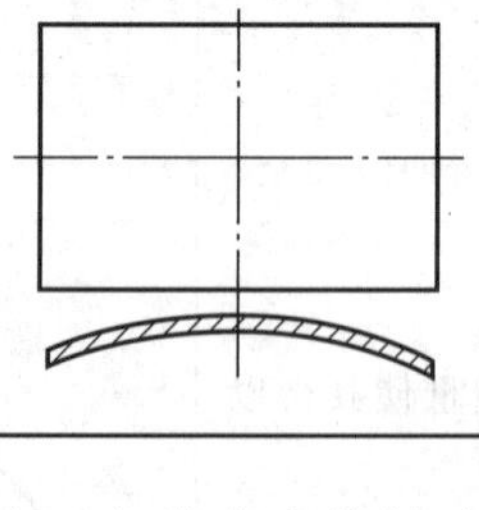	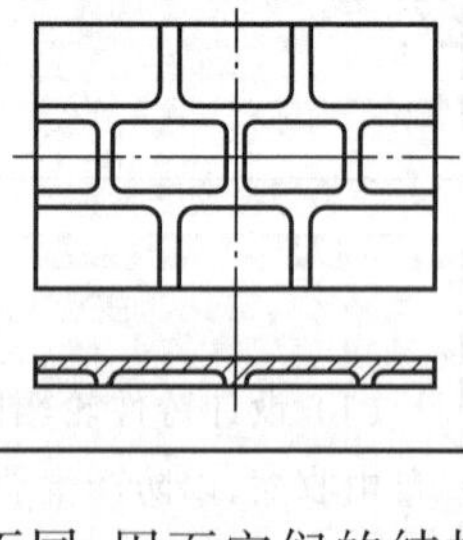

必须指出,表 2-10 所列仅是原则性的。由于各类合金的铸造性能不同,因而它们的结构要求也各有其特点。灰铸铁铸造性能优良,缩孔、缩松、热裂倾向均小,所以对铸件壁厚的均匀性、壁间的过渡、轮辐形式等要求均不像铸钢件那样严格,许多情况下表中 a 结构仍然可用,但其壁厚对力学性能的敏感性大,故以薄壁结构最为适宜。但也要避免极薄的截面,以防出现硬脆的白口组织。灰铸铁的牌号愈高,因铸造性能随之变差,故对铸件结构的要求也随之提高,但孕育铸铁可设计成较厚的铸件。钢的铸造性能差,其流动性差,收缩率高,因此铸钢件在砂型铸造时壁厚不能过薄,热节要小,并便于通过顺序凝固来补缩。

复　习　题

1. 为什么进行铸件设计时,就要初步考虑出大致分型面?
2. 什么是铸件的结构斜度?它与起模斜度有何不同?图示铸件的结构是否合理?应如何改正?
3. 图示铸件在大批大量生产时,其结构有何缺点?该如何改进?

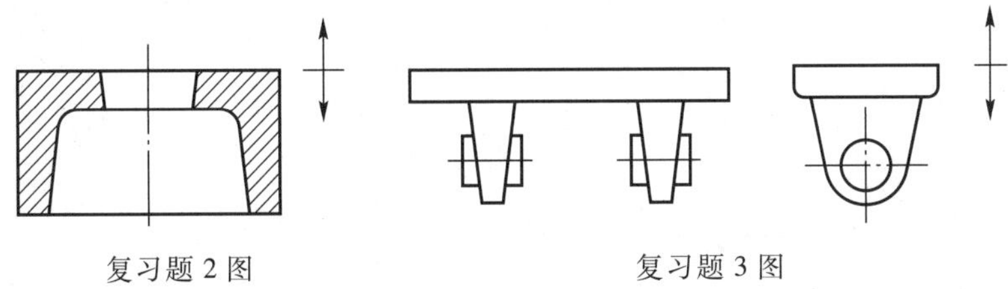

复习题 2 图　　复习题 3 图

4. 图示水龙头在结构上哪处不合理?请改正。
5. 为什么空心球难以铸造?要采取什么措施才能铸造?试用图示出。
6. 为什么铸件要有结构圆角?图示铸件上哪些圆角不够合理?应如何修改?

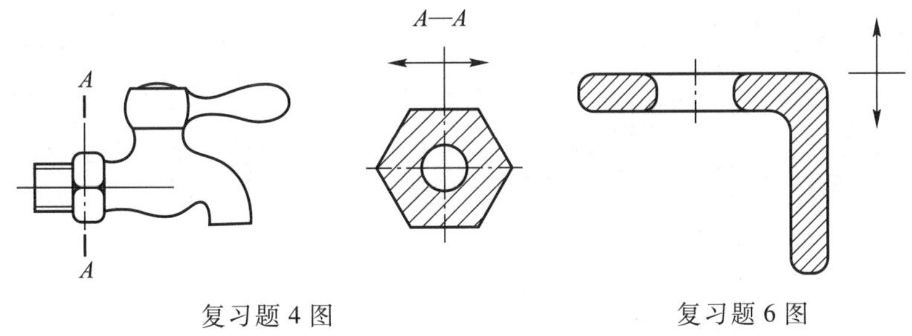

复习题 4 图　　复习题 6 图

7. 下图所示的支架件在大批大量生产中该如何改进其设计才能使铸造工艺得以简化?
8. 为什么要规定铸件的最小壁厚?灰铸铁件的壁厚过大或局部过薄会出现哪些问题?
9. 试用内接圆方法确定下图所示铸件的热节部位。在保证尺寸 H 的前提下,如何使铸件的壁厚尽量均匀?

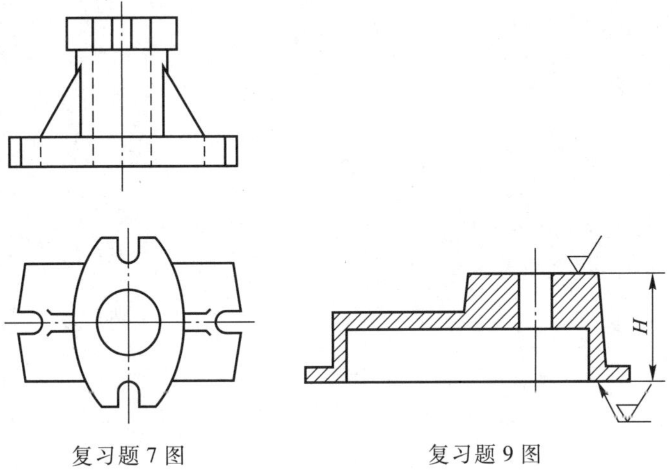

复习题 7 图　　复习题 9 图

10. 分析下图中砂箱箱带的两种结构各有何优缺点？为什么？

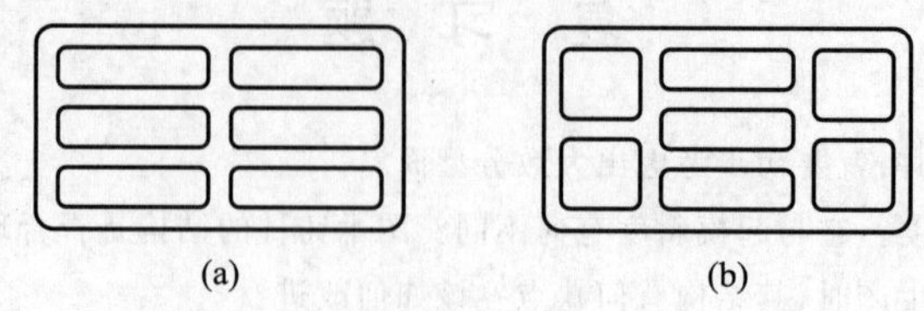

复习题 10 图

第五章　特种铸造

特种铸造是指与普通砂型铸造不同的其他铸造方法。特种铸造方法很多，各有其特点和适用范围。本章仅介绍应用较多的熔模铸造、消失模铸造、金属型铸造、压力铸造和离心铸造等。

第一节　熔模铸造

熔模铸造是指用易熔材料制成模样，在模样表面包覆若干层耐火涂料制成型壳，再将模样熔化排出型壳，从而获得无分型面的铸型，经高温焙烧后即可填砂浇注的铸造方法。由于模样广泛采用蜡质材料来制造，故常将熔模铸造称为“失蜡铸造”。

一、熔模铸造的工艺过程

熔模铸造的工艺过程如图 2-37 所示，可分为蜡模制造、型壳制造、焙烧浇注三个主要阶段，最后制成图 2-37a 图示的铸件。

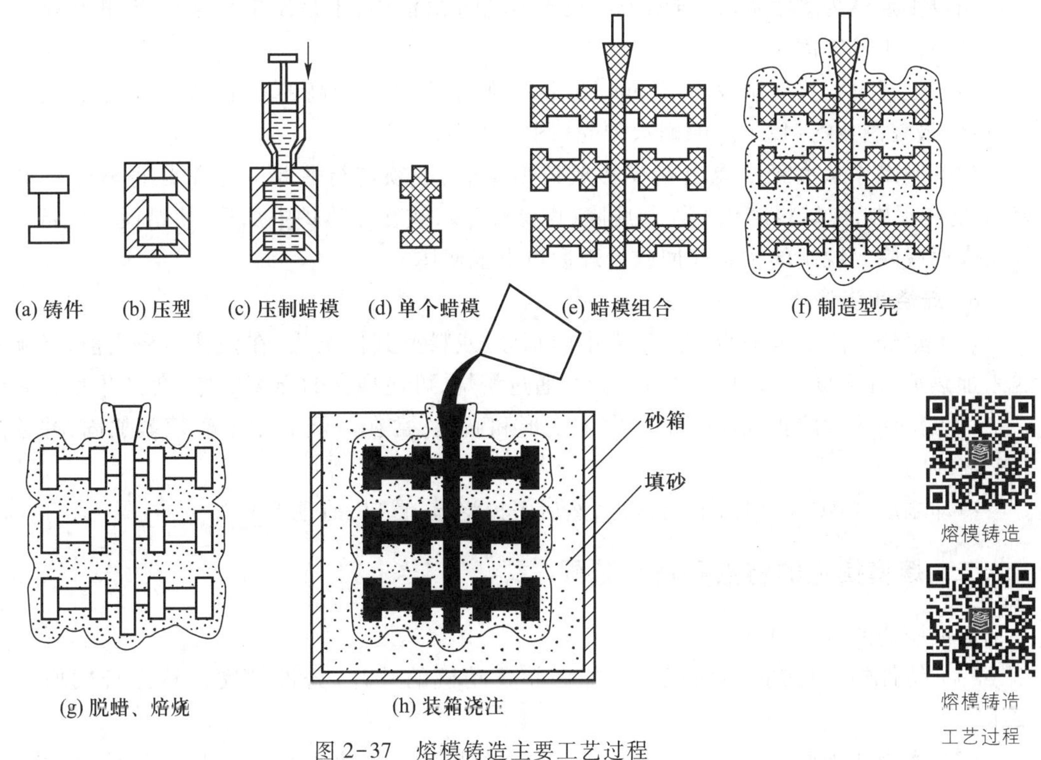

图 2-37　熔模铸造主要工艺过程

1. 蜡模制造

制造蜡模的程序如下：

(1) 制造压型 压型(图 2-37b)是用来制造单个蜡模的专用模具。压型一般用钢、铜或铝等金属材料经切削加工制成,这种压型的使用寿命长,制出的熔模精度高,但压型的制造成本高,生产准备时间长,主要用于大批大量生产。对于小批生产,压型还可采用易熔合金(如 Sn、Pb、Bi 等组成的合金)、塑料、石膏或硅橡胶等直接向模样上浇注而成。

(2) 蜡模的压制 将蜡料(50%石蜡和 50%硬脂酸)加热到糊状后,在 2~3 个大气压力下,将蜡料压入压型内(图 2-37c),待蜡料冷却凝固便可从压型内取出,然后修去分型面上的毛刺,即得带有内浇道的单个蜡模(图 2-37d)。

(3) 组装蜡模 熔模铸件一般均较小,为提高生产率、降低成本,通常将若干个蜡模焊在一个预先制好的浇道棒上构成蜡模组(图 2-37e),从而可实现一型多铸。

2. 型壳制造

它是在蜡模组上涂挂耐火材料,以制成具有一定强度的耐火型壳的过程。具体步骤如下：

(1) 浸涂料 将蜡模组置于涂料中浸渍,使涂料均匀地覆盖在蜡模组的表层。一般铸件采用石英粉和水玻璃组成的耐火涂料。高合金钢铸件用刚玉粉和硅酸乙酯水解液作涂料。

(2) 撒砂 它是使浸渍涂料后的蜡模组均匀地黏附一层石英砂。撒砂的目的是用砂粒固定涂料层,增加型壳厚度以获得必要的强度,提高型壳的退让性和透气性,防止型壳硬化时产生裂纹。

(3) 硬化 制壳时,每涂挂和撒砂一层后,必须进行化学硬化和干燥。

当以水玻璃为黏结剂时,将蜡模组浸于 NH_4Cl 溶液中,于是发生化学反应,析出来的凝胶将石英砂粘得十分牢固。

由于上述过程仅能结成 1~2 mm 薄壳,为使型壳具有较高的强度,故结壳过程要重复进行 4~6 次,最终制成 5~12 mm 的耐火型壳(图 2-37f)。

(4) 脱蜡 从型壳中取出蜡模形成铸型空腔,必须进行脱蜡。通常是将型壳浸泡于 85~95 ℃的热水中,使蜡料熔化上浮而脱除(图 2-37g),或在加热炉中加热,使蜡模熔化从型壳中流失出来而脱除。脱出的蜡料经回收处理后可重复使用。

3. 焙烧和浇注

(1) 焙烧 为了进一步去除型壳中的水分、残料及其他杂质,在浇注金属之前,必须将型壳送入加热炉,在 800~1 000 ℃进行焙烧。通过焙烧,可使型壳的强度增加,型腔更为干净。

(2) 浇注 为防止浇注时型壳发生变形和破裂,常在焙烧后用干砂填紧加固,并趁热浇注(图 2-37h)。

冷却之后,将型壳破坏,取出铸件,然后去掉浇道、冒口,清理毛刺等。

二、熔模铸造的特点和适用范围

熔模铸造的特点如下：

(1) 铸件的精度高,表面光洁。如涡轮发动机的叶片,铸件精度已达无机械加工余量的要求。

(2) 可制造砂型铸造难以成形或机械加工的形状很复杂的薄壁铸件。因为熔模铸造使用易熔模，无需取模，同时铸型是在预热后趁热浇注的。铸出铸件最小壁厚可达 0.3 mm，能铸出的最小孔径为 2.5 mm。

(3) 适用于各种合金铸件。由于型壳用高级耐火材料制成，尤其适用于铸造高熔点、难加工的高合金钢铸件，如高速钢刀具、不锈钢汽轮机叶片等。

(4) 生产批量不受限制。

(5) 生产工艺复杂且周期长，机械加工压型成本高，所用的耐火材料、模料和黏结剂价格较高，铸件成本高。由于受熔模及型壳强度限制，铸件不宜过大（或过长），仅适于从几十克到几千克的小铸件，一般不超过 45 kg。

综上所述，熔模铸造最适于高熔点合金精密铸件的大批大量生产，主要用于形状复杂、难以切削加工的小零件。目前熔模铸造已在汽车、拖拉机、机床、刀具、汽轮机、仪表、航空、兵器等制造业得到了广泛的应用，成为少、无屑加工中重要的工艺方法之一。

第二节　消失模铸造

消失模铸造又称气化模铸造或实型铸造，是用泡沫塑料制成的模样制造铸型，之后，模样并不取出，浇注时模样气化消失而获得铸件的方法。消失模铸造是在 20 世纪 60 年代出现的新技术，目前在汽车制造业已用于大批大量、自动化生产，因而在铸造业占有相当重要的地位。

一、消失模铸造的工艺过程

消失模铸造工艺包括模样制造、挂涂料、造型浇注和落砂清理等工序，如图 2-38 所示。

1. 模样制造

消失模铸造所用的模样材料主要是可发性聚苯乙烯（EPS）。当铸造低碳钢或合金钢时，常以聚甲基丙烯酸甲酯（EPMMA）取代 EPS，因为 EPMMA 可减少浇注时产生的黑烟及铸件表面增碳，且预发泡后的储存时间不受限制。

泡沫塑料模的制造过程如下：

(1) 预发泡与熟化　采用发泡成形法制造模样前，要将 EPS 原珠粒预发泡，使珠粒体积膨胀十几倍，以获得密度、粒度适当的珠粒。生产上常用的预发泡方法是蒸气法。预发泡后的珠粒经干燥和停放一定时间（称为熟化），使颗粒稳定，强度提高。

(2) 模样成形　对单件小批生产或大型铸件生产，可采用聚苯乙烯板材通过机械加工和胶接方法制造模样。对于大批量生产，则将预发泡珠粒充填于成形机的金属模具中加热（如通入蒸气等），使珠粒进一步膨胀，表面熔融，相互黏结在一起，经过冷却后取出，形成模样（图 2-38a）。

(3) 模样组合　为了制模方便，降低制模成本，多数模样需先分成几块制作，然后再胶合成一完整的模样，最后再将组合的模样和浇注系统模样胶合在一起，形成一个模样簇（图 2-38b）。

2. 挂涂料

泡沫塑料模样表面上两层涂料。第一层是表面光洁涂料，以填补泡沫塑料的表面粗糙及孔洞。第二层是耐火涂料，以防泡沫塑料模表面黏砂，提高模样刚度及强度，以及浇注时支撑干砂的作用。涂料多为水基涂料，以浸涂或浸涂加淋涂的方法进行。上涂料后需进行干燥。

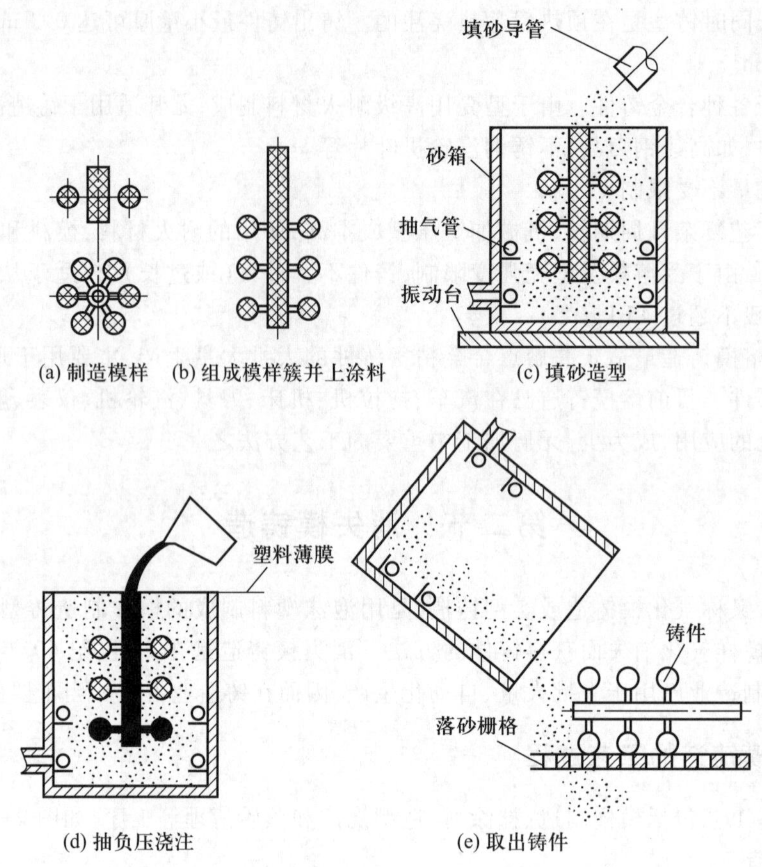

图 2-38　消失模铸造主要工艺过程

3. 填砂造型

将模样簇放在砂箱内,分层填入不加黏结剂的干石英砂,同时在振动台上进行振动紧砂(图 2-38c)。

4. 浇注和落砂清理

在填砂振实后应在砂箱顶面覆盖塑料薄膜,并对砂箱抽负压(负压度为 0.02~0.06 MPa),然后浇注(图 2-38d)。应合理选择浇注速度、浇注温度及铸件冷却时间等参数,否则容易产生各种缺陷。如浇注速度过高,模样气化分解产生的气体来不及向型外排出,铸件容易产生气孔;如果浇注速度过低,铸件容易产生浇不到和冷隔缺陷。

铸件的落砂清理甚为简便。铸件凝固后,解除负压,将砂箱倾倒即可使干砂与铸件分离(图 2-38e)。然后去除浇道、冒口,进行表面清理即可。

二、消失模铸造的特点和应用范围

消失模铸造与传统的砂型铸造最大的区别在于采用可发性塑料制造模样,采用无黏结剂的干砂来造型,模样不取出,铸型没有型腔、分型面和单独制作的型芯。由于这些差别使消失模铸造具有如下优越性:

(1) 它是一种近乎无余量的精密成形技术,铸件尺寸精度高,表面粗糙度值小,接近熔模铸造水平。

(2) 无需传统的混砂、制芯、造型等工艺及设备,故工艺过程简化,易实现机械化、自动化生产,设备投资较少,占地面积小。

(3) 为铸件结构设计提供了充分的自由度,如原来需要加工成形的孔、槽等可直接铸出。

(4) 铸件清理简单,机械加工量减少。

(5) 适应性强。对合金种类、铸件尺寸及生产数量几乎没有限制。

据统计,建立一个消失模铸造厂与建立一个相同产量的传统湿砂型铸造厂相比,总投资可减少 30%以上,而铸造成本可下降 20%~30%。

消失模铸造的主要缺点是浇注时塑料模气化有异味,对环境有污染,铸件容易出现与泡沫塑料高温热解有关的缺陷,如铸铁件容易产生皱皮、夹渣等缺陷,铸钢件可能稍有增碳,但对铜、铝合金铸件的化学成分和力学性能的影响很小。

消失模铸造的应用极为广泛,如单件小批生产冶金、矿山、船舶、机床等一些大型铸件,以及汽车、化工、锅炉等行业大型冷冲模具等。消失模铸造的大批大量生产在很多领域也得到了应用,但以汽车制造业为主。典型的铸铁件有球墨铸铁轮毂、差速器壳、空心曲轴及灰铸铁发动机机座、排气管等;典型的铝合金铸件有发动机缸体、缸盖、进气管等。

总之,消失模铸造的应用领域越来越宽,是一种极具发展前途的铸造新技术。

第三节 金属型铸造

金属型铸造是将液态金属浇入金属的铸型中,使金属在重力作用下凝固成形以获得铸件的方法。由于金属铸型可反复使用多次(几百次到几千次),故有永久型铸造之称。

一、金属型构造

金属型的结构主要取决于铸件的形状、尺寸,合金的种类及生产批量等。

按照分型面的不同,金属型可分为整体式、垂直分型式、水平分型式和复合分型式。其中,垂直分型式便于开设浇道和取出铸件,也易于实现机械化生产,所以应用最广。金属型的排气依靠出气口及分布在分型面上的许多通气槽来实现。为了能在开型过程中将灼热的铸件从型腔中推出,多数金属型设有推杆机构。

金属型铸造

金属型一般用铸铁制成,也可采用铸钢。铸件的内腔可用金属型芯或砂芯来形成,其中金属型芯用于非铁金属件。为使金属型芯能在铸件凝固后迅速从内腔中抽出,金属型还常设有抽芯机构。对于有侧凹的内腔,为使型芯得以取出,金属型芯可由几块组合而成。图 2-39 为铸造铝活塞金属型典型结构简图,由图可见,它是垂直分型和水平分型相结合的复合结构,其左、右两半型用铰链相连接,以开、合铸型。由于铝活塞内腔存有销孔内凸台,整体型芯无法抽出,故采用组合金属型芯。浇注之后,先抽出中间金属型芯,然后再取出左、右分块金属型芯。

金属型铸造工艺过程

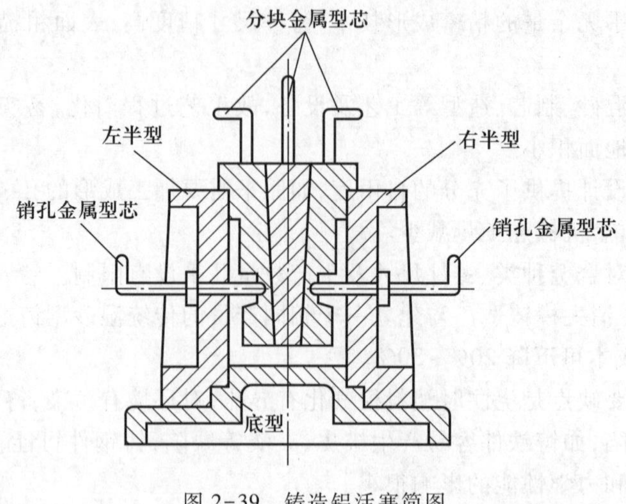

图 2-39 铸造铝活塞简图

二、金属型的铸造工艺

由于金属型导热快,且没有退让性和透气性,为获得优质铸件和延长金属型的寿命,必须严格控制其工艺。

1. 喷刷涂料

金属型的型腔和金属型芯表面必须喷刷涂料。涂料可分衬料和表面涂料两种,前者以耐火材料为主,厚度为 0.2~1.0 mm;后者为可燃物质(如灯烟、油类),每浇注一次喷涂一次,以产生隔热气膜。

2. 金属型应保持一定的工作温度

通常铸铁件的预热温度为 250~350 ℃,非铁金属铸件 100~250 ℃。其目的是减缓铸型对浇入金属的激冷作用,减少铸件缺陷。同时,因减小铸型和浇入金属的温差,提高了铸型寿命。

3. 合适的出型时间

浇注之后,铸件在金属型内停留的时间愈长,铸件的出型及抽芯愈困难,铸件的裂纹倾向加大。同时,铸铁件的白口倾向增加,金属型铸造的生产率降低。为此,应使铸件凝固后尽早出型。通常小型铸铁件出型时间为 10~60 s,铸件温度为 780~950 ℃。

此外,为避免灰铸铁件产生白口组织,除应采用碳、硅含量高的铁液外,涂料中应加入些硅铁粉。对于已经产生白口组织的铸件,要利用出型时铸件的自身余热及时进行退火。

三、金属型铸造的特点和适用范围

金属型铸造可“一型多铸”,便于实现机械化和自动化生产,从而可大大提高生产率。同时,铸件的精度和表面质量比砂型铸造显著提高(如铝合金铸件的尺寸公差等级 CT7~CT9,表面粗糙度 *Ra* 值为 3.2~12.5 μm)。由于结晶组织致密,铸件的力学性能得到显著提高,如铸铝件的屈服点平均提高 20%。此外,金属型铸造还使铸造车间面貌大为改观,劳动条件得到显著改善。它的主要缺点是金属型的制造成本高、生产周期长。同时,铸造工艺要求严格,否则容易出现浇不到、冷隔、裂纹等铸造缺陷,而灰铸铁件又难以避免白口缺陷。此外,金属型铸件的形状和尺寸还有着一定的限制。

金属型铸造主要用于铜、铝合金不复杂中小铸件的大批生产，如铝活塞、气缸盖、油泵壳体、铜瓦、衬套、轻工业品等。

第四节　压 力 铸 造

压力铸造简称压铸。它是在高压下(比压为 5~150 MPa)将液态或半液态合金快速(充填速度可达 5~50 m/s)地压入金属铸型中，并在压力下凝固以获得铸件的方法。

一、压力铸造的工艺过程

压铸是在压铸机上进行的，所用的铸型称为压型。压型与垂直分型的金属型相似，其半个铸型是固定的，称为静型；另半个可水平移动，称为动型。压铸机上装有抽芯机构和顶出铸件机构。

压铸机主要由压射机构和合型机构组成。压射机构的作用是将金属液压入型腔；合型机构用于开合压型，并在压射金属时顶住动型，以防金属液自分型面喷出。压铸机的规格通常以合型力的大小来表示。

图 2-40 所示为卧式压铸机的工作过程：

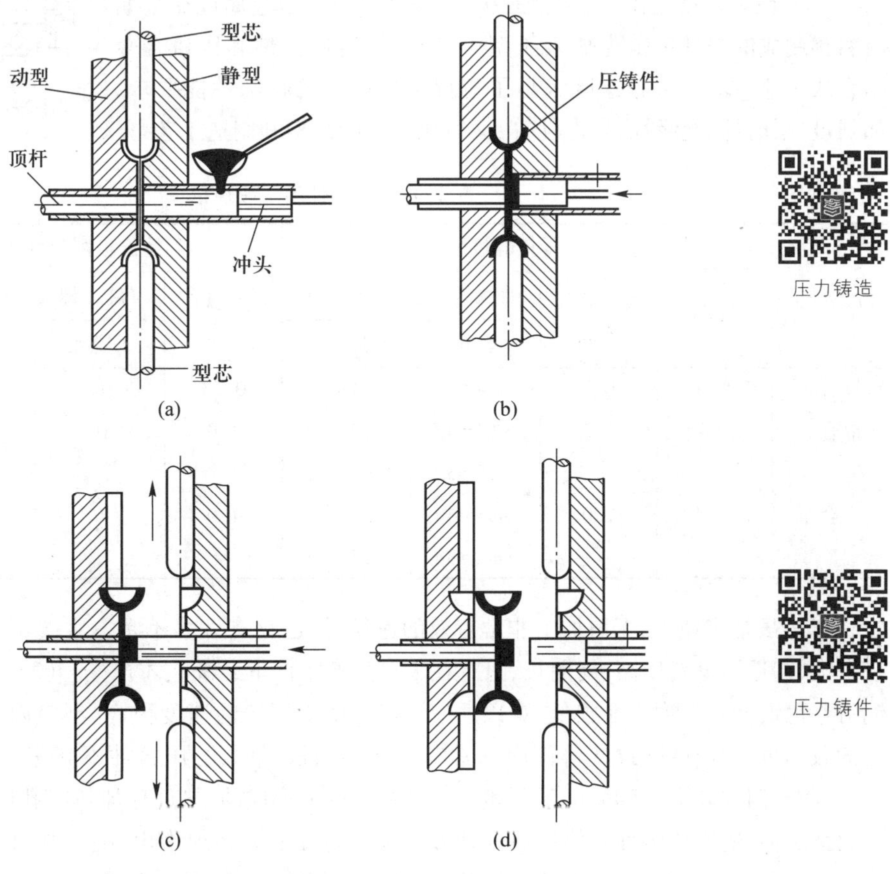

图 2-40　卧式压铸机的工作过程

(1) 注入金属 先闭合压型,将勺内定量的金属液通过压室上的注液孔向压室内注入(图 2-40a)。

(2) 压铸 压射冲头向前推进,金属液被压入压型中(图 2-40b)。

(3) 取出铸件 铸件凝固之后,抽芯机构将型腔两侧型芯同时抽出,动型左移开型,铸件则借冲头的前伸动作离开压室(图 2-40c)。此后,在动型继续打开过程中,由于顶杆停止了左移,铸件在顶杆的作用下被顶出动型(图 2-40d)。

二、压力铸造的特点和适用范围

压力铸造的主要优点有:

(1) 铸件的精度及表面质量较其他铸造方法均高(尺寸公差等级 CT4~CT8,表面粗糙度 Ra 值为 1.6~12.5 μm)。通常,不经机械加工即可使用。

(2) 可压铸形状复杂的薄壁件,或直接铸出小孔、螺纹、齿轮等(表 2-11)。

(3) 铸件的强度和硬度都较高。因为铸件的冷却速度快,又是在压力下结晶,其表层结晶细密,如抗拉强度比砂型铸造提高 25%~30%。

(4) 压铸的生产率较其他铸造方法均高。一般冷压室压铸机平均每小时可压铸 600~700 次。

(5) 便于采用镶铸(又称镶嵌法)。镶铸是将其他金属或非金属材料预制成的嵌件铸前先放入压型中,经过压铸使嵌件和压铸合金结合成一体(图 2-41),这既满足了铸件某些部位的特殊性能要求,如强度、耐磨性、绝缘性、导电性等,又简化了装配结构和制造工艺。

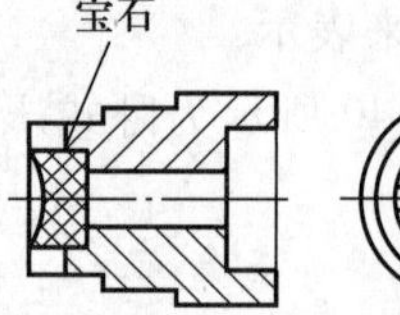

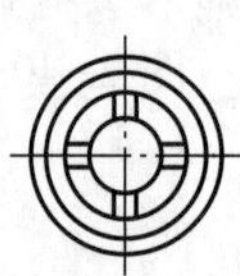

图 2-41 镶嵌件的应用

表 2-11 压铸件的一般规范

合金种类	适宜壁厚 /mm	孔的极限尺寸			螺纹极限尺寸			铸齿的最小模数
		最小孔径 /mm	最大孔深(直径倍数)		最小螺距 /mm	最小螺纹直径/mm		
			盲孔	通孔		外螺纹	内螺纹	
锌合金	1~4	0.7	$4d$	$8d$	0.75	6	10	0.3
铝合金	1.5~5	2.5	$>\phi 5=4d$	$>\phi 5=7d$	1.0	10	20	0.5
			$<\phi 5=3d$	$<\phi 5=5d$				
镁合金	1~4	2.0	$>\phi 5=4d$	$>\phi 5=8d$	1.0	6	15	0.5
			$<\phi 5=3d$	$<\phi 5=6d$				

压铸虽是实现少、无屑加工非常有效的途径,但也存有许多不足。主要不足有:(1) 压铸设备投资大,制造压型费用高、周期长,只有在大量生产条件下经济上才合算。(2) 压铸高熔点合金(如铜、钢、铸铁)时,压型寿命很低,难以适应。(3) 由于压铸的速度极高,型腔内气体很难排除,厚壁处的收缩也很难补缩,致使铸件内部常有气孔和缩松。因此,压铸件不宜进行较大余量的机械加工,以防孔洞的外露。(4) 由于上述气孔是在高压下形成的,热处理加热时孔内气体膨胀将导致铸件表面起泡,所以压铸件不能用热处理方法来提高性能。必须指出,随着加氧压铸、真空压铸和黑色金属压铸等新工艺的出现,使压铸的某些缺点能得以克服,扩大了压铸的应用范围。

目前,压力铸造已在汽车、拖拉机、航空、兵器、仪表、电器、计算机、轻纺机械、日用品等制造业得到了广泛应用,如气缸体、箱体、化油器、喇叭外壳等铝、镁、锌合金铸件的大批量生产。

第五节　离心铸造

将液态合金浇入高速旋转的铸型,使其在离心力作用下充填铸型并结晶,这种铸造方法称为离心铸造。

一、离心铸造的基本方式

离心铸造必须在离心铸造机上进行。离心铸造机上的铸型可以用金属型,也可以用砂型、熔模壳型等。根据铸型旋转轴空间位置的不同,离心铸造机可分为立式和卧式两大类。

在立式离心铸造机上的铸型是绕垂直轴旋转的。当其浇注圆环形铸件时(图 2-42a),金属液并不填满型腔,这样便于自动形成内腔,而铸件的壁厚则取决于浇入的金属量。在立式离心铸造机上进行离心铸造的优点是便于铸型的固定和金属的浇注,但其自由表面(即内表面)呈抛物线状,使铸件上薄下厚。显然,在其他条件不变的前提下,铸件的高度愈大,立壁的壁厚差别也愈大。因此,主要用于高度小于直径的圆环类铸件。

在卧式离心铸造机上铸型是绕水平轴旋转的。由于铸件各部分的冷却条件相近,故铸出的圆环形铸件无论在轴向和径向的壁厚都是均匀的(图 2-42b),因此适于浇注长度较大的套筒、管类铸件,是最常用的离心铸造方法。

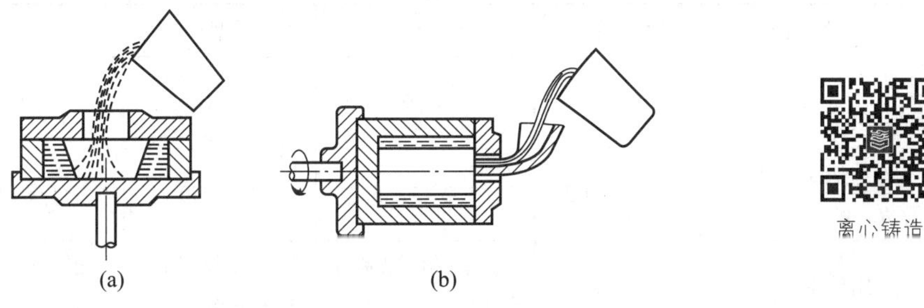

图 2-42　圆环形铸件的离心铸造

离心铸造也可用于生产成形铸件。成形铸件的离心铸造通常在立式离心铸造机上进行,但浇注时金属液填满铸型型腔,故不存在自由表面。此时,离心力的作用主要是提高金属液的充型能力,并有利于补缩、使铸件组织致密。

二、离心铸造的特点和适用范围

离心铸造具有如下优点:

(1) 利用自由表面生产圆环形铸件时,可省去型芯和浇注系统,因而省工、省料,降低了铸件成本。

(2) 在离心力的作用下,铸件呈由外向内的定向凝固,而气体和熔渣因密度较金属小,则向铸件内腔(即自由表面)移动而被排除,故铸件内部极少有缩孔、缩松、气孔、夹渣等缺陷。

(3) 便于制造双金属铸件。如可在钢套上镶铸薄层铜材,用这种方法制出的滑动轴承较整体铜轴承节省铜料,降低了成本。

离心铸造的不足之处是:

(1) 依靠自由表面所形成的内孔尺寸偏差大,而且内表面粗糙,若需机械加工,必须加大余量。

(2) 铸件易产生成分偏析,所以不适于密度偏析大的合金及轻合金铸件,如铅青铜、铝合金、镁合金等。

(3) 因需要专用设备的投资,故不适于单件小批生产。

离心铸造是大口径铸铁管、气缸套、铜套、双金属轴承的主要生产方法,铸件的最大重量可达十多吨。在耐热钢辊道、特殊钢的无缝管坯、造纸烘缸等铸件生产中,离心铸造已被采用。

第六节　常用铸造方法的比较

各种铸造方法均有其优缺点及适用范围,不能认为某种方法最为完善。因此,必须依据铸件的形状、大小、质量要求、生产批量、合金的品种及现有设备条件等具体情况,进行全面分析比较,才能正确地选出合适的铸造方法。

表 2-12 列出了几种常用铸造方法的综合比较。可以看出,砂型铸造尽管有着许多缺点,但它对铸件的形状和大小、生产批量、合金品种的适应性最强,是当前最为常用的铸造方法,故应优先选用,而特种铸造仅是在相应的条件下,才能显示其优越性。

表 2-12　常用铸造方法的比较

比较项目	砂型铸造	熔模铸造	金属型铸造	压力铸造	消失模铸造
铸件尺寸公差等级(CT)	8~15	4~9	7~10	4~8	5~10
铸件表面粗糙度值 $Ra/\mu m$	12.5~200	3.2~12.5	3.2~50	铝合金 1.6~12.5	6.3~100
适用铸造合金	任意	不限制,以铸钢为主	不限制,以非铁合金为主	铝、锌、镁低熔点合金	各种合金
适用铸件大小	不限制	小于 45 kg,以小铸件为主	中、小铸件	一般小于 10 kg,也可用于中型铸件	几乎不限
生产批量	不限制	不限制,以大批大量生产为主	大批大量	大批大量	不限制
铸件内部质量	结晶粗、中	结晶粗	结晶细	表层结晶细内部多有孔洞	同砂型铸件
铸件加工余量	大	小或不加工	小	小或不加工	小
铸件最小壁厚/mm	3.0	0.3 孔 ϕ0.5	铝合金 2~3, 灰铸铁 4.0	铝合金 0.5 锌合金 0.3	3~4
生产率(一般机械化程度)	低、中	低、中	中、高	最高	低、中

复　习　题

1. 什么是熔模铸造？试用方框图表示其大致工艺过程。
2. 为什么熔模铸造是最有代表性的精密铸造方法？它有哪些优越性？
3. 金属型铸造有何优越性？为什么金属型铸造未能广泛取代砂型铸造？
4. 压力铸造有何优缺点？它与熔模铸造的适用范围有何不同？
5. 什么是离心铸造？它在圆筒形或圆环形铸件生产中有哪些优越性？成形铸件采用离心铸造有什么好处？
6. 什么是消失模铸造？其工艺特点有哪些？
7. 消失模铸造的基本工艺过程与熔模铸造有何不同？
8. 某公司开发的新产品中有下图所示的铸铝小连杆。请问：

(1) 试制样机时,该连杆宜采用什么铸造方法？

(2) 当年产量为 1 万件时,宜采用什么铸造方法？

(3) 当年产量超过 10 万件时,则应改选什么铸造方法？

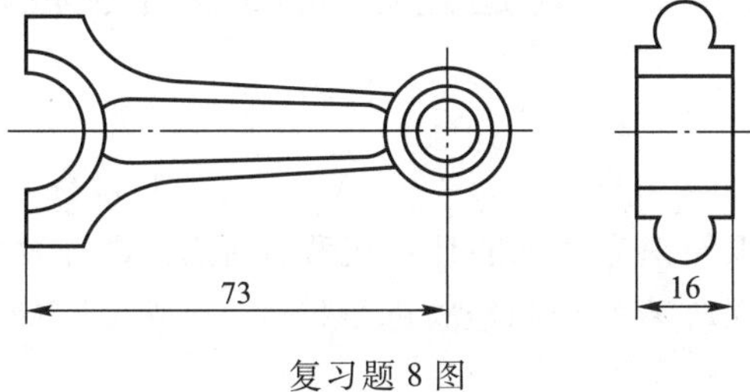

复习题 8 图

第六章　铸造生产中的计算机技术

随着计算机应用技术的飞速发展，铸造过程各个方面（如工厂管理、参数测试、过程控制、过程模拟等）的计算机应用也从无到有，几乎遍及生产过程的每一个环节。铸造工艺已经向数控化、自动化、智能化、机械化的方向挺进，铸造专家系统的应用日益广泛。铸造过程的计算机模拟技术已成为铸造学科的前沿领域，是改造传统铸造业的必由之路。利用计算机三维图形实现的快速成形技术也是近些年铸造生产的新应用。

第一节　铸造过程辅助设计及控制

一、铸造专家系统

专家系统（ES）是一种以知识为基础的计算机程序系统，具有大量的专家知识，能依据人工智能的理论和技术，根据人类专家知识和经验进行推理，模拟人类专家进行决策，解决需要专家才能解决的复杂问题。

一般专家系统由知识库、数据库、推理库、知识获取程序、解释程序和人机接口组成。其相互关系如图 2-43 所示。知识库用来存放专家提供的专门知识，专家系统的性能水平取决于知识库中拥有的知识数量和质量。知识库易于修改和增删。数据库用于存放系统运行中所需要和产生的信息。推理机是针对当前的信息识别、选取、匹配知识中的规则，以得到问题求解的结果。知识获取程序可以扩充和修改知识库。解释程序用于回答用户提出的各种问题，包括该系统得出的结论说明等。人机接口则用于人机之间相互的信息交流。

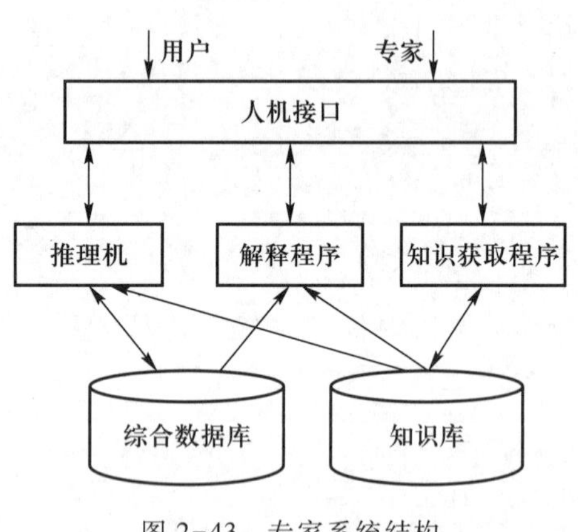

图 2-43　专家系统结构

二、铸造工艺计算机辅助设计

铸造工艺的计算机辅助设计（CAD）不仅使计算机代替了人工设计铸造工艺和绘制工艺图，而且还能优化工艺设计，提高工艺成品率。目前，计算机辅助设计技术在凝固成形领域的应用重点是零件的结构设计和工艺设计。铸件的结构设计是应用结构参数，如最小壁厚、最小铸孔、铸件圆角半径、最小起模斜度、热节处的合理形状、筋的合理布置等，运用 CAD 软件和优化方法作出优化铸件图。

铸造工艺设计是铸件凝固数值模拟、铸造工艺计算机分析和数据库等技术的综合,主要功能有铸造分型面的确定、浇注系统和冒口的设计、冷铁的设计、砂芯的设计、加工余量和起模斜度的确定、工艺图的标注与打印等,可以实现铸造工艺的快速准确设计,最终自动形成铸造工艺图及有关的工艺装备图。

对于一些典型的零件继承了多年的经验,借助铸造工艺数据库与专家系统,通过数值模拟可进行优化和提高,所以铸造 CAD 可以保证铸件生产质量的稳定提高,并可节约人力物力、减少废品、降低成本。我国目前已研制出十余种铸造 CAD 软件,如按铸件结构分有轴类、框架类、轮形类、板类和壳体类等,按材质分有灰铸铁、球墨铸铁、碳钢、低合金钢及不锈钢等,按零件装机运行情况分有大的静载荷、高中速旋转的动载荷以及高温高压下的各种载荷,铸件质量从几千克到数百吨。

铸造属于从液态到固态的成形工艺,是在高温下进行的,具有不可视性,即难以直观了解,测试困难。随着计算机技术的长足发展,使铸造工艺设计由过去的主要依赖于经验、试验和技艺开始走向科学,为工程技术人员科学、精确、快速地进行铸造工艺设计,创造了良好的条件。

数值模拟是指用一组控制方程来描述一个过程的基本参数的变化关系,利用数值方法求解以获得该过程定量的结果。数值模拟能提供整个计算区域内所有有关变量完整而详尽的数据,而实验方法通常只能获得有限点上的测试值,且难以避免整个测量系统所带来的误差。

目前,数值模拟研究主要是针对液态金属充型过程流动场、凝固过程温度场、应力场以及组织晶粒生长和形态的数值模拟。对铸造过程中单一或耦合集成场进行数值模拟,可以对铸件成形过程中产生的缺陷进行直观分析,找出其产生的内在原因,有助于优化铸造工艺,获得优质铸件。

(1) 铸件充型过程的数值模拟是通过对金属液体充型过程中流体流动得出的充型过程进行模拟,可得出在给定条件下,金属液在浇注系统中及在型内的流动情况,包括流量及流速的分布以及由此形成的铸件温度场。充型数值模拟可预测气孔、夹渣、冷隔、浇不到及缩孔等缺陷的产生,对浇注系统及冒口的优化设计是非常重要的。

(2) 铸件凝固过程的数值模拟是计算温度场的温度梯度、凝固时间等,可预测铸件凝固过程中产生的缩孔、缩松的部位和大小,通过这种预测可对所制订的铸造工艺方案进行修改和验证。同时,依据凝固数值模拟可使浇注系统的设计更为合理,更具科学性,而且大大缩短了设计周期,减少了工装模具的反复修改。凝固数值模拟的应用是广泛和成熟的。

(3) 应力场数值模拟是通过分析不同浇注条件下,浇注温度、浇注速度和砂型预热温度对残余应力的影响,在分析铸件凝固过程温度场的基础上,将温度场计算结果作为体载荷施加在结构分析中,分析凝固过程铸造应力场的分布规律,可以对铸件热裂进行有效的预防。结合铸件的结构受外力的情况,优化铸件结构,阻止裂纹、变形等缺陷的产生。

(4) 铸件微观组织数值模拟主要涉及铸件凝固过程中的结晶过程,如形核与长大、枝晶与柱状晶的发展、枝晶与柱状晶间的相互转化以及金属基体的控制等。在建立微观组织形貌数学模型的基础上,开展微观力学计算,获得不同阶段的力学物性参数,为宏观铸造过程模拟提供准确的力学物性参数,优化凝固模型,提高铸造缺陷预测精度。

数值模拟技术自 20 世纪 60 年代问世以来,已得到飞速发展,并出现了许多铸造数值模拟软件。如华铸 CAE、PRO-CAST、FT-STAR、CASTSOFT、CAST-3D,以及沈阳铸造研究所与韩国生产技术研究院合作开发的 Z-CAST,在国内铸造研究领域及行业得到广泛应用。

三、铸造过程的计算机控制

铸造生产过程中,有效地进行铸造过程控制是改善铸造车间恶劣工作环境、提高劳动生产率、保证铸件质量的重要环节。现代铸造生产中,常用计算机控制型砂处理、造型操作、冲天炉熔炼、自动浇注以及控制压铸生产过程等。计算机还能随时记录、储存和处理各种信息,实现过程最优控制。

利用计算机可对型砂性能自动检测和控制。近几年开发出的“配砂系统计算机控制仪”能够实现配砂时自动定量称料、混砂、测试等全过程的自动控制,能自动检测型砂性能,如紧实率、水分、透气率、湿度、强度等,并能依据生产情况通过键盘随时修改各个参数(如混砂时间、各种物料加入量等)。

在冲天炉熔炼过程中,铁液的化学成分和铁液温度是最重要的监测指标。因为铁液成分不合格将导致铸件产生化学成分、组织、性能不合格等缺陷而成批报废,而铁液温度不合格也将使铸件质量严重下降,多种铸件缺陷均较易产生。为防止上述铸造缺陷,可用各种仪器将所测数值转变为电信号传给计算机作为监控信号,然后通过控制风量、底焦高度及自动配料系统等,调整熔炼时的有关参数,使熔炼达标,并使成本降低。

造型工艺已可以用计算机控制造型机的所有动作,实现自动化生产。此时多采用工位造型机,每个工位完成某一操作(如填砂、紧砂、起模、下芯、合型等),机械手搬运砂箱,完成整个造型工作。一些先进的铸造厂已实现造芯自动化,从混芯砂、射芯、去毛刺、上涂料到烘干等工序均依照计算机指令进行。

此外,CAD 及 CAM(计算机辅助制造)在模具制造业得到充分应用,CAD/CAM 技术将设计出来的模具图传送到数控机床直接进行加工,极大地推动了模具设计和制造的改革。

随着与计算机有关的各种辅助技术逐步进入铸造领域,并实现技术上的结合,使从市场预测、经营决策到生产计划、技术准备和后勤保障等的各种信息进行集成。从产品设计、制造到质量控制与跟踪,综合应用信息技术构成铸造工厂的计算机集成制造系统,这是铸造工厂提高生产率、降低成本、提高市场竞争能力和企业总效益的必由之路。

第二节 快速成形技术及其在铸造生产中的应用

快速成形(rapid prototyping,RP)技术,即 3D 打印技术,是由三维 CAD 模型直接驱动,将材料逐层堆积快速制造任意复杂形状的原型或零件的技术。与传统的减材制造技术(如切削加工、电火花加工)和等材制造技术(如铸造、锻压、焊接等)有着本质的不同,是一种增材制造技术。其特点如下:

(1) 制造快捷 用 RP 技术制造新零件或原型,一般只需几小时或几十小时,这对新产品开发具有独特意义,可大大增强企业竞争力,从而取得良好的经济效益。

(2) 适应任何复杂件 RP 技术可制出各种形状复杂件,同时其柔性化极高,只要改变 CAD 三维模型,重新设置或调整参数,即可改变原型或零件的形状或尺寸。

(3) 原型材料广泛 利用 RP 技术,可制造树脂、尼龙、纸类、石蜡等高分子材料原型,还能制造金属、陶瓷及复合材料原型,供不同需要选用。

一、快速成形技术的成形原理

快速成形技术基于离散-堆积成形原理，将零件的三维模型按一定方式离散成为可加工的离散面、离散线和离散点，而后采用多种手段，将这些离散的元素堆积形成零件的整体形状。其基本的工艺过程如图 2-44 所示。

(1) 三维图的建立　根据零件的几何造型，借助软件系统，建立三维 CAD 实体模型(图 2-44a)。

(2) Z 向离散化　将上述实体模型沿一定方向(通常为 Z 方向)分层切片(图 2-44b)，得到各层截面轮廓的几何信息。实质上是将复杂的三维加工分解成一系列的二维层片加工。

(3) 方化处理　是将一个上截面和下截面几何信息不同的层片，用一个相同的截面轮廓信息来表示。图 2-44c 通过将梯形转化为长方形来实现方化处理。

(4) 层面信息处理　为实现快速成形对各层面加工轨迹的控制，必须把层面的几何形状信息转换成数控代码，储存在计算机中。

(5) 层面的加工与连接　是在快速成形机上完成的。成形机根据控制代码进行二维扫描，加工出零件每层的形状并把它们叠加成所需的实体(图 2-44d、e)。可以看出，图 2-44e 中的物理原型很不平滑，与设计图 2-44a 相差较大，这时可以通过减少切片的厚度来避免台阶效应，从而提高实体的形状精度。还可以通过精度加工处理改善实体的精度(图 2-44f)。

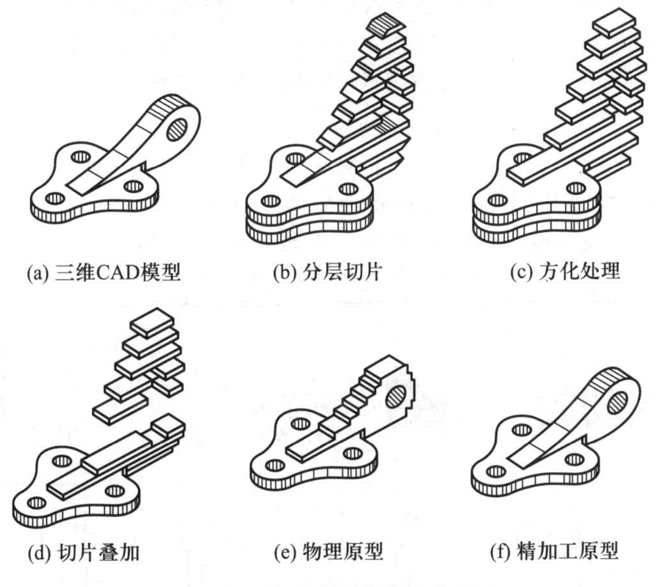

图 2-44　快速成形技术基本原理

二、典型的快速成形方法

快速成形不仅可以成形高分子材料，也可以成形金属材料、陶瓷材料和复合材料。材料的原始形状可以是薄板，也可以是粉末或线材，所以适应范围很宽。根据成形材料的不同，RP 技术分为液相成形法、薄层材料成形法和粉末成形法三大类。具体成形方法多达十余种，且每种方法均有其成形机,这些成形法各有其适用范围,并已商品化。表 2-13 为几种快速成形工艺原理和特点。

表 2-13 快速成形的工艺原理和特点

类别	成形工艺名称	代号	常用材料	成形原理	成形速度	原型精度	成本	零件大小
液态成形	立体光固化成形法	SLA	热固性光敏树脂	容器中盛有紫外线照射下可固化的液态树脂。开始时,工作台距液面为一层切片厚。激光扫描器依平面几何信息扫描,使截面固化。然后工作台下降一层,激光扫描器按下一层平面几何信息对液态树脂重新扫描,依次得到整个零件(图 2-45)	较快	较高	较高	中、小件
	熔融堆积成形法	FDM	塑料、尼龙、石蜡、低熔点金属丝	将丝状材料放入加热的挤出头内熔化。挤出头在计算机控制下作二维运动,并挤出半流动状态材料,使其凝固在工作台上。工作台下降一片层,挤出头再挤一层,层层堆积最终制成三维工件(图 2-46)	较慢	较低	较低	中、小件
薄层材料成形	叠层实体制造法	LOM	纸、塑料、薄膜等	成形机顶部为装有可沿 *X-Y* 轴运动的激光切割器。薄材铺在工作台上,背面涂有热敏黏合剂。切割器依据 CAD 各层片平面几何信息进行分层实体切割,热黏压机构将已切割层黏合在一起,最终形成三维工件。轮廓外的薄层材料为废料(图 2-47)	快	较高	低	中、大件
粉末成形	选择性激光烧结法	SLS	石蜡、塑料、金属、陶瓷、粉末	将欲成形的粉末预热,平铺在工作台上。在计算机的控制下,激光束按零件截面轮廓扫描,使粉末烧结,得到工件的一层,然后工作台下降一薄层,以便烧结下一层粉末。烧结的粉末最终构出三维工件	较慢	较低	较低	中、小件

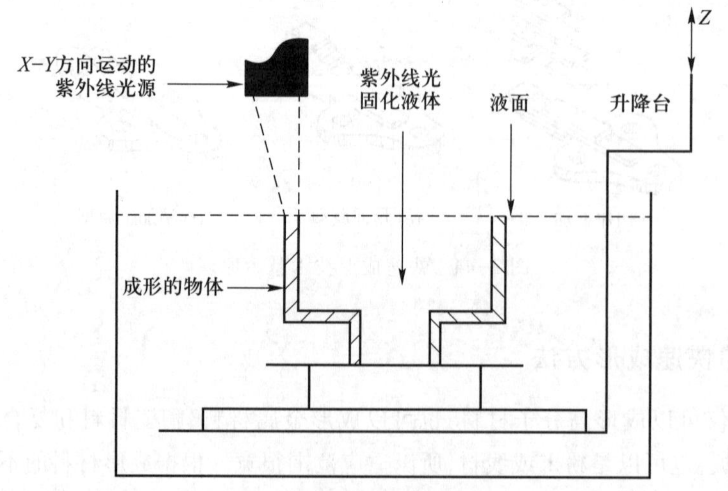

图 2-45 光固化原理图

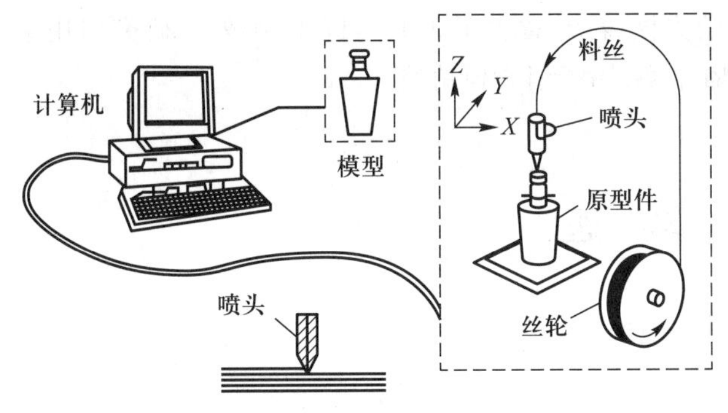

图 2-46 熔融堆积成形原理图

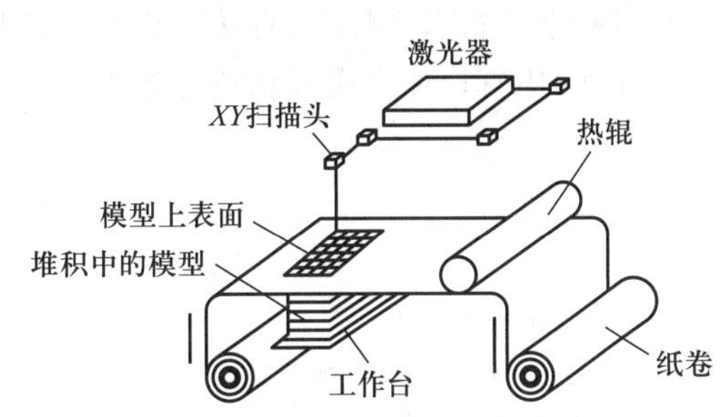

图 2-47 叠层实体制造原理图

三、快速成形技术在铸造中的应用

在铸造生产中,模板、芯盒、压蜡型、压铸模等的制造往往是采用机械加工方法,有时还需要钳工进行修整,费时耗资,而且精度不高。特别是对于一些形状复杂的铸件(例如飞机发动机的叶片,船用螺旋桨,汽车、拖拉机的缸体、缸盖等),模具的制造更是一个巨大的难题。快速成形技术的出现,为铸造的铸模生产提供了速度更快、精度更高、结构更复杂要求的解决方案。

1. 快速制造砂型铸造用模

众所周知,单件小批生产砂型铸件时,一般采用木质模样和芯盒。现已开始采用 LOM 技术,用纸叠加而成的纸基模样,其抗压强度和硬度相当高,可钻孔和机械加工,已能制成 500 mm×500 mm 以上的较大模样。为了防潮,模样表面可喷清漆。为使模样尺寸符合要求,在成形过程中还要使用铸造工艺专用软件,以便自动增加加工余量、起模斜度、圆角等。

在大批量生产时,为提高 LOM 法制出的纸基模的耐磨性,可表面喷涂铝合金或特殊塑料,抛光后再拼装成模板。LOM 法生产率高、成本低,成形过程也不需防止变形的支撑,故应用较广。

另外,采用 SLA 法制作的树脂模也能代替木模样用于砂型铸造,但因成本高,只适用于小件。

2. 快速制造熔模铸件

压型制造是熔模铸造最困难的环节。压型通常采用金属材料经机械加工制成,因而生产周期长,成本高。用 LOM 法制成的纸基压型经表面处理后,可用于制造 100 件以上的蜡模。为了弥补纸基模导热性差、蜡液凝固过慢的缺点,可在纸基模表面进行金属喷镀,这种金属面压型能够制造数千个蜡模。

用 SLS 法可将蜡粉或聚碳酸酯粉快速制成熔失模,直接进行熔模铸造。其中蜡粉制成的熔失模精度较低,表面粗糙度值较高。当改用聚碳酸酯粉取代蜡粉后,熔失模较光洁,且制造速度快,故已逐步取代蜡模。尽管 SLS 法制出的产品表面粗糙度值高于其他成形法,但在国外仍有相当比例的产品采用此种模样。

3. 消失模铸造用模的快速制造

消失模铸造所用的泡沫塑料模可以用压型制造。压型一般由金属材料经机械加工制成。由 LOM 法制作的纸基模能承受 200 ℃ 高温和一定的压力,经表面防水处理后,可用于试制压型。经表面喷镀金属面的纸基压型具有较好的防水性、耐蚀性、强度、刚度和导热性,可用于消失模的小批生产。

采用 SLA 法可制成树脂原型,直接用于消失模铸造,省去了压型。目前,国外又研究出用聚苯乙烯粉末进行激光烧结,直接制出聚苯乙烯原型,用于消失模铸造。

此外,还有快速金属型制造等技术。

复 习 题

1. 什么是专家系统?
2. 铸造 CAD 的功能有哪些?
3. 试述快速成形技术的基本原理。
4. 试比较 SLA、LOM、SLS 法。

第三篇　金属塑性加工

利用金属的塑性，使其改变形状、尺寸和改善性能，获得型材、棒材、板材、线材或锻压件的加工方法，称为金属塑性加工。它包括锻造、冲压、挤压、轧制、拉拔等。

锻造　在加压设备及工（模）具的作用下，使坯料、铸锭产生局部或全部的塑性变形，以获得一定几何尺寸、形状和质量的锻件的加工方法。

冲压　使板料经分离或成形而得到制品的工艺统称。

挤压　坯料在封闭模腔内受三向不均匀压应力作用下，从模具的孔口或缝隙挤出，使之成为所需制品的加工方法。

轧制　金属材料（或非金属材料）在旋转轧辊的压力作用下，产生连续塑性变形，获得所要求的截面形状并改变其性能的方法。按轧辊轴线与轧制线间和轧辊转向的关系不同，可分为纵轧、斜轧和横轧三种。

拉拔　坯料在牵引力作用下通过模孔拉出，使之产生塑性变形而得到截面小、长度增加制品的工艺。

各类钢和大多数非铁金属及其合金都具有一定的塑性，因此都可以在热态或冷态下进行塑性加工。

一般常用的金属型材、板材、管材和线材等原材料，大都是通过轧制、挤压、拉拔等方法制成的，机械制造业中的许多毛坯或零件，特别是承受重载荷的机件，如机床主轴、重要齿轮、连杆、炮管和枪管等，通常采用锻造方法成形。冲压广泛用于汽车、电器、仪表零件及日用品工业等方面。

第一章　金属的塑性变形

金属材料经过塑性加工之后，其内部组织发生很大变化，金属的性能也得到改善和提高。为了正确选用塑性加工方法，合理设计塑性加工成形的零件，必须了解金属塑性变形的实质、规律和影响因素等内容。

第一节　金属塑性变形机理

金属在外力作用下，其内部必将产生应力。此应力迫使原子离开原来的平衡位置，从而改变了原子间的距离，使金属发生变形，并引起原子位能的增高。但处于高位能的原子具有返回原来低位能平衡位置的倾向。这种除去外力后，金属完全恢复原状的变形，称为弹性变形。

当外力增大到使金属的内应力超过该金属的屈服点后，即使作用在物体上的外力取消，金属的变形也不完全恢复，而产生一部分永久变形，称为塑性变形。其实质是晶体内部产生滑移的结果。单晶体内的滑移变形如图 3-1 所示。在切向应力作用下，晶体的一部分与另一部分沿着一定的晶面产生相对滑移（该面称为滑移面），从而造成晶体的塑性变形。当外力继续作用或增大时，晶体还将在另外的滑移面上发生滑移，使变形继续进行，因而得到一定的变形量。

上述理论所描述的滑移运动，相当于滑移面上、下两部分晶体彼此以刚性整体做相对运动。要实现这种滑移，所需的外力比实际测得的数据大几千倍，这说明实际晶体结构及其塑性变形并不完全如此。

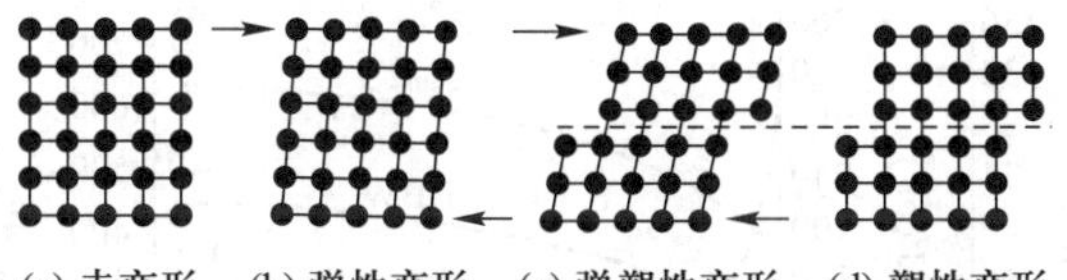

图 3-1　单晶体滑移变形示意图

近代物理学证明，实际晶体内部存在大量缺陷。其中，以位错（图 3-2a）对金属塑性变形的影响最为明显。由于位错的存在，部分原子处于不稳定状态。在比理论值低得多的切应力作用下，处于高能位的原子很容易从一个相对平衡的位置移动到另一个位置（图 3-2b），形成位错运动。位错运动的结果，就实现了整个晶体的塑性变形（图 3-2c）。

通常使用的金属都是由大量微小晶粒组成的多晶体，其塑性变形可以看成由组成多晶体的许多单个晶粒产生变形（称为晶内变形）的综合效果。同时，晶粒之间也有滑动和转动（称为晶间变形），如图 3-3 所示。每个晶粒内部都存在许多滑移面，因此整块金属的变形量可以比较大。低温时，多晶体的晶间变形不可过大，否则将引起金属的破坏。

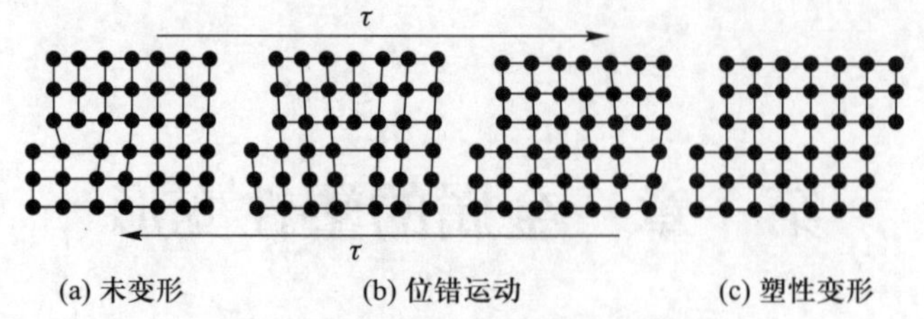

图 3-2　位错运动引起塑性变形示意图

由此可知,金属内部有了应力就会发生弹性变形。应力增大到一定程度后使金属产生塑性变形。当外力去除后,弹性变形将恢复,称为“弹复”现象。这种现象对有些塑性加工件的变形和工件质量有很大影响,必须采取工艺措施来保证产品的质量。

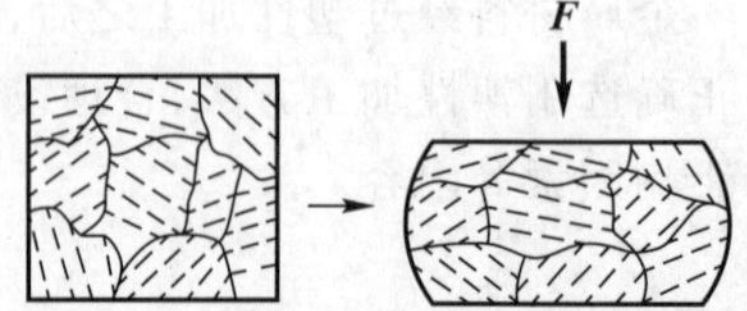

图 3-3　多晶体塑性变形示意图

第二节　塑性变形对金属组织和性能的影响

金属在常温下经过塑性变形后,内部组织将发生变化:(1) 晶粒沿最大变形的方向伸长;(2) 晶格与晶粒均发生扭曲,产生内应力;(3) 晶粒间产生碎晶。

金属的力学性能随其内部组织的改变而发生明显变化。变形程度增加时,金属的强度及硬度升高,而塑性和韧度下降(图 3-4)。其原因是由于滑移面上的碎晶块和附近晶格的强烈扭曲,增大了滑移阻力,使继续滑移难以进行所致。在冷变形时,随着变形程度的增加,金属材料的所有强度指标(弹性极限、比例极限、屈服极限和强度极限)和硬度都有所提高,但塑性和韧度有所下降,这种现象称为冷变形强化或加工硬化。

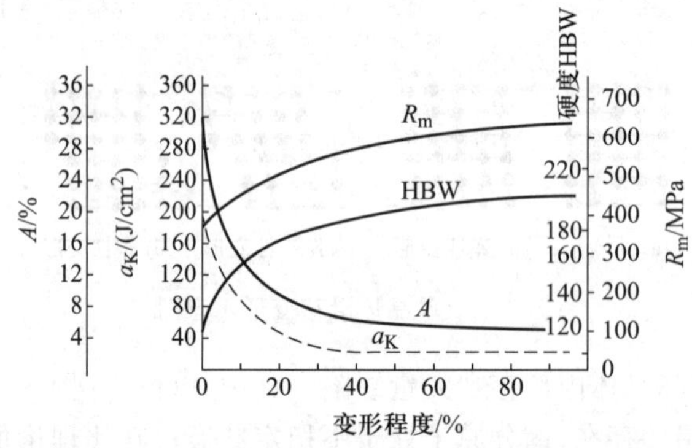

图 3-4　常温下塑性变形对低碳钢力学性能的影响

冷变形强化是一种不稳定现象,将冷变形后的金属加热至一定温度后,因原子的活动能力增强,使原子回复到平衡位置,晶内残余应力大大减小,这种现象称为回复(或称恢复)。回复时不改变晶粒形状,如图 3-5b 所示。这一温度称为回复温度,即

$$T_{回} = (0.25 \sim 0.3)\, T_{熔} \tag{3-1}$$

式中：$T_{回}$——金属回复温度，K；

$T_{熔}$——金属熔点温度，K。

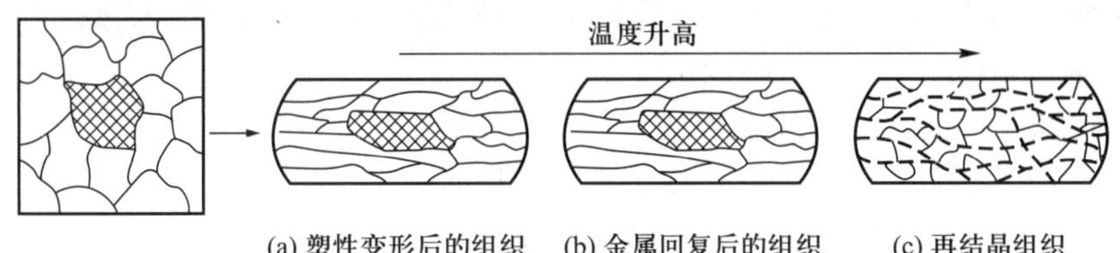

图 3-5　金属的回复和再结晶示意图

当温度继续升高到该金属熔点（开氏温度）的 0.4 倍时，金属原子获得更多的热能，使塑性变形后金属被拉长了的晶粒重新生核、结晶，变为与变形前晶格结构相同的新等轴晶粒，这一过程称为再结晶。再结晶可以完全消除塑性变形所引起的冷变形强化现象，并使晶粒细化，改善力学性能。纯金属的再结晶温度为

$$T_{再}=0.4T_{熔} \tag{3-2}$$

式中：$T_{再}$——金属再结晶温度，K。

利用金属的冷变形强化可提高金属的强度和硬度，这是工业生产中强化金属材料的一种重要手段。但在塑性加工生产中，冷变形强化给金属继续进行塑性变形带来困难，应加以消除。在实际生产中，常采用加热的方法使金属发生再结晶，从而再次获得良好塑性。这种工艺操作称为再结晶退火。

当金属在大大高于再结晶的温度下受力变形时，冷变形强化和再结晶过程同时存在。此时，变形中的强化和硬化随之被再结晶过程所消除。

由于金属在不同温度下变形对其组织和性能的影响不同，因此金属的塑性变形分为冷变形和热变形两种。在再结晶温度以下进行的变形称为冷变形。此种变形过程中无再结晶现象，变形后的金属具有冷变形强化现象，所以冷变形的变形程度一般不宜过大，以避免产生破裂。冷变形能使金属获得较高的强度、硬度和低表面粗糙度值，故生产中常用它来提高产品的性能。金属在再结晶温度以上进行的变形过程称为热变形。变形后，金属具有再结晶组织，而无冷变形强化痕迹。金属只有在热变形情况下，才能以较小的功达到较大的变形，同时能获得具有高力学性能的细晶粒再结晶组织。因此，金属塑性加工生产多采用热变形来进行。

金属塑性加工生产采用的最初坯料是铸锭，其内部组织很不均匀，晶粒较粗大，并存在气孔、缩松、非金属夹杂物等缺陷。铸锭加热后经过塑性加工，由于塑性变形及再结晶，从而改变了粗大、不均匀的铸态结构（图 3-6a），获得细化了的再结晶组织。同时可以将铸锭中的气孔、缩松等压合在一起，使金属更加致密，力学性能得到很大提高。

此外，铸锭在塑性加工中产生塑性变形时，基体金属的晶粒形状和沿晶界分布的杂质形状发生了变化，它们都将沿着变形方向被拉长，呈纤维状，这种结构称为纤维组织（图 3-6b）。

(a) 变形前原始组织

(b) 变形后的纤维组织

图 3-6　铸锭热变形前后的组织

纤维组织使金属在性能上具有方向性，对金属变

形后的质量也有影响。纤维组织越明显，金属在纵向（平行纤维方向）上塑性和韧度越高，而在横向（垂直纤维方向）上塑性和韧度越低。纤维组织的明显程度与金属的变形程度有关。变形程度越大，纤维组织越明显。塑性加工过程中，常用锻造比（y）来表示变形程度。

拔长时的锻造比为 $y_{拔}=A_0/A=L/L_0$ （3-3）

镦粗时的锻造比为 $y_{镦}=A/A_0=H_0/H$ （3-4）

式中：H_0、A_0、L_0——坯料变形前的高度、横截面积和长度；

H、A、L——坯料变形后的高度、横截面积和长度。

纤维组织的稳定性很高，不能用热处理方法加以消除，只有经过塑性加工使金属变形，才能改变其方向和形状。因此，为了获得具有最佳力学性能的零件，在设计和制造零件时，都应使零件在工作中产生的最大正应力方向与纤维方向重合，最大切应力方向与纤维方向垂直，并使纤维分布与零件的轮廓相符合，尽量使纤维组织不被切断。

例如，当采用棒料直接经切削加工制造螺钉时，螺钉头部与杆部的纤维被切断，不能连贯起来，受力时产生的切应力顺着纤维方向，故螺钉的承载能力较弱（图 3-7a）。当采用同样棒料经局部镦粗工艺制造螺钉时（图 3-7b），则纤维不被切断，连贯性好，纤维方向也较为有利，故螺钉质量较好。

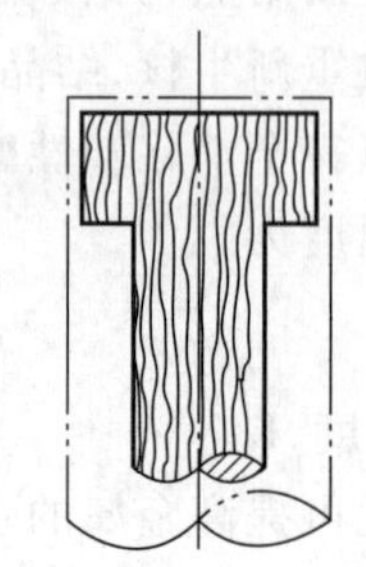

(a) 切削加工制造的螺钉

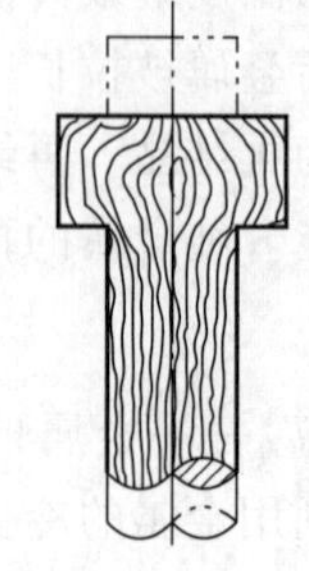

(b) 局部镦粗制造的螺钉

图 3-7 不同工艺方法对纤维组织形状的影响

第三节 金属的可锻性

金属的可锻性是材料在锻造过程中经受塑性变形而不开裂的能力。金属的可锻性好，表明该金属适合采用塑性加工成形；可锻性差，表明该金属不宜选用塑性加工方法成形。

可锻性的优劣常用金属的塑性和变形抗力来综合衡量。塑性越好，变形抗力越小，则金属的可锻性越好；反之则越差。

金属的塑性用金属的断面收缩率 Z、伸长率 A 等来表示。变形抗力系指在塑性加工过程中变形金属反作用于施压工具上的作用力。变形抗力越小，则变形中所消耗的能量也越小。

金属的可锻性取决于金属的本质和加工条件。

一、金属的本质

1. 化学成分的影响

不同化学成分的金属其可锻性不同。一般情况下，纯金属的可锻性比合金好；碳钢中碳的含量越低，其可锻性越好；钢中含有形成碳化物的元素（如铬、钼、钨、钒等）时，其可锻性显著下降。

2. 金属组织的影响

金属内部的组织结构不同，其可锻性有很大差别。纯金属及固溶体（如奥氏体）的可锻性好，而碳化物（如渗碳体）的可锻性差。铸态柱状组织和粗晶粒结构的可锻性不如晶粒细小而又均匀组织的可锻性好。

二、加工条件

1. 变形温度的影响

提高金属变形时的温度，是改善金属可锻性的有效措施，并对生产率、产品质量及金属的有效利用等均有极大的影响。

金属在加热中，随温度的升高，金属原子的运动能力增强（热能增加，原子处于极为活泼的状态中），很容易进行滑移，因而塑性提高，变形抗力降低，可锻性明显改善，更加适宜进行塑性加工。但加热温度过高，必将产生过热、过烧、脱碳和严重氧化等缺陷，甚至使锻件报废，所以应严格控制锻造温度。

锻造温度范围是锻件由始锻温度到终锻温度的温度区间。始锻温度是开始锻造时坯料的温度，终锻温度是坯料经过锻造成形，在停锻时的瞬时温度。锻造温度范围的确定以合金状态图为依据。碳钢的锻造温度范围如图 3-8 所示。始锻温度比 *AE* 线低 200 ℃左右，终锻温度为 800 ℃左右。终锻温度过低，金属可锻性急剧变差，使加工难于进行，强行锻造，将导致加工硬化、锻坯破裂报废。

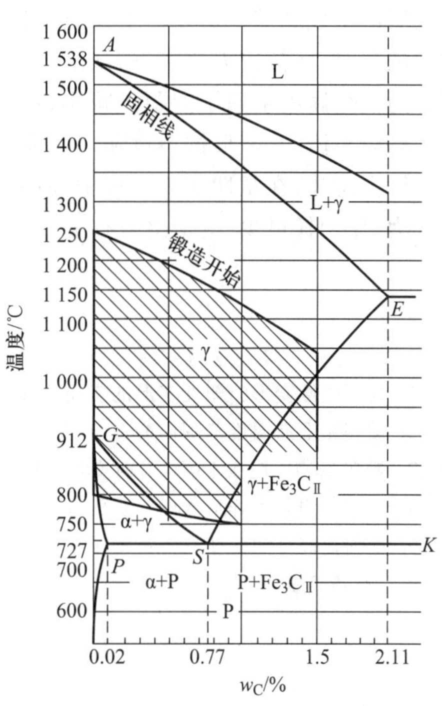

图 3-8　碳钢的锻造温度范围

2. 应变速率的影响

应变对时间的变化率称为应变速率。它对可锻性的影响是矛盾的。一方面随着应变速率的增大，回复和再结晶不能及时克服冷变形强化现象，金属则表现出塑性下降、变形抗力增大（图 3-9 中点 *C* 以左），可锻性变差。另一方面，金属在变形过程中，消耗于塑性变形的能量有一部分转化为热能（称为热效应现象），改善着变形条件。应变速率越大，热效应现象越明显，使金属的塑性因升温而提高，变形抗力下降（图 3-9 中点 *C* 以右），可锻性变得更好。但这种热效应现象除在高速锤等设备的锻造中较明显外，一般塑性加工的变形过程中，因应变速率低，不易出现。

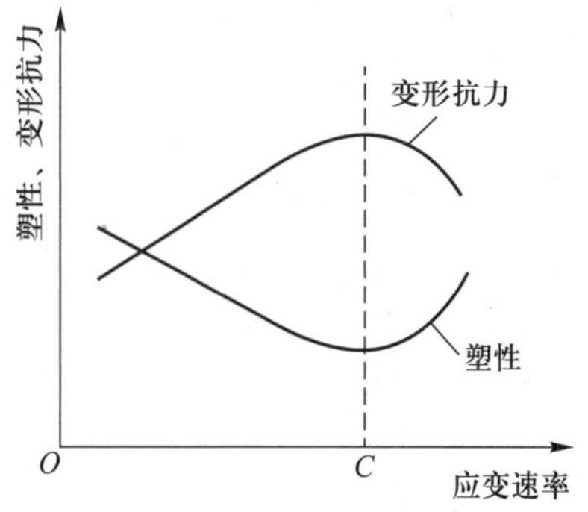

图 3-9　应变速率对金属塑性加工性能的影响

3. 应力状态的影响

金属在经受不同方法变形时，所产生的应力性质（压应力或拉应力）和大小是不同的。例如，挤压变形时（图 3-10）为三向受压状态。而拉拔时（图 3-11）则为两向受压、一向受拉的状态。

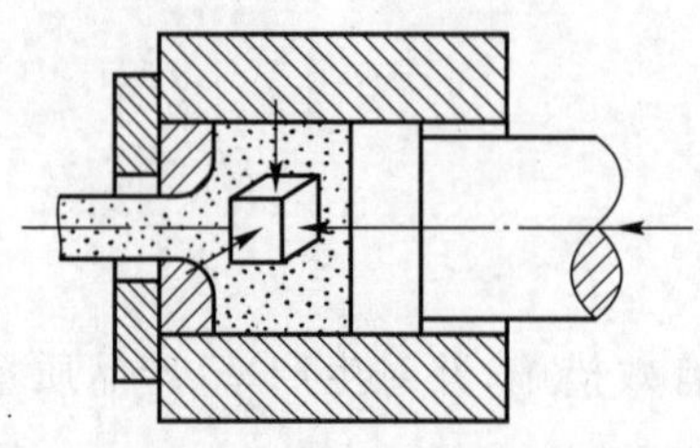
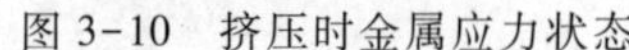
图 3-10　挤压时金属应力状态

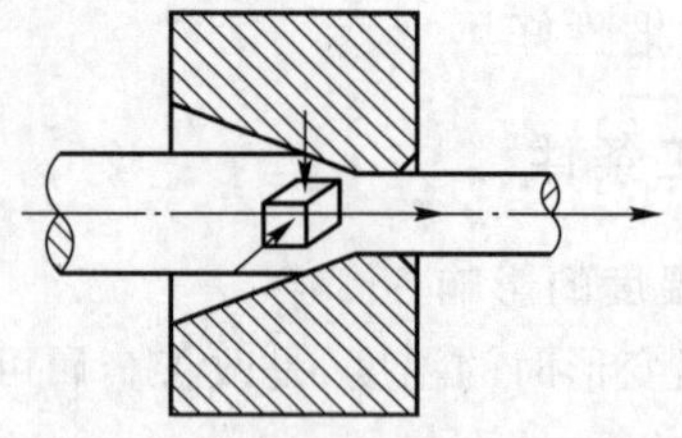
图 3-11　拉拔时金属应力状态

实践证明,三个方向的应力中,压应力的数目越多,则金属的塑性越好;拉应力的数目越多,则金属的塑性越差。这是由于拉应力使金属原子间距离增大,尤其当金属的内部存在气孔、微裂纹等缺陷时,在拉应力作用下,缺陷处易产生应力集中,使裂纹扩展,甚至达到破坏报废的程度。压应力使金属内部原子间距离减小,不易使缺陷扩展,故金属的塑性会增高。但压应力使金属内部摩擦阻力增大,变形抗力也随之增大。

综上所述,在塑性加工过程中,应力求创造最有利的变形条件,充分发挥金属的塑性,降低变形抗力,使功耗最少,变形进行得充分。

复　习　题

1. 何谓塑性变形?塑性变形的实质是什么?
2. 碳钢在锻造温度范围内变形时,是否会有冷变形强化现象?
3. 铅在 20 ℃、钨在 1 000 ℃时变形,各属哪种变形?为什么(铅的熔点为 327 ℃,钨的熔点为 3 380 ℃)?
4. 纤维组织是怎样形成的?它的存在有何利弊?
5. 如何提高金属的塑性?最常采用的措施是什么?
6. “趁热打铁”的含义何在?

第二章 锻造成形

在加压设备及工(模)具作用下,使坯料、铸锭产生局部或全部的塑性变形,以获得一定几何尺寸、形状和质量的锻件的加工方法,称为锻造。锻造能保证金属零件具有较好的力学性能,以满足使用要求。

第一节 锻造方法

一、自由锻

只用简单的通用性工具,或在锻造设备的上、下砧间直接使坯料变形而获得所需的几何形状及内部质量锻件的方法。由于坯料在两砧间变形时,沿变形方向可自由流动,故而称为自由锻。

自由锻生产所用工具简单,具有较大的通用性,因而应用范围较为广泛。自由锻可锻造的锻件质量由不足 1 kg 到 300 t。在重型机械制造中,它是生产大型和特大型锻件的唯一成形方法。

自由锻所用设备根据对坯料施加外力的性质不同,分为锻锤和液压机两大类。锻锤依靠产生的冲击力使金属坯料变形,但由于能力有限,故只用来锻造中、小型锻件。液压机依靠产生的压力使金属坯料变形。其中,水压机可产生很大的作用力,能锻造质量达 300 t 的锻件,是重型机械厂锻造生产的主要设备。

1. 自由锻工序

自由锻基本工序

自由锻的工序可分为基本工序、辅助工序和精整工序三大类。

(1) 基本工序　是使金属坯料实现主要的变形要求,达到或基本达到锻件所需形状和尺寸的工序。主要有以下几个:

镦粗　使坯料高度减小、横截面积增大的锻造工序。它是自由锻生产中最常用的工序,适用于饼块、盘套类锻件的生产。

拔长　使坯料横截面积减小、长度增加的锻造工序,适用于轴类、杆类锻件的生产。为达到规定的锻造比和改变金属内部组织结构,锻制以钢锭为坯料的锻件时,拔长经常与镦粗交替反复使用。

冲孔　在坯料上冲出透孔或不透孔的锻造工序。对环类件,冲孔后还应进行扩孔工作。

扭转　将坯料的一部分相对另一部分绕其轴线旋转一定角度的锻造工序。

错移　将坯料的一部分相对另一部分错移开,但仍保持轴心平行的锻造工序。它是生产曲拐或曲轴必需的工序。

切割　将坯料分成几部分或部分地割开,或从坯料的外部割掉一部分,或从内部割出一部分的锻造工序。

(2) 辅助工序　是指进行基本工序之前的预变形工序，如压钳口、倒棱、压肩等。

(3) 精整工序　在完成基本工序之后，用以提高锻件尺寸及位置精度的工序。

2. 锻件分类及基本工序方案

自由锻锻件大致可分为六类，其形状特征及主要变形工序如表 3-1 所示。

表 3-1　锻件分类及所需锻造工序

锻件类别	图例	锻造工序
盘类锻件	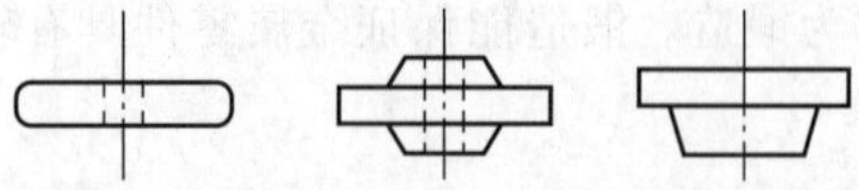	镦粗（或拔长及镦粗），冲孔
轴类锻件	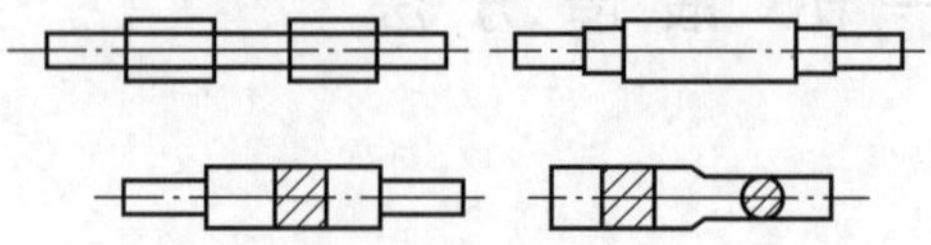	拔长（或镦粗及拔长），切肩和锻台阶
筒类锻件	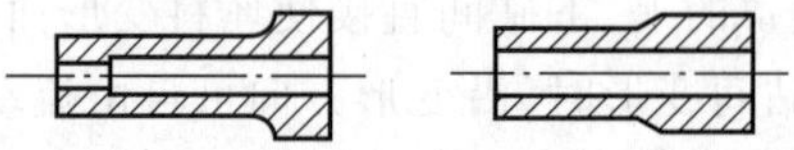	镦粗（或拔长及镦粗），冲孔，在心轴上拔长
环类锻件	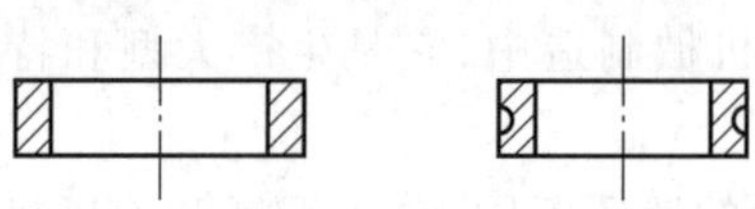	镦粗（或拔长及镦粗），冲孔，在心轴上扩孔
曲轴类锻件	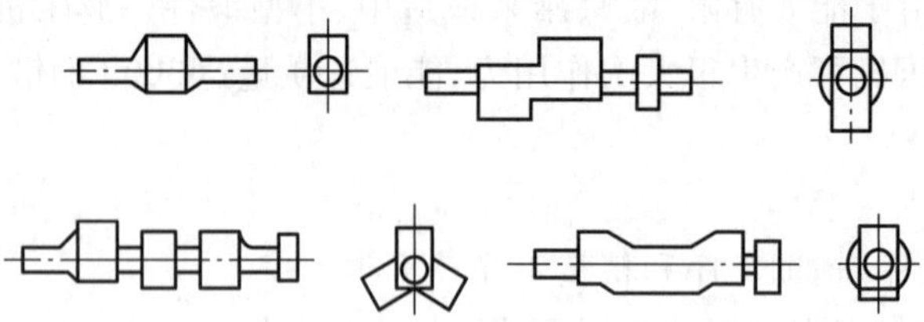	拔长（或镦粗及拔长），错移，锻台阶，扭转
弯曲类锻件	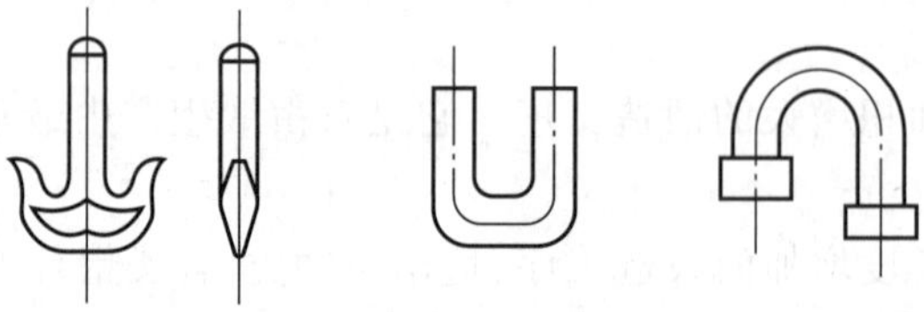	拔长，弯曲

二、模锻

模锻是利用锻模使坯料变形而获得锻件的锻造方法。由于金属是在模膛内变形，其流动受到模壁的限制，因而模锻生产的锻件尺寸精确、加工余量较小、结构可以较复杂，而且生产率高。模锻生产广泛应用在机械制造业和国防工业中。

按使用设备的不同，模锻可分为锤上模锻、曲柄压力机上模锻、摩擦螺旋压力机上模锻、胎模锻等。

1. 锤上模锻

锤上模锻所用设备为模锻锤，由其产生的冲击力使金属变形。图 3-12 所示为常用的蒸汽-空气模锻锤。该种设备上运动副之间的间隙小，运动精度高，可保证锻模的合模准确性。模锻锤的吨位（落下部分的质量）为 1~10 t，可锻制 150 kg 以下的锻件。

锤上模锻生产所用的锻模如图 3-13 所示。上模和下模分别用楔铁固定在锤头和模垫上，模垫用楔铁固定在砧座上。上模随锤头做上下往复运动。

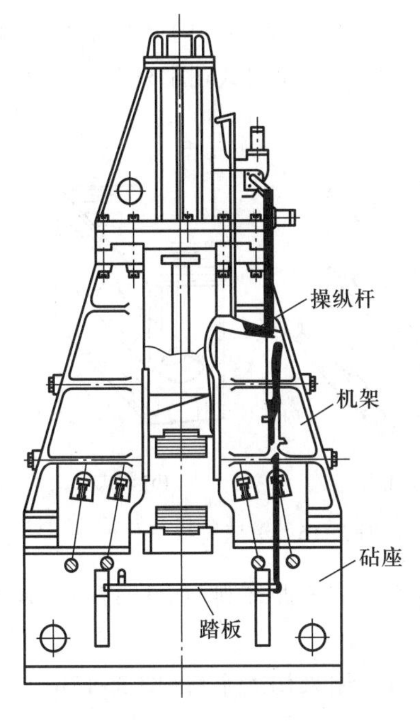

图 3-12 蒸汽-空气模锻锤

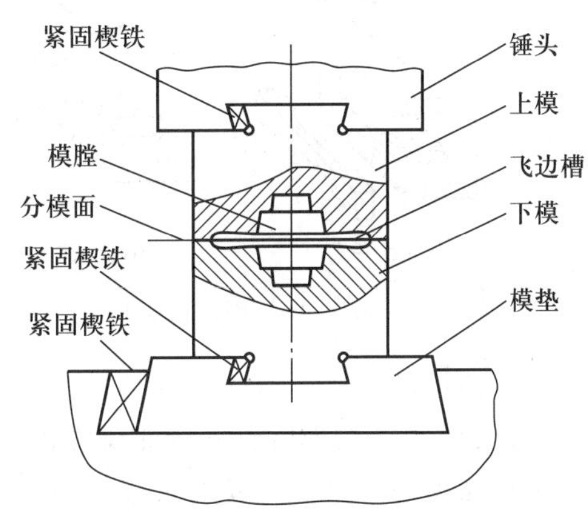

图 3-13 锤上模锻用锻模

根据其功用的不同，模膛分为模锻模膛和制坯模膛两种。

（1）模锻模膛　由于金属在此种模膛中发生整体变形，故作用在锻模上的抗力较大。模锻模膛又分为如下两种：

1）终锻模膛　是模锻时最后成形用的模膛。由于锻件冷却时要收缩，故终锻模膛的尺寸应比锻件尺寸放大一个收缩量。钢件断面收缩率取 1.5%。另外，沿模膛四周有飞边槽，用以增加金属从模膛中流出的阻力，促使金属更好地充满模膛，同时容纳多余的金属。由于带孔的模锻件在模锻时不能直接获得通孔。故在该部位留有一层较薄的金属，称为连皮（图 3-14）。将连皮和飞边冲掉后，才能得到具有通孔的模锻件。

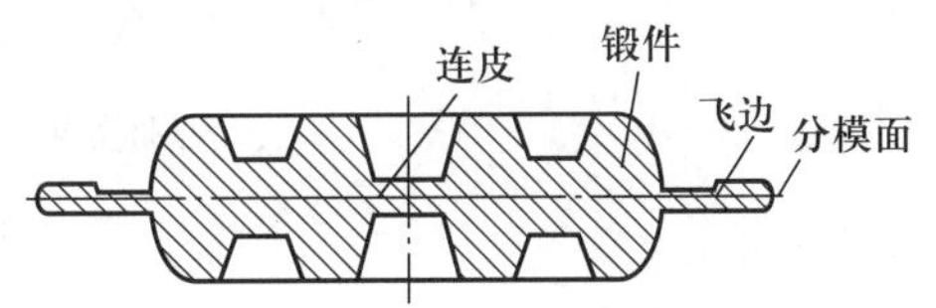

图 3-14 带有连皮及飞边的模锻件

2）预锻模膛　是为了改善终锻时金属的流动条件，避免产生充填不满和折叠，使锻坯最终成形前获得接近终锻形状的模膛。可减少对终锻模膛的磨损，延长锻模的使用寿命。预锻模膛与终锻模膛的主要区别是，前者的圆角和斜度较大，没有飞边槽。对于形状简单或批量不够大的模锻件也可以不设置预锻模膛。

（2）制坯模膛　对于形状复杂的模锻件，为了使坯料形状基本接近模锻件形状，使金属能合理分布和很好地充满模锻模膛，就必须预先在制坯模膛内制坯。制坯模膛有以下几种：

1）拔长模膛　用来减小坯料某部分的横截面积，以增加该部分的长度（图 3-15）。当模锻件沿轴向的横截面积相差较大时，常采用这种模膛进行拔长。拔长模膛分为开式（图 3-15a）和闭式（图 3-15b）两种。

2）滚压模膛　在坯料长度基本不变的前提下，用来减小坯料某部分的横截面积，以增大另一部分的横截面积（图 3-16）。滚压模膛也分为开式（图 3-16a）和闭式（图 3-16b）两种。滚压操作时需不断翻转坯料，但不作送进运动。

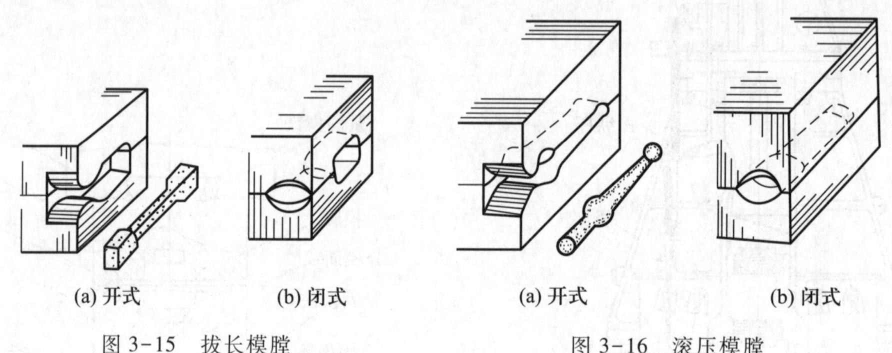

(a) 开式　(b) 闭式

图 3-15　拔长模膛

(a) 开式　(b) 闭式

图 3-16　滚压模膛

3）弯曲模膛　对于弯曲的杆类模锻件，需采用弯曲模膛来弯曲坯料（图 3-17a）。坯料可直接或先经其他制坯工步后放入弯曲模膛进行弯曲变形。

4）切断模膛　是在上模与下模的角部组成的一对刃口，用来切断金属（图 3-17b）。

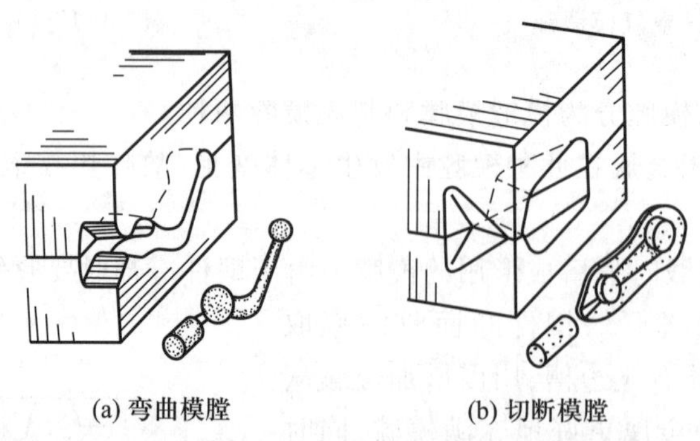

(a) 弯曲模膛　(b) 切断模膛

图 3-17　弯曲和切断模膛

根据模锻件的复杂程度不同，所需变形的模膛数量不等，可将锻模设计成单膛锻模或多膛锻模。单膛锻模是在一副锻模上只具有终锻模膛。如齿轮坯模锻件就可将截下的圆柱形坯料，直接放入单膛锻模中一次终锻成形。多膛锻模是在一副锻模上具有两个以上模膛的锻模。如弯曲连杆模锻件的锻模即为多膛锻模（图 3-18）。

锤上模锻虽具有设备投资较少,锻件质量较好,适应性强,可以实现多种变形工步,锻制不同形状的锻件等优点,但由于锤上模锻振动大、噪声大,完成一个变形工步往往需要经过多次锤击,故难以实现机械化和自动化,生产率在模锻中相对较低。

2. 曲柄压力机上模锻

曲柄压力机是采用曲柄连杆系统作为工作机构的压力机,其传动系统如图 3-19 所示。当离合器在接合状态时,电动机通过带轮经曲柄连杆机构使滑块作上、下往复直线运动。离合器处于脱开状态时,带轮空转,制动器使滑块停在确定的位置上。锻模分别安装在滑块和工作台上。下顶杆用来从模膛中推出锻件,实现自动取件。

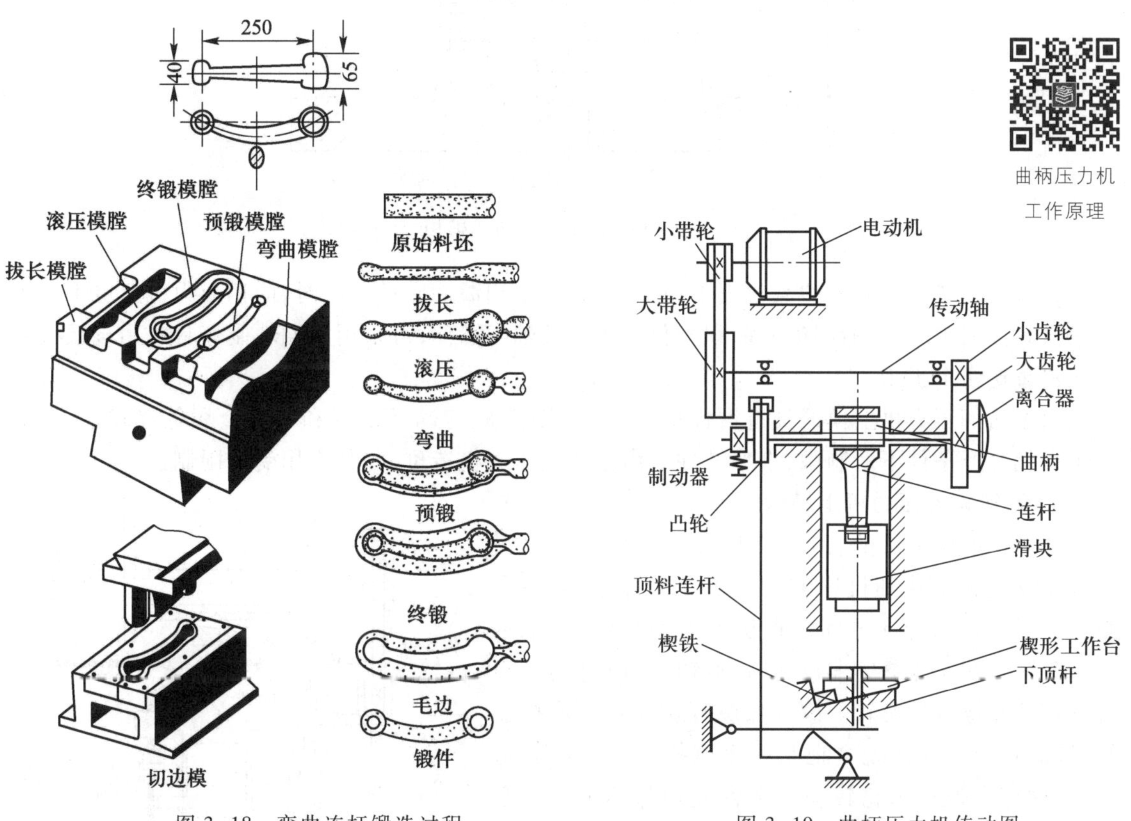

图 3-18 弯曲连杆锻造过程

图 3-19 曲柄压力机传动图

曲柄压力机的吨位一般是 2 000~120 000 kN。

曲柄压力机上模锻有如下优点:

(1) 曲柄压力机作用于金属上的变形力是静压力,且变形抗力由机架本身承受,不传给地基。因此曲柄压力机工作时无振动、噪声小。

(2) 滑块行程固定,每个变形工步在滑块的一次行程中即可完成。

(3) 曲柄压力机具有良好的导向装置和自动顶杆机构,因此锻件的机械加工余量、公差和模锻斜度都比锤上模锻的小。

(4) 曲柄压力机上模锻所用锻模都设计成镶块式结构(图 3-20)。模膛由镶块构成。镶块用螺栓和压板固定在模板上。导柱用来保证上下模之间的最大合模精度。顶杆的端面形成模膛的一部分。这种组合模制造简单、更换容易、节省贵重的模具材料。

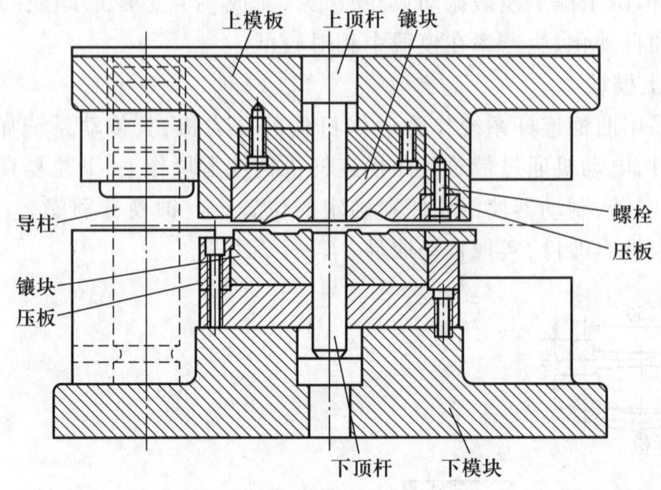

图 3-20 曲柄压力机用锻模

其缺点是坯料表面上的氧化皮不易被清除掉，影响锻件质量。同时，曲柄压力机上也不宜进行拔长和滚压工步，如锻制横截面积变化较大的长轴类锻件，可采用周期轧制坯料或用辊锻机制坯来代替这两个工步。

由于曲柄压力机上模锻具有锻件精度高、生产率高、劳动条件好和节省金属等优越性，故适合于大批生产条件下锻制中、小型锻件。由于曲柄压力机造价高，其应用受到限制。

3. 摩擦螺旋压力机上模锻

摩擦螺旋压力机的工作原理如图 3-21 所示。锻模分别安装在滑块和机座上。滑块与螺杆相连，沿导轨上下滑动。螺杆穿过固定在机架上的螺母，其上端装有飞轮。两个摩擦盘同装在一根轴上，由电动机经传动带使摩擦盘轴旋转。改变操纵杆位置可使摩擦盘轴沿轴向窜动，这样就会把某一个摩擦盘靠紧飞轮边缘，借摩擦力带动飞轮转动。飞轮分别与两个摩擦盘接触，产生不同方向的转动，螺杆也就随飞轮作不同方向的转动。在螺母的约束下，螺杆的转动变为滑块的上下滑动，实现模锻生产。

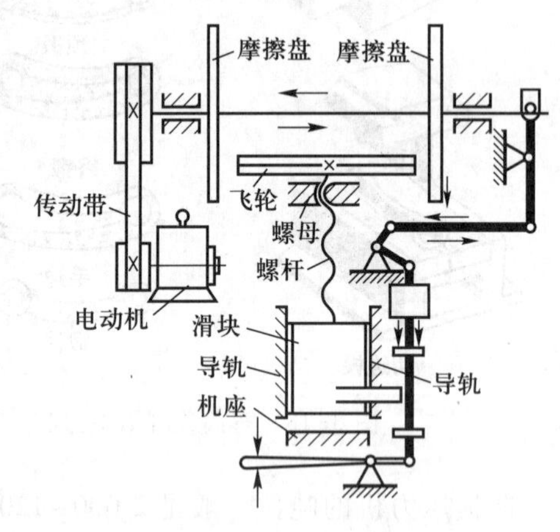

图 3-21 摩擦螺旋压力机简图

在摩擦螺旋压力机上进行模锻，主要靠飞轮、螺杆及滑块向下运动时所积蓄的能量来实现。吨位为 3 500 kN 的摩擦螺旋压力机使用较多，最大吨位可达 25 000 kN。

摩擦压力机工作原理

摩擦螺旋压力机工作过程中，滑块运动速度为 0.5~1.0 m/s，具有一定的冲击作用，且滑块行程可控，这与锻锤相似。坯料变形中抗力由机架承受，形成封闭力系，这又是压力机的特点。所以摩擦螺旋压力机具有锻锤和压力机的双重特性。

摩擦螺旋压力机上模锻有如下优点：

(1) 摩擦螺旋压力机的滑块行程不固定，并具有一定的冲击作用，因而可实现轻打、重打，可在一个模膛内对金属进行多次锻击。这不仅能满足各种主要成形工序的要求，还可以进行弯曲、压印、热压、精压、切飞边、冲连皮及校正等工序。

(2) 由于滑块运动速度低，金属变形过程中的再结晶可以充分进行。因而特别适合于锻造低塑性合金钢和非铁金属(如铜合金)等。

(3) 由于具有顶料装置，故可以采用整体式锻模，也可以采用特殊结构的组合式模具，使模具设计和制造简化，节约材料，降低成本。同时，可以锻制出形状更为复杂、余块和模锻斜度都较小的锻件。此外，还可将轴类锻件竖直立起来进行局部镦粗。

摩擦螺旋压力机主要缺点是承受偏心载荷的能力差，通常只适用于单膛锻模进行模锻。对于形状复杂的锻件，需要在自由锻设备或其他设备上制坯。

摩擦螺旋压力机上模锻适合于中小型锻件的小批或中批生产，如铆钉、螺钉、螺母、配汽阀、齿轮、三通阀等，广泛用于中小型锻造车间。

4. 胎模锻

胎模锻是在自由锻设备上使用可移动模具生产模锻件的一种锻造方法。胎模不固定在锤头或砧座上，只是在使用时才放上去。胎模锻常用自由锻方法制坯，在胎模中成形。

胎模的种类很多，主要有扣模、筒模及合模三种。

(1) 扣模　如图 3-22 所示。扣模用来对坯料进行全部或局部扣形，以生产长杆非回转体锻件。扣模也可以为合模锻造制坯。

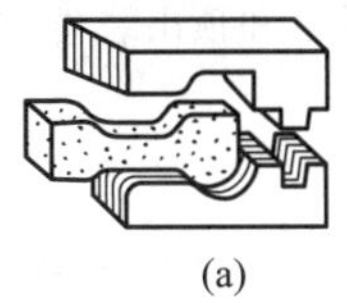

(a)

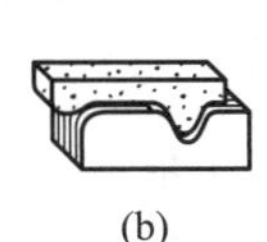

(b)

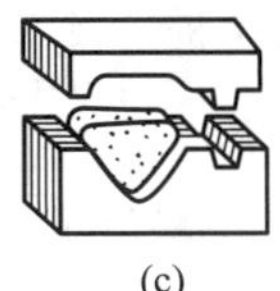

(c)

图 3-22　扣模

(2) 筒模　如图 3-23 所示。筒模主要用于锻造齿轮、法兰盘等盘类锻件。组合筒模(图 3-23c)由于有两个半模(增加一个分模面)的结构，可锻出形状更复杂的胎模锻件，扩大了胎模锻的应用范围。

(3) 合模　如图 3-24 所示。合模由上模和下模组成，并有导向结构，可锻制形状复杂、精度较高的非回转体锻件。

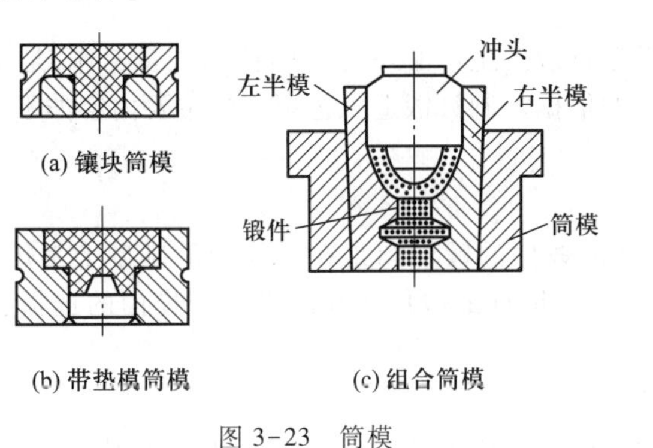

(a) 镶块筒模

(b) 带垫模筒模

(c) 组合筒模

图 3-23　筒模

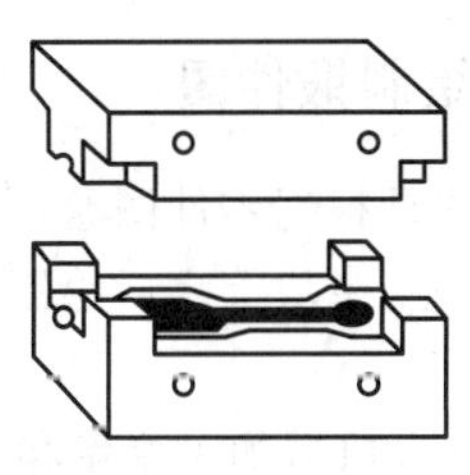

图 3-24　合模

由于胎模结构较简单,不需昂贵的模锻设备,扩大了自由锻生产的范围。但胎模易损坏,较其他模锻方法生产的锻件精度低,劳动强度大,故胎模锻只适用于没有模锻设备的中小型工厂生产中、小批锻件。

常用锻造方法的综合比较见表 3-2。

表 3-2 常用锻造方法的综合比较

锻造方法		使用设备	适用范围	生产率	锻件精度及表面质量	模具特点	模具寿命	劳动条件	对环境影响
自由锻		空气锤 蒸汽-空气锤 水压机	小型锻件,单件小批生产 中型锻件,单件小批生产 大型锻件,单件小批生产	低	低	采用通用工具,无需专用模具	—	差	振动和噪声大
模锻	锤上模锻	蒸汽-空气模锻锤 无砧座锤	中小型锻件,大批量生产。适合锻造各种类型模锻件	高	中	锻模固定在锤头和砧座上,模膛复杂,造价高	中	差	振动和噪声大
	曲柄压力机上模锻	热模锻曲柄压力机	中小型锻件,大批量生产。不宜进行拔长和滚压工序	高	高	组合模,有导柱、导套和顶出装置	较高	好	较小
	摩擦螺旋压力机上模锻	摩擦螺旋压力机	小型锻件,中批生产。可进行精密模锻	较高	较高	一般为单膛锻模	中	好	较小
	胎膜锻	空气锤 蒸汽-空气锤	中小型锻件、中小批生产	较高	中	模具简单,且不固定在设备上,更换方便	较低	差	振动和噪声大

第二节 锻造工艺规程的制订

制订工艺规程、编写工艺卡片是进行锻造生产必不可少的技术准备工作,是组织生产过程、规定操作规范、控制和检查产品质量的依据。制订锻造工艺规程的主要内容如下。

一、绘制锻件图

锻件图是根据零件图绘制的。自由锻件的锻件图是在零件图的基础上考虑了机械加工余量、锻造公差、余块等之后绘制的图形。模锻件的锻件图还应考虑分模面的选择、模锻斜度和圆角半径等。

1. 余块、机械加工余量和锻造公差

为了简化零件的形状和结构,便于锻造而增加的一部分金属,称为余块。如消除零件上的键槽、环形沟槽、齿谷或尺寸相差不大的台阶而增加的金属。

成形时为了保证机械加工最终获得所需的尺寸而允许保留的多余金属，称为机械加工余量。其大小与零件形状、尺寸、结构的复杂程度和锻造方法有关，具体数值可查表确定。

锻造公差是锻件名义尺寸的允许变动量。其数值按锻件形状、尺寸、锻造方法等因素查表确定。

自由锻件的锻件图如图 3-25b 所示，图中双点画线表示零件的轮廓。

模锻件成形时，是在锻模的模膛中完成的，所以绘制模锻件锻件图尚需考虑分模面、模锻斜度、模锻圆角半径、连皮厚度等。

2. 分模面

分模面是上、下模或凸、凹模的分界面。分模面可以是平面，也可以是曲面。其在锻件上的位置是否合适，关系到锻件成形和脱模、材料利用率以及锻模加工等一系列问题。选定分模面的原则是：

(1) 应保证模锻件能从模膛中取出。如图 3-26 所示的轮形件，把分模面选定在 a—a 面时，已成形的模锻件就无法取出。一般情况，分模面应选在模锻件的最大截面处。

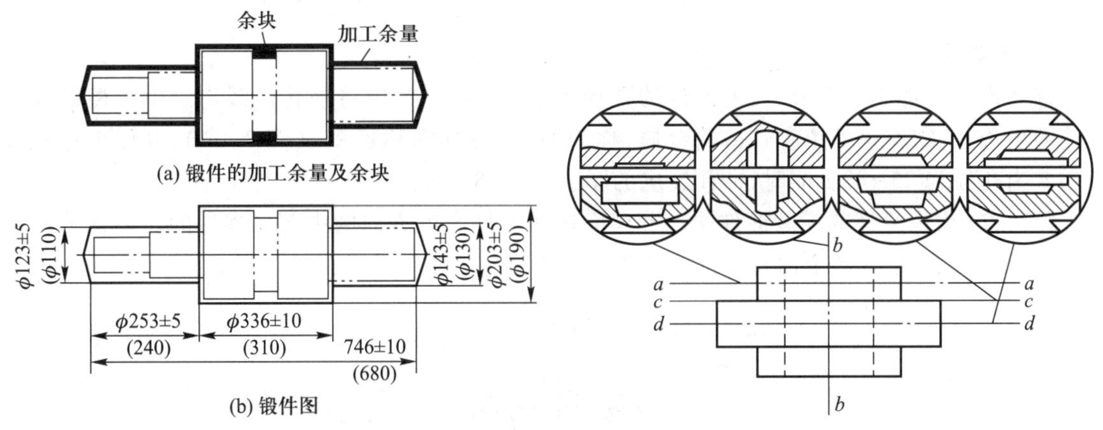

图 3-25　典型锻件图

图 3-26　分模面的选择比较图

(2) 应使上、下两模沿分模面的模膛轮廓一致，以便在安装锻模和生产中容易发现错模现象，及时而方便地调整锻模位置。图 3-26 中的 c—c 面若被选定为分模面，就不符合此原则。

(3) 分模面应选在能使模膛深度最浅的位置上，这样有利于金属充满模膛，便于取件，并有利于锻模的制造。图 3-26 中的 b—b 面，就不适合作分模面。

(4) 选定的分模面应使零件上所增加的余块最少。图 3-26 中的 b—b 面被选作分模面时，零件中的孔不能锻出来，既浪费金属，又增加机械加工的工作量，所以该面不宜选为分模面。

(5) 分模面最好是一个平面，以便于锻模的制造，并防止锻造过程中上、下锻模错动。

按上述原则综合分析，图 3-26 中的 d—d 面是最合理的分模面。

3. 模锻斜度

为了使锻件易于从模膛中取出，锻件与模膛侧壁接触部分需带一定斜度。锻件上的这一斜度称为模锻斜度(图 3-27)。对于锤上模锻，模锻斜度一般为 5°~15°。模锻斜度与模腔的深度(h)和宽度(b)有关。两者比值(h/b)越大时，取较大的斜度值。图 3-27 中的 α_2 为内壁(即当锻件冷却时,锻件与模壁夹紧的表面)斜度,其值比外壁(即当锻件冷却时,锻件与模壁离开的表面)斜度 α_1 大 2°~5°。

4. 模锻圆角半径

模锻圆角是指模锻件中断面形状和平面形状变化部位棱角的圆角和拐角处的圆角(图 3-28)。模锻件具有这种圆角结构可使金属容易充满模膛,提高锻模的使用寿命,同时,增大锻件的强度。模锻件外圆角半径(r)取 1.5~12 mm,内圆角半径(R)比外圆角半径大 2~3 倍。模膛越深,模锻圆角半径的取值就越大。

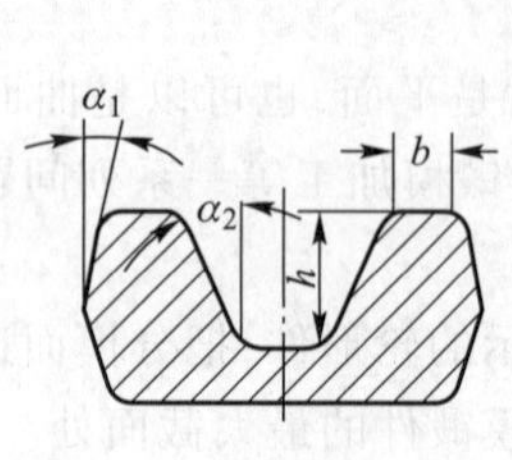

图 3-27　模锻斜度

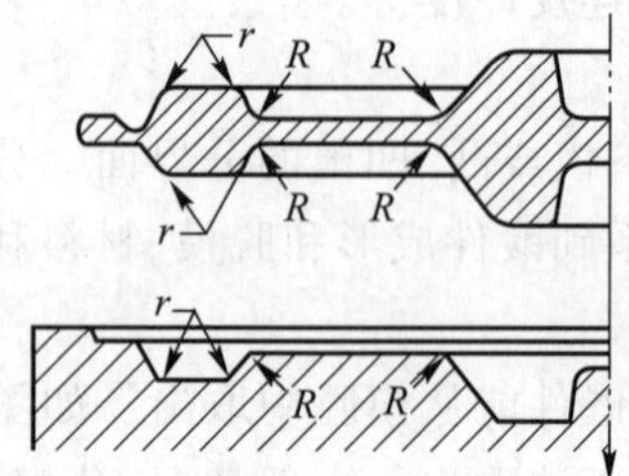

图 3-28　模锻圆角半径

5. 连皮厚度

许多模锻件都具有孔形,当模锻件的孔径大于 25 mm 时,应将该孔形锻出。由于模锻无法直接锻出透孔,需在该处留有较薄的金属,称为冲孔连皮(简称连皮)(图 3-14),其厚度依孔径而定。当孔径为 25~80 mm 时,冲孔连皮的厚度取 4~8 mm。

图 3-29 为齿轮坯的模锻锻件图。分模面选在锻件高度方向的中部。零件的轮辐部分不加工,故不留加工余量。图上内孔中部的两条水平直线为连皮切除后的痕迹线。

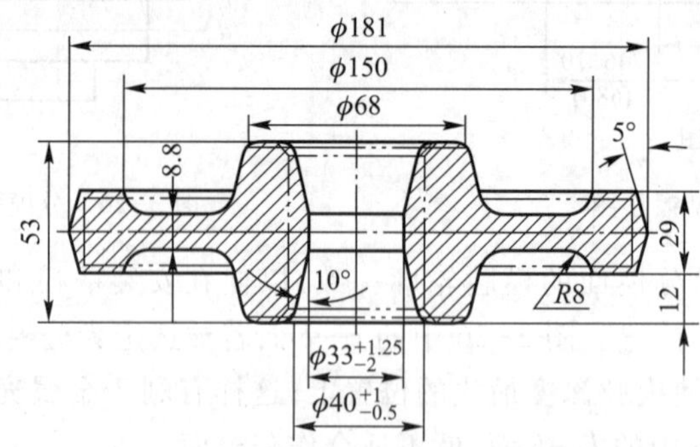

图 3-29　齿轮坯模锻锻件图

二、坯料重量和尺寸的确定

坯料重量可按下式计算:

$$G_{坯料} = G_{锻件} + G_{烧损} + G_{料头} \tag{3-5}$$

式中:$G_{坯料}$——坯料重量;

$G_{锻件}$——锻件重量;

$G_{烧损}$——加热中坯料表面因氧化而烧损的重量(第一次加热取被加热金属重量的 2%~3%,以后各次加热的烧损重量取 1.5%~2.0%);

$G_{料头}$——在锻造过程中冲掉或被切掉的那部分金属的重量(如冲孔时坯料中部被冲落的料芯、修切端部切除的金属及模锻生产中连皮和飞边的重量等;采用钢锭做坯料时,料头还包括所切掉的钢锭头部和尾部金属的重量)。

坯料的尺寸根据坯料重量和几何形状确定,还应考虑坯料在锻造中所必需的变形程度,即锻造比的问题。对于以钢锭作为坯料并采用拔长方法锻制的锻件,锻造比一般不小于 2.5~3。

三、锻造工序的确定

锻造工序都是根据工序特点和锻件类型来确定的。采用自由锻生产锻件时,其工序参阅表 3-1 选定。采用模锻方法生产模锻件时,其工序根据模锻件的形状和尺寸确定。

模锻件按形状和结构可分为两大类:

(1) 长轴类模锻件 锻件的长度与宽度之比较大,如台阶轴、曲轴、连杆、弯曲摇臂等(图 3-30)。此类锻件在锻造过程中,锤击方向垂直于锻件的轴线。终锻时,金属沿高度与宽度方向流动,而沿长度方向没有显著的流动。因此,常选用拔长、滚压、弯曲、预锻和终锻等工步。

对于小型长轴类模锻件,为了减少钳口料和提高生产率,常采用一根棒料同时锻造出几个锻件的方法。因此应增设切断工步,将已锻好的模锻件分离开。

有一些模锻件选用周期轧制材料作坯料时(图 3-31),可以省去拔长、滚压等工步,简化模锻过程,并可显著提高生产率。

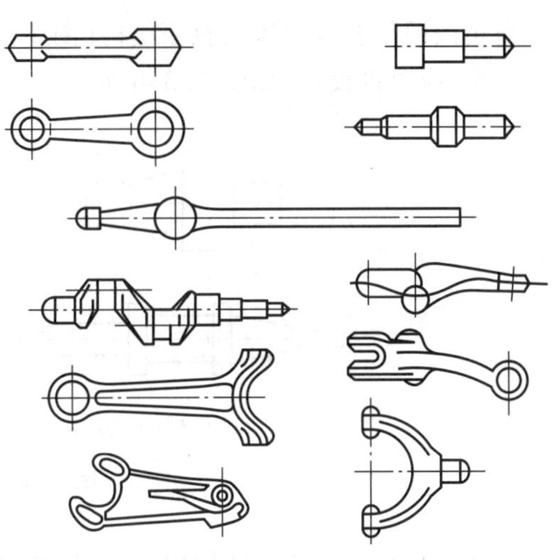

图 3-30 长轴类模锻件

(2) 短轴类模锻件 在分模面上的投影为圆形或长度接近于宽度或直径的锻件,如齿轮、法兰盘等(图 3-32)。此类模锻件在锻造过程中,锤击方向与坯料轴线相同。终锻时金属沿高度、宽度及长度方向均产生流动。因此常选用镦粗、预锻、终锻等工步。

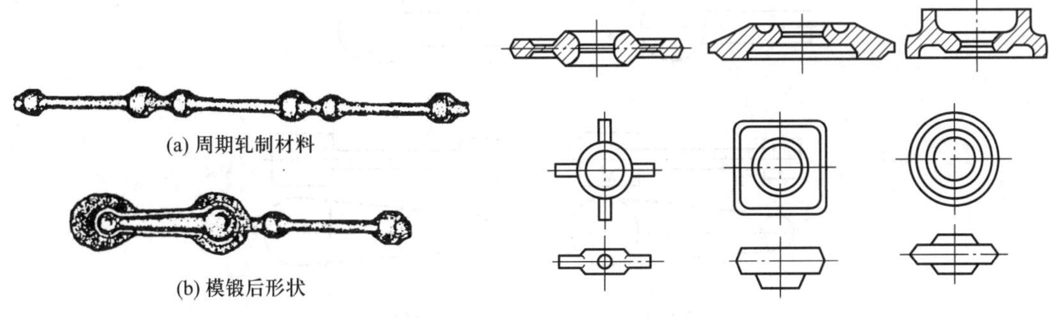

(a) 周期轧制材料

(b) 模锻后形状

图 3-31 用轧制坯料模锻

图 3-32 短轴类模锻件

对于形状简单的轴类模锻件,可只选用终锻工步成形。对于形状复杂、有深孔或有高筋结构的模锻件,则应增加镦粗工步。

无论用哪种方法进行锻造,都必须根据锻件重量、锻造方法等因素,选定相应的设备(如加热设备、锻造设备等)和确定锻后所必需的辅助工序(如校正、切飞边、冲连皮、清理、热处理等)。

第三节 锻件结构的工艺性

设计锻造成形的零件时,除应满足使用性能要求外,还必须考虑锻造工艺的特点,即锻造成形的零件结构要具有良好的工艺性。这样可使锻造成形方便,节约金属,保证质量和提高生产率。

一、自由锻锻件的结构工艺性

自由锻锻件若有锥体或斜面结构(图 3-33a),将使锻造工艺复杂,操作不方便,降低设备的使用效率,应改进设计,如图 3-33b 所示。

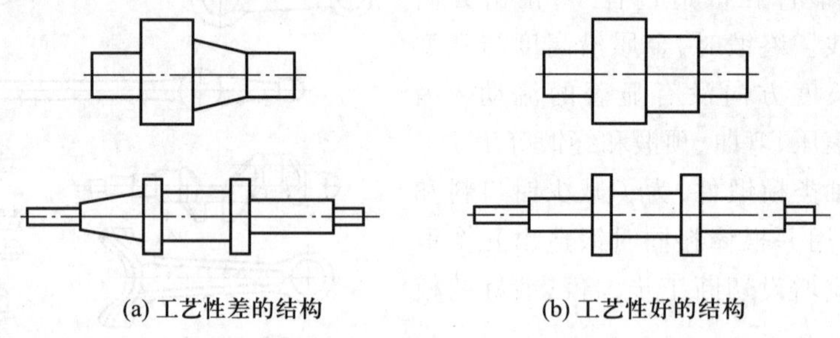

(a) 工艺性差的结构　(b) 工艺性好的结构

图 3-33 轴类锻件结构

锻件由数个简单几何体构成时,几何体间的交接处不应形成空间曲线。图 3-34a 所示结构采用自由锻方法极难成形,应改成平面与圆柱、平面与平面相接的结构(图 3-34b)。

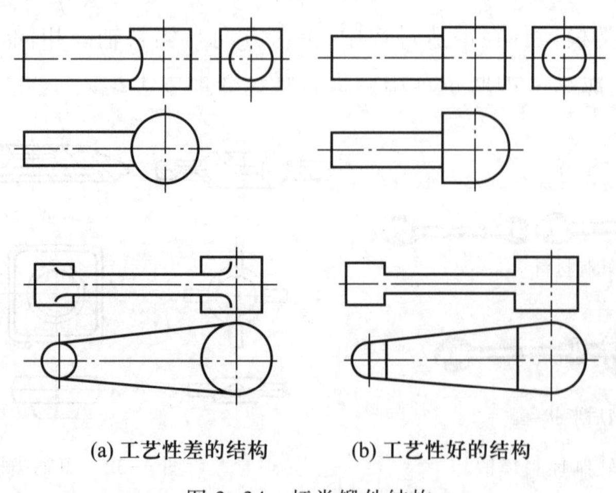

(a) 工艺性差的结构　(b) 工艺性好的结构

图 3-34 杆类锻件结构

自由锻锻件上不应设计出加强筋、凸台、工字形截面或空间曲线形表面(图 3-35a),应将锻件结构改成如图 3-35b 所示结构。

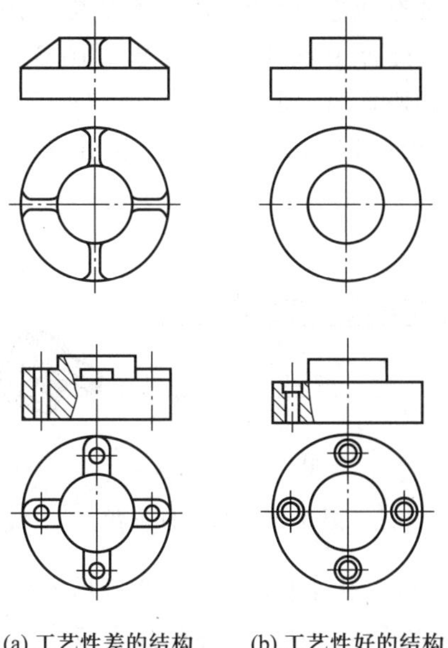

(a) 工艺性差的结构　　(b) 工艺性好的结构

图 3-35　盘类锻件结构

自由锻锻件的横截面若有急剧变化或形状较复杂时(图 3-36a),应设计成由几个简单件构成的几何体。每个简单件锻制成形后,再用焊接或机械连接方式构成整体件(图 3-36b)。

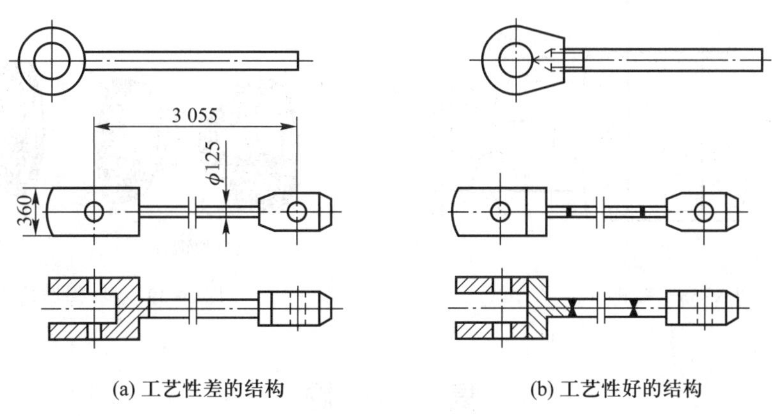

(a) 工艺性差的结构　　(b) 工艺性好的结构

图 3-36　复杂件结构

二、模锻件的结构工艺性

模锻件上必须具有一个合理的分模面,以保证模锻成形后,容易从锻模中取出锻件,并且应使余块最少,锻模容易制造。

由于模锻件尺寸精度较高、表面粗糙度值小,因此零件上只有与其他机件配合的表面才需进行机械加工,其他表面均应设计为非加工表面。模锻件上与分模面垂直的非加工表面,应设计出模锻斜度。两个非加工表面形成的角(包括外角和内角)都应按模锻圆角设计。

为了使金属容易充满模膛和减少工序,模锻件外形应力求简单、平直和对称。尽量避免模锻件截面间差别过大,或具有薄壁、高筋、高台等结构。图 3-37a 所示零件的小截面直径与大截面直径之比为 0.5,不符合模锻生产的要求。图 3-37b 所示模锻件扁而薄,模锻时,薄部金属冷却快,变形抗力剧增,易损坏锻模。图 3-37c 所示零件有一个高而薄的凸缘,金属难以充满模膛,且使锻模制造和锻件成形后取出较为困难,应改进设计成图 3-37d 所示形状。

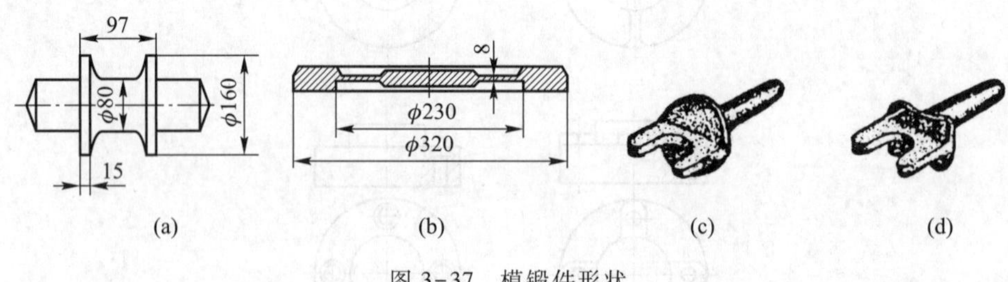

图 3-37　模锻件形状

模锻件的结构中应避免深孔或多孔结构。图 3-38 所示零件的轴孔(φ60 mm)属深孔结构。该零件上又有四个非加工孔,不能锻出。故应将轮毂高度减小,φ40 mm 的四个孔改用机械加工方法制出。

模锻件的整体结构应力求简单。当整体结构在成形中需增加较多余块时,可采用组合工艺制作。如图 3-39 所示的零件,先采用模锻方法单个成形,然后焊接成一个整体零件。

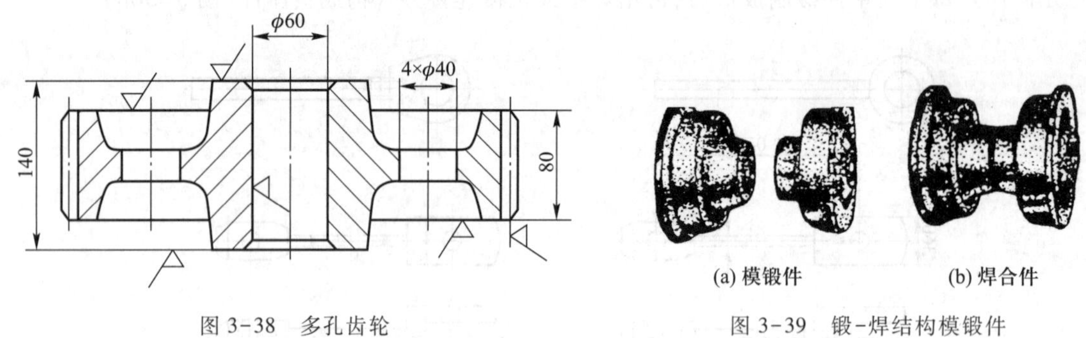

图 3-38　多孔齿轮　　　　图 3-39　锻-焊结构模锻件

复　习　题

1. 为什么巨型锻件必须采用自由锻的方法制造?
2. 重要的轴类锻件为什么在锻造过程中安排有镦粗工序?
3. 叙述图示零件在绘制锻件图时应考虑的内容。
4. 在图示的两种抵铁上进行拔长时,效果有何不同?
5. 如何确定分模面的位置?
6. 改正图示模锻件结构的不合理处。
7. 图示零件采用锤上模锻制造,请选择最合适的分模面位置。

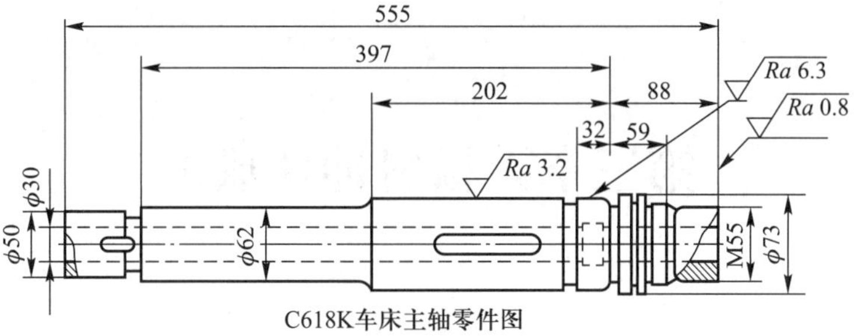

C618K车床主轴零件图

复习题 3 图

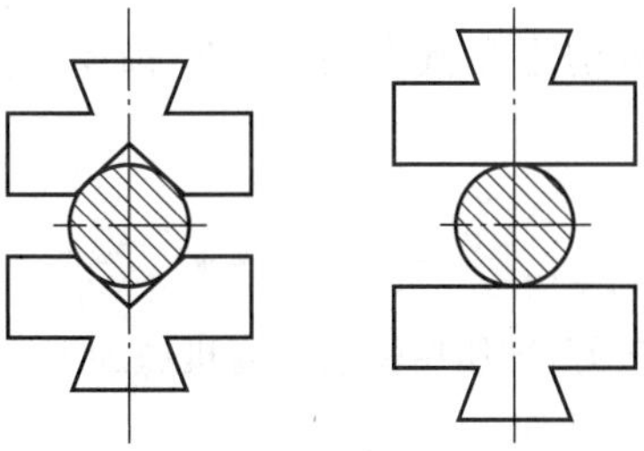

复习题 4 图

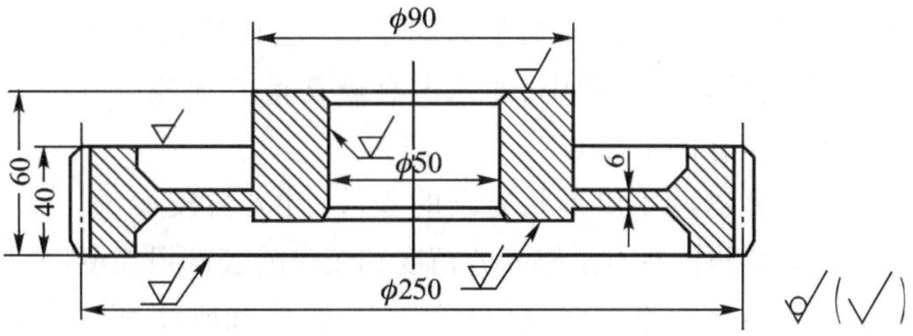

复习题 6 图

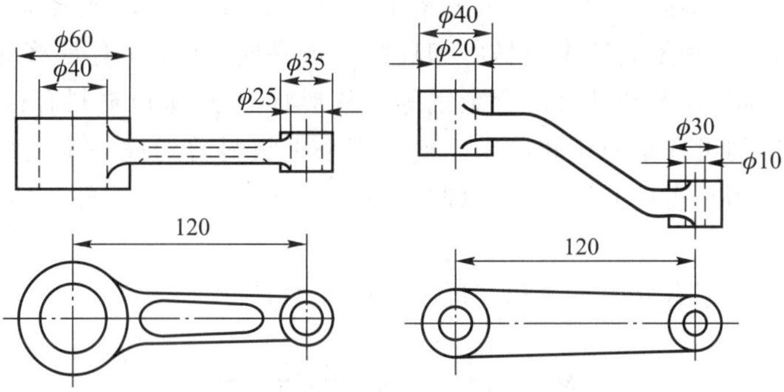

复习题 7 图

8. 为什么胎模锻可以锻造出形状较为复杂的模锻件？

9. 摩擦螺旋压力机上模锻有什么特点，为什么？

10. 下列零件若分别为单件小批、大批大量生产时，应选用哪种方法制造？并定性地画出各种方法所需的锻件图。

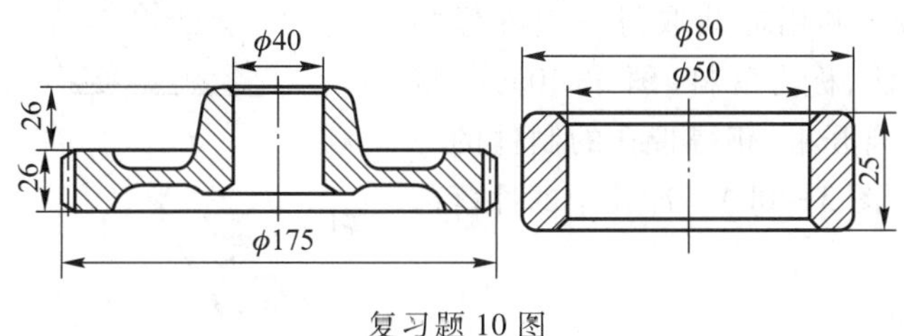

复习题 10 图

11. 下列制品应选用哪种锻造方法制作？

活动扳手（大批）　铣床主轴（成批）　大六角螺钉（成批）　起重机吊钩（小批）　万吨轮主传动轴（单件）

第三章　板料冲压成形

冲压是使板料经分离或成形而获得制件的工艺统称。冲压通常是在冷态下进行的，所以又称为冷冲压。只有当板料厚度超过 8~10 mm 时，才采用热冲压。

在制造金属成品的工业部门中，广泛地应用着冲压工艺。特别是在汽车、拖拉机、航空、电器、仪表及国防等工业中，冲压占有极其重要的地位。

冲压具有以下特点：

(1) 可以冲压出形状复杂的零件，且废料较少。

(2) 冲压件具有足够高的精度和较小的表面粗糙度值，互换性较好，冲压后一般不需机械加工。

(3) 能获得重量轻、材料消耗少、强度和刚度都较高的零件。

(4) 冲压操作简单，工艺过程便于机械化和自动化，生产率很高。故零件成本低。

但冲模制造复杂、成本高，只有在大批大量生产条件下，其优越性才显得突出。

冲压所用原材料，特别是制造中空杯状和环状等成品时，必须具有足够的塑性，如采用低碳钢、铜合金、铝合金、镁合金及塑性好的合金钢等。从形状上分，金属材料有板料、条料及带料等。

冲压生产中常用的设备是剪床和冲床。剪床用来把板料剪切成一定宽度的条料，以供下一步冲压工序用。冲床用来实现冲压工序，以制成所需形状和尺寸的零件。冲床的最大吨位可达 40 000 kN。

冲压生产的基本工序有分离工序和变形工序两大类。

第一节　分离工序

分离工序是使坯料的一部分与另一部分相互分离的工序，如落料、冲孔、切断和修整等。

一、落料及冲孔（统称冲裁）

利用冲模将板料以封闭的轮廓进行分离的一种冲压方法称为冲裁。利用冲裁取得一定外形的制件或坯料的冲压方法，称为落料（图 3-40a）。将材料以封闭的轮廓分离开来，获得带孔的制件的一种冲压方法称为冲孔（图 3-40b）。冲孔中的冲落部分为废料。

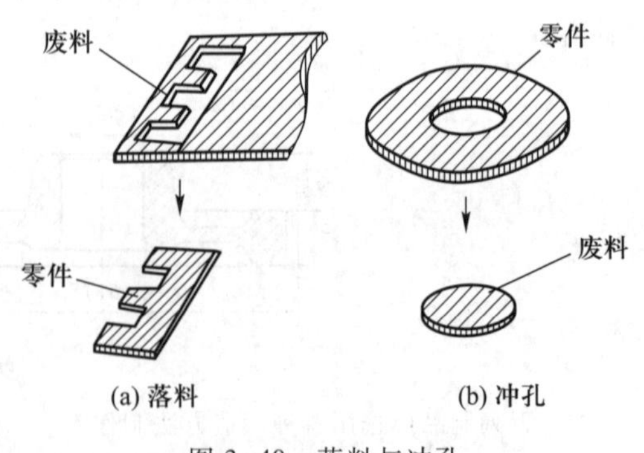

图 3-40　落料与冲孔

1. 冲裁变形过程

冲裁时板料的变形和分离过程对冲裁件质量有很大影响。其过程可分为如下三个阶段（图 3-41）。

(1) 弹性变形阶段　冲头(凸模)接触板料后继续向下运动的初始阶段,将使板料产生弹性压缩、拉伸与弯曲等变形。板料中的应力值迅速增大。此时,凸模下的板料略有弯曲,凸模周围的板料则向上翘,间隙 c 的数值越大,弯曲和上翘越明显。

(2) 塑性变形阶段　冲头继续向下运动,板料中的应力值达到屈服极限,板料金属发生塑性变形。变形达到一定程度时,位于凸、凹模刃口处的金属冷变形强化加剧,出现微裂纹。

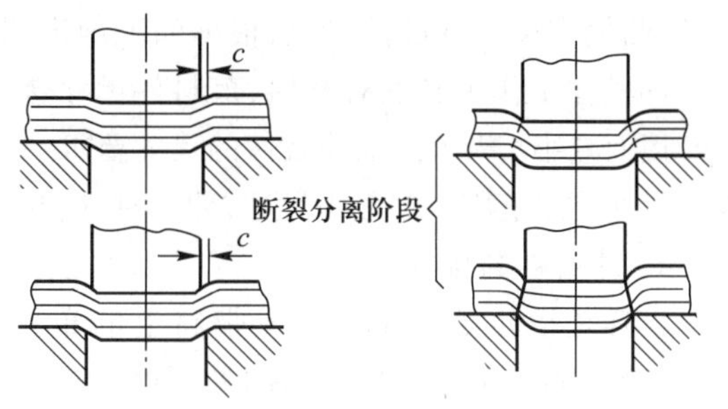

图 3-41　冲裁变形和分离过程

(3) 断裂分离阶段　冲头继续向下运动,已形成的上下裂纹逐渐扩展。上下裂纹相遇重合后,板料被剪断分离。

冲裁件分离面的质量主要与凸凹模间隙、刃口锋利程度有关,同时也受模具结构、材料性能及板料厚度等因素影响。

冲裁过程

2. 凸凹模间隙

凸凹模间隙不仅严重影响冲裁件的断面质量,而且影响模具寿命、卸料力、推件力、冲裁力和冲裁件的尺寸精度。

间隙过大,凸模刃口附近的剪切裂纹较正常间隙时向里错开一段距离,难以与凹模刃口附近的裂纹汇合,冲裁件被撕开,边缘粗糙。间隙过小时,凸模刃口附近的剪切裂纹较正常间隙时向外错开一段距离,上下裂纹也不能很好重合。只有间隙值控制在合理范围内,上下裂纹才能重合于一线,冲裁断口质量最好。

间隙的大小也影响模具的寿命。间隙越小,摩擦越严重,模具的寿命将降低。间隙对卸料力、推件力也有较明显的影响。间隙越大,则卸料力和推件力越小。

因此,正确选择合理的间隙值对冲裁生产至关重要。当冲裁件断面质量要求较高时,应选取较小的间隙值。对冲裁件截面质量无严格要求时,应尽可能加大间隙,以利于提高冲模寿命。

单边间隙(c)的合理数值可按下述经验公式计算:

$$c = m\delta \tag{3-6}$$

式中:δ——板料厚度,mm;

m——与板料性能及厚度有关的系数。

实用中,板料较薄时,m 可以选用如下数据:

低碳钢、纯铁　$m = 0.06 \sim 0.09$

铜、铝合金　$m = 0.06 \sim 0.1$

高碳钢　$m = 0.08 \sim 1.2$

当板料厚度 $\delta > 3$ mm 时,由于冲裁力较大,应适当把系数 m 放大。当对冲裁件断面质量没有特殊要求时,系数 m 可放大 1.5 倍。

3. 凸凹模刃口尺寸的确定

设计落料模时,应先按落料件确定凹模刃口尺寸,取凹模作设计基准件,然后根据间隙确定凸模尺寸,即用缩小凸模刃口尺寸来保证间隙值。设计冲孔模时,先按冲孔件确定凸模刃口尺寸，取凸模作设计基准件，然后根据间隙确定凹模尺寸，即用扩大凹模刃口尺寸来保证间隙值。

冲模在工作中必然有磨损，落料件尺寸会随凹模刃口的磨损而增大，而冲孔件尺寸则随凸模的磨损而减小。为了保证冲裁件的尺寸要求，并提高模具的使用寿命，落料时凹模刃口的尺寸应靠近落料件公差范围内的最小尺寸；冲孔时，选取凸模刃口的尺寸靠近孔的公差范围内的最大尺寸。

4. 冲裁件的排样

排样是指冲裁件在条料或带料上的布置方法。合理排样可使废料最少，材料利用率高。图 3-42 为同一个冲裁件采用四种不同排样方式时材料消耗的对比情况。

有搭边排样是在各个落料件之间均留有一定尺寸的搭边（图 3-42a、b、c）。其优点是毛刺小，而且是在同一个平面上，冲裁件尺寸精确，质量较高，但材料消耗多。

无搭边排样是利用落料件形状的一个边作为另一个落料件的边缘（图 3-42d）。这种排样的材料利用率很高，但毛刺不在同一个平面上，而且尺寸不容易准确，因此只用于对冲裁件质量要求不高的场合。

二、修整

修整是利用修整模沿冲裁件外缘或内孔刮削一薄层金属，以切掉冲裁件上的剪裂带和毛刺，从而提高冲裁件的尺寸精度（IT7~IT6），降低表面粗糙度值（$Ra1.6 \sim 0.8\ \mu m$）。修整冲裁件的外形称为外缘修整，修整冲裁件的内孔称为内孔修整（图 3-43）。

图 3-42 不同排样方式材料消耗对比

图 3-43 修整工序简图

修整的机理与冲裁完全不同，而与切削加工相似。对于大间隙冲裁件，单边修整量一般为板料厚度的 10%；对于小间隙冲裁件，单边修整量在板料厚度的 8%以下。

三、切断

切断是利用剪刃或冲模将材料沿不封闭的曲线分离的一种冲压方法。

剪刃安装在剪床上，把大板料剪切成一定宽度的条料，供下一步冲压工序用。冲模是安装在冲床上，用以制取形状简单、精度要求不同的平板件。

第二节 变形工序

变形是使坯料的一部分相对于另一部分产生位移而不破裂的工序，如拉深、弯曲、翻边、胀形等。

一、拉深

变形区在一拉一压的应力作用下，使板料（浅的空心坯）成形为空心件（深的空心件），而厚度基本不变的加工方法称为拉深。图 3-44a 为坯料成形为空心件，图 3-44b 为浅空心坯成形为深空心件。

1. 拉深过程

如图 3-44a 所示，将直径为 D 的平板坯料放在凹模上，在凸模作用下，坯料被拉入凸模和凹模的间隙中，形成空心拉深件。拉深件的底部金属一般不变形，只起传递拉力的作用，厚度也基本不变。坯料外径 D 与内径 d 之间环形部分的金属，切向受压应力作用，径向受超过屈服极限的拉应力作用，逐步进入凸模和凹模之间的间隙，形成拉深件的直壁。直壁本身主要受轴向拉应力作用，厚度有所减小，而直壁与底部之间的过渡圆角部被拉薄得最为严重。

2. 拉深中的废品

从拉深过程中可以看出，拉深件主要受拉应力作用。当拉应力值超过材料的强度极限时，拉深件将被拉穿形成废品。最危险部位是直壁与底部的过渡圆角处（图 3-45）。

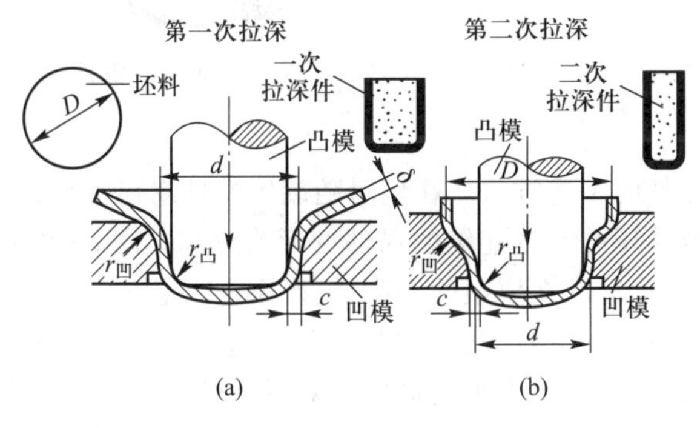

图 3-44　拉深工序

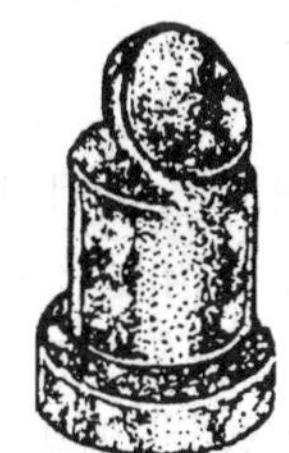
图 3-45　拉穿废品

拉深件出现拉穿现象与下列因素有关：

（1）凸凹模的圆角半径　拉深模的工作部分不能是锋利的刃口，必须做成一定的圆角。对于钢的拉深件，取 $r_{凹}=10\delta$，而 $r_{凸}=(0.6\sim1)r_{凹}$。若这两个圆角半径过小，则容易将板料拉穿。

（2）凸凹模间隙　拉深模的凸凹模间隙远比冲裁模的大，一般取单边间隙 $c=(1.1\sim1.2)\delta$。间隙过小，模具与拉深件的摩擦力增大，易拉穿工件和擦伤工件表面，且降低模具寿命。间隙过大，又容易使拉深件起皱，影响拉深件的尺寸精度。

（3）拉深系数　拉深变形后拉深件的直径与其坯料直径之比称为拉深系数（用 m 表示）。它是衡量拉深变形程度的指标。m 越小，表明拉深件直径越小，变形程度越大，坯料被拉入凹模越困难，易产生拉穿废品。一般情况下，m 不小于 0.5～0.8，坯料塑性差取上限，坯料塑性好取下限。

如果拉深系数过小，不能一次拉深成形时，则可采用多次拉深工艺（图 3-46）。但多次拉深过程中，冷变形强化现象严重。为保证坯料具有足够的塑性，在一两次拉深后，应安排工序间的退火处理。另外，在多次拉深中，拉深系数应一次比一次略大一些，以确保拉深件的质量，使生产顺利进行。总拉深系数值等于各次拉深系数值的乘积。

(4) 润滑 是向摩擦表面供给润滑剂,以减小表面磨损和摩擦力的措施。

拉深过程中的另一种常见缺陷是起皱(图 3-47)。这是当拉深变形区的坯料相对厚度较小时,在切向应力作用下,引起坯料失稳而形成折皱的现象。严重起皱使金属更难通过凸凹模间隙,坯料被拉穿而报废。轻微起皱时,金属勉强通过间隙,但也会在产品侧壁留下起皱痕迹,影响产品质量。为防止起皱,可采用设置压边圈来解决(图 3-48)。起皱现象与坯料的相对厚度(δ/D)和拉深系数有关。相对厚度越小或拉深系数越小,越容易起皱。

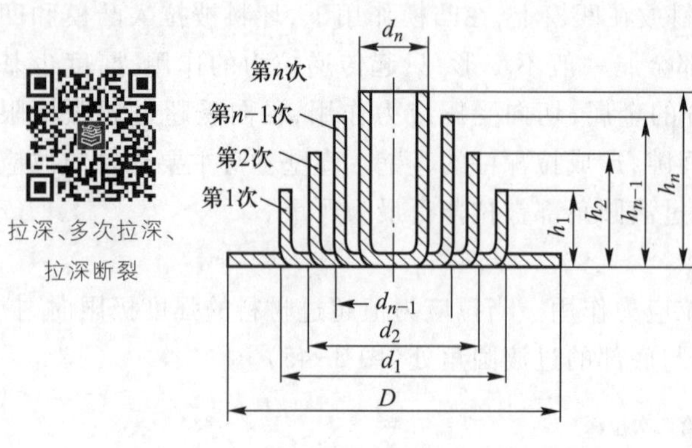

图 3-46 多次拉深时圆筒直径的变化

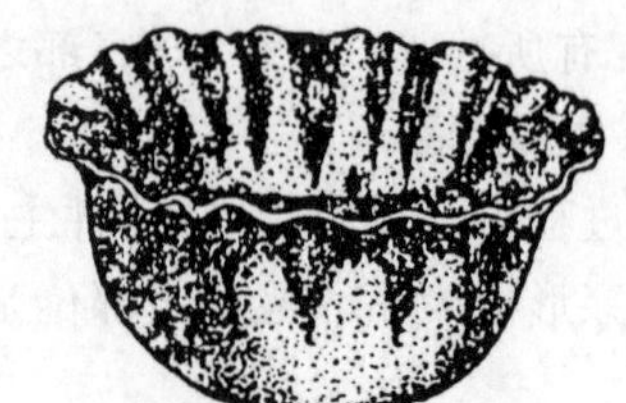

图 3-47 起皱拉深件

3. 旋压

旋压是一种加工金属空心回转体件的工艺方法。在坯料随旋压模具或旋压工具绕坯料转动中,旋压工具与坯料相对进给,使坯料受压并产生连续的局部变形或分离。图 3-49 所示为旋压工作简图,工作时先将冲裁后的坯料用顶柱压在模型的端部,模型通常固定在旋转卡盘上。推动压杆使坯料在压力作用下变形,最后获得与模型形状一样的成品。这种工艺方法不需要复杂的冲模,变形力较小,但生产率较低。目前,除一般中小批量生产采用此种工艺外,某些厚板件和大型容器(锅炉、化工用的巨型罐等)的封头也采用旋压成形。

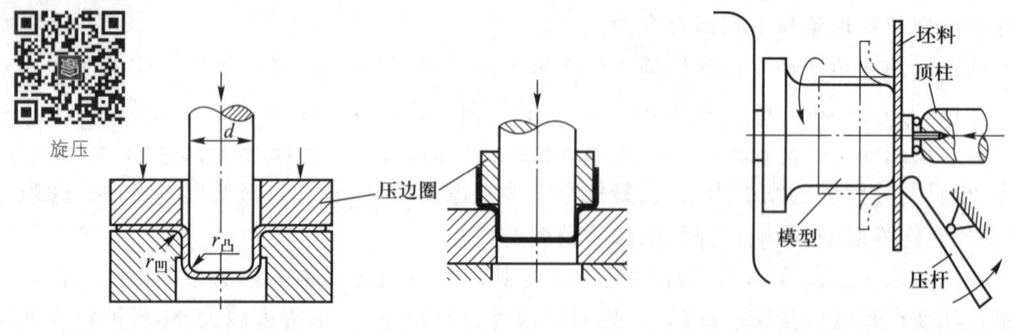

图 3-48 有压边圈的拉深

图 3-49 旋压工作简图

二、弯曲

将板料、型材或管材在弯矩作用下弯成具有一定曲率和角度的制件的成形方法称为弯曲(图 3-50)。弯曲过程中,坯料为板料时,板料弯曲部分的内侧受压缩,而外层受拉伸。当外侧的拉应力超过板料的抗拉强度时,即会造成金属破裂。板料越厚,内弯曲半径 r 越小,则拉应力越大，越容易弯裂。为防止弯裂，最小弯曲半径应为 $r_{min}=(0.25\sim1)\delta$（$\delta$ 为金属板料的厚度）。材料塑性好，则弯曲半径可小些。

弯曲时还应尽可能使弯曲线与板料纤维垂直（图 3-51）。若弯曲线与纤维方向一致，则容易产生破裂。此时应增大弯曲半径。

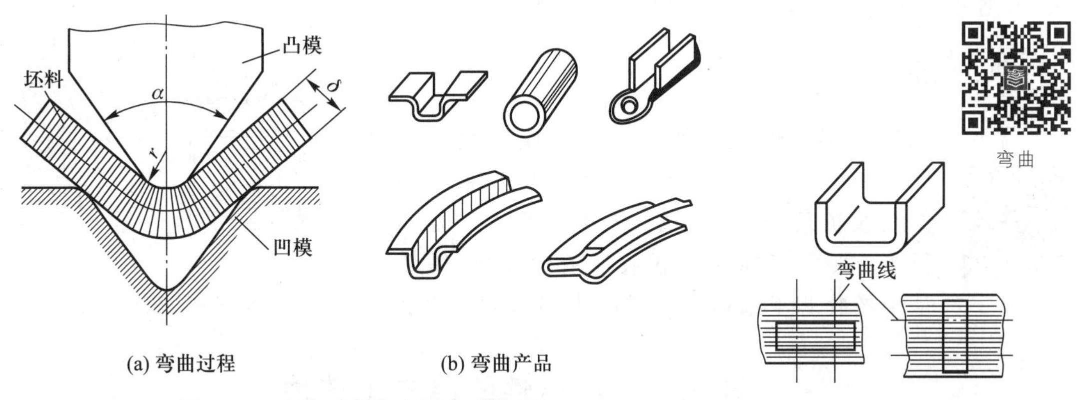

图 3-50　弯曲过程中金属变形简图

图 3-51　弯曲时的纤维方向

弯曲时，板料产生的变形由塑性变形和弹性变形两部分组成。外载荷去除后，塑性变形保留下来，弹性变形消失，使板料形状和尺寸发生与加载时变形方向相反的变化，从而消去一部分弯曲变形效果的现象，称为回弹。回弹使被弯曲的角度增大，一般回弹角为 0°～10°。因此，在设计弯曲模时，必须使模具的角度比成品件角度小一个回弹角，以保证成品件的弯曲角度准确。

三、翻边

在坯料的平面部分或曲面部分的边缘，沿一定曲线翻起竖立直边的成形方法（图 3-52）称为翻边。根据变形的性质、坯料结构和形状的不同，翻边有多种方法。在预先制好孔的半成品上或未经制孔的板料上冲制出竖直边缘的成形方法（图 3-53）称为翻孔。

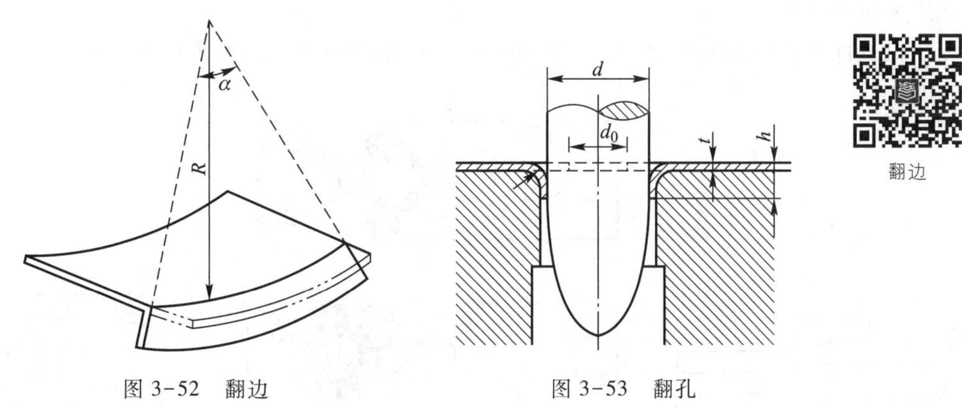

图 3-52　翻边

图 3-53　翻孔

翻孔前，预制孔直径由翻孔系数 k（孔翻边时的变形程度，其值为翻孔前后孔径之比）来确定。即

$$k=d_0/d \tag{3-7}$$

式中：d_0——翻边前的孔径尺寸；

d——翻边后的内孔尺寸。

对于镀锡铁皮，$k \geqslant 0.65$；对于酸洗钢，$k \geqslant 0.68$。

当零件所需凸缘的高度较大时，用一次翻孔成形计算出的翻孔系数 k 值很小，直接成形无法实现，则可采用先拉深、后冲孔、再翻孔的工艺来实现。

四、胀形

胀形是利用局部塑性变形使坯料或半成品获得所要求形状和尺寸的加工过程（图 3-54）。主要用于制作刚性筋条凸边、凹槽，或增大半成品的部分直径等。图 3-54a 是用橡胶压筋即起伏，图 3-54b 是用橡胶芯子来增大半成品中间部分的直径。

胀形

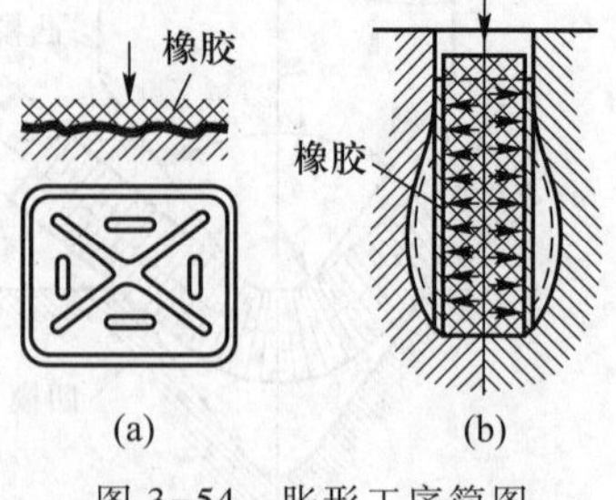

图 3-54　胀形工序简图

第三节　冲压件的结构工艺性

冲压件的设计不仅应保证具有良好的使用性能，而且也应具有良好的工艺性能，以减少材料的消耗、延长模具寿命、提高生产率、降低成本及保证冲压件质量等。影响冲压件工艺性的主要因素有冲压件的外形、尺寸、精度及材料等。

一、冲压件的形状及尺寸

1. 对冲裁件的要求

（1）落料件的外形和冲孔件的孔形应力求简单、对称。尽可能采用圆形或矩形等规则形状，应避免如图 3-55 所示的长槽或细长悬臂结构。否则使模具制造困难，降低模具寿命。

同时应使冲裁件在排样时将废料降低到最少的程度。图 3-56b 较图 3-56a 更为合理，材料利用率可达 79%。

（2）冲裁件的结构尺寸（如孔径、孔距等）必须考虑材料的厚度（图 3-57）。

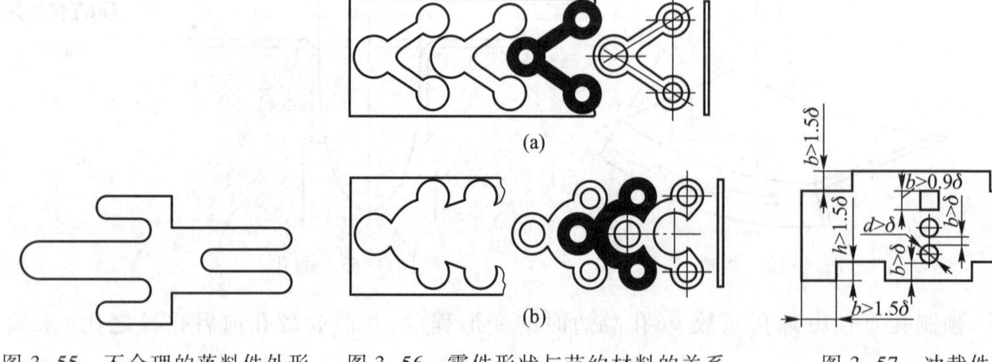

图 3-55　不合理的落料件外形　图 3-56　零件形状与节约材料的关系　图 3-57　冲裁件尺寸与厚度的关系

(3) 冲裁件上直线与直线、曲线与直线的交接处，均应用圆弧连接，以避免尖角处因应力集中而产生裂纹。其最小圆角半径见表 3-3。

表 3-3 落料件、冲孔件的最小圆角半径 mm

工序	圆弧角	最小圆角半径 R		
		黄铜、紫铜、铝	低碳钢	合金钢
落料	$\alpha \geqslant 90°$	$0.24\times\delta$	$0.30\times\delta$	$0.45\times\delta$
	$\alpha < 90°$	$0.35\times\delta$	$0.50\times\delta$	$0.70\times\delta$
冲孔	$\alpha \geqslant 90°$	$0.20\times\delta$	$0.35\times\delta$	$0.50\times\delta$
	$\alpha < 90°$	$0.45\times\delta$	$0.60\times\delta$	$0.90\times\delta$

2. 对弯曲件的要求

(1) 弯曲件形状应尽量对称，弯曲半径不能小于材料允许的最小弯曲半径（参阅本章第二节）。

(2) 弯曲边过短不易成形，故应使弯曲边的平直部分 $H>2\delta$（图 3-58）。如果要求 H 很小，则需先留出适当的余量以增大 H，弯好后再切去所增加的金属。

(3) 弯曲带孔件时，为避免孔的变形，孔的位置应如图 3-59 所示，图中 L 应大于 $(1.5\sim2)\delta$。

3. 对拉深件的要求

(1) 拉深件外形应简单、对称，深度不宜过大，以便使拉深次数最少，容易成形。

(2) 拉深件的圆角半径在不增加工艺程序的情况下，最小允许半径如图 3-60 所示。半径过小必将增加拉深次数和整形工作，也增加模具数量，并容易产生废品和提高成本。

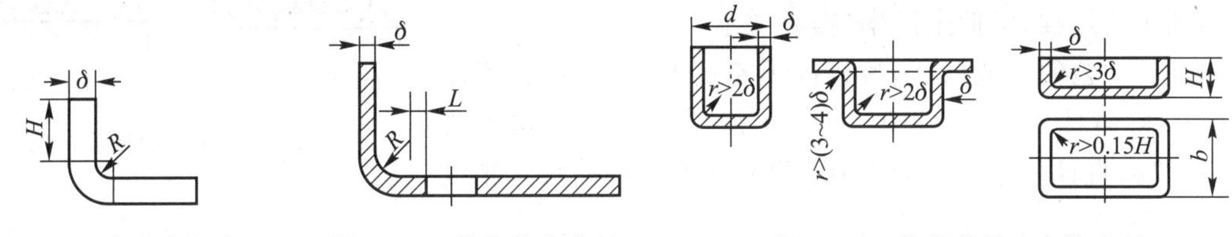

图 3-58 弯曲边长度 图 3-59 带孔的弯曲件 图 3-60 拉深件最小允许半径

二、简化工艺及节省材料的设计

对于形状复杂的冲压件，可以将其分成若干个简单件，分别冲压后，再焊接成为整体组合件（图 3-61）。

采用冲口工艺，以减少组合件数量（图 3-62）、节省材料和简化工艺过程。

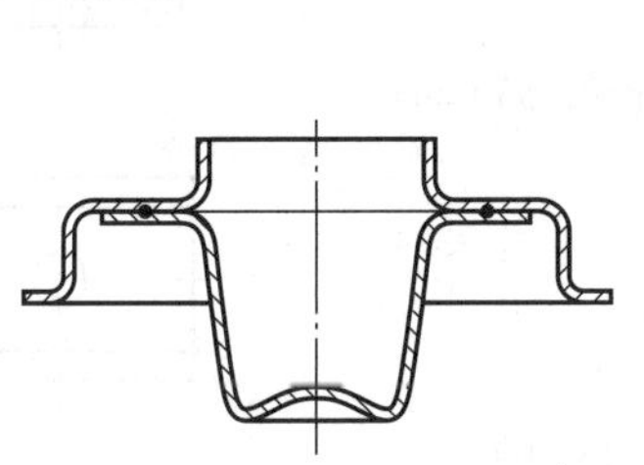

图 3-61 冲压-焊接结构零件

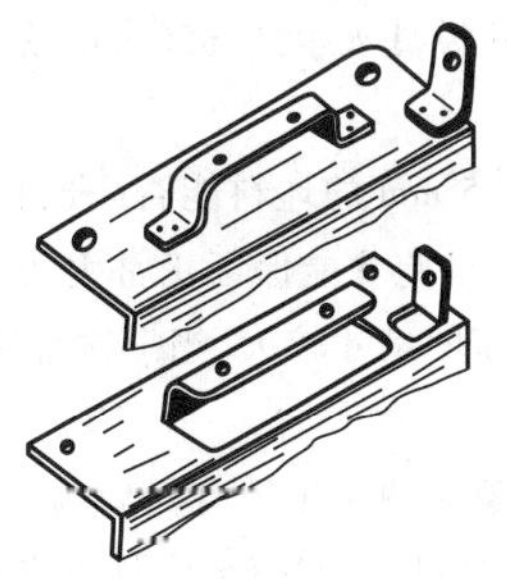

图 3-62 冲口工艺的运用

在使用性能不变的情况下,应尽量简化拉深件结构,以达到减少工序、节省材料和降低成本的目的。如消声器后盖经改造后(图 3-63),冲压工序由八道减少为两道,同时节省材料 50%。

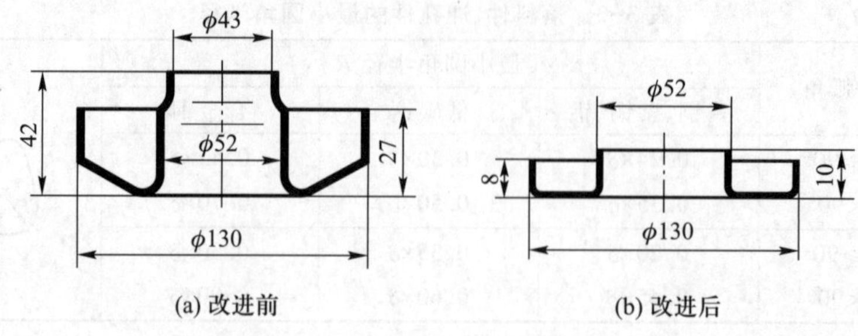

图 3-63　消声器后盖零件结构

三、冲压件的厚度

在强度和刚度允许的条件下,应尽可能采用较薄的材料,以减少金属的消耗。对局部刚度不够的部位,可采用加强筋,以实现薄材料代替厚材料(图 3-64)。

四、冲压件的精度和表面质量

对冲压件的精度要求,不应超过冲压工艺所能达到的一般精度,并应在满足需要的情况下尽量降低要求。否则将增加工艺过程,降低生产率,提高成本。

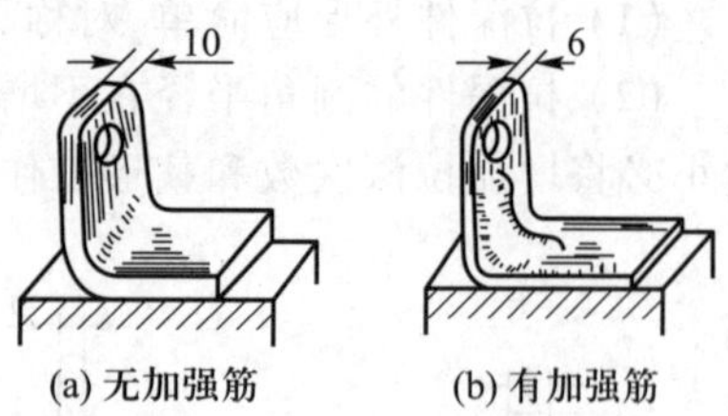

图 3-64　使用加强筋举例

冲压工艺的一般精度:落料件不超过 IT10;冲压件不超过 IT9;弯曲件不超过 IT10~IT9;拉深件高度尺寸精度为 IT10~IT8,直径尺寸精度为 IT10~IT9,经整形后的尺寸精度可达 IT7~IT6。

对冲压件表面质量的要求,一般应尽可能不要高于原材料所具有的表面质量。否则就要增加机械加工等工序,产品成本也将大为提高。

复　习　题

1. 板料冲压生产有什么特点?应用范围如何?
2. 用 ϕ50 mm 冲孔模具来生产 ϕ50 mm 落料件能否保证落料件的精度?为什么?
3. 用 ϕ250 mm×1.5 mm 的坯料能否一次拉深成直径为 ϕ50 mm 的拉深件?应采取哪些措施才能保证正常生产?
4. 翻边件的凸缘高度尺寸较大,当一次翻边实现不了时,应采取什么措施?
5. 材料的回弹现象对冲压生产有何影响?
6. 比较落料和拉深所用凸凹模结构及间隙有什么不同?为什么?
7. 试述图示冲压件的生产过程。

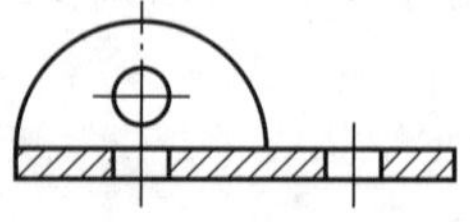

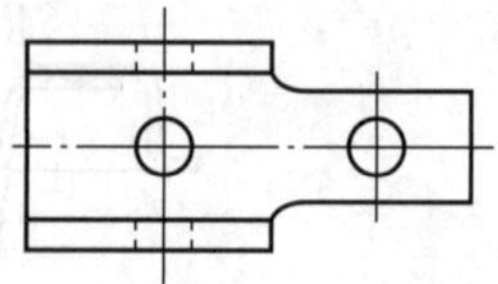

复习题 7 图

第四章　特种塑性加工方法

随着工业的不断发展,对塑性加工生产提出了越来越高的要求,不仅应能生产各种毛坯,更需要直接生产更多的零件。近年来,在塑性加工生产中出现了许多特种工艺方法,并得到迅速发展,如精密模锻、零件挤压、零件轧制和粉末锻造等。

必须指出,随着计算机技术的迅速发展、快速成形技术在模具生产中的成功应用,计算机辅助设计和制造在冲压生产中效果也很明显。如数控冲压、冲压自动生产线等新技术,都应予以足够的重视。

第一节　精密锻造

精密模锻是在模锻设备上锻造出形状复杂、高精度锻件的锻造工艺。如精密锻造锥齿轮,其齿形部分可直接锻出而不必再进行机械加工。精密模锻件尺寸精度可达 IT15~IT12、表面粗糙度值为 Ra3.2~1.6 μm。图 3-65 是 TS12 差速齿轮锻件图。

保证精密模锻的措施如下:

(1) 精确计算原始坯料的尺寸,否则会增大锻件尺寸公差,降低精度。

(2) 精细清理坯料表面,除去坯料表面的氧化皮、脱碳层及其他缺陷等。

(3) 采用无氧化或少氧化加热法,尽量减少坯料表面形成的氧化皮。

(4) 精锻模膛的精度必须比锻件精度高两级。精锻模应有导柱导套结构,以保证合模准确。精锻模上应开有排气小孔,以减小金属的变形阻力,更好地充满模膛。

(5) 模锻进行中要很好地冷却锻模和进行润滑。

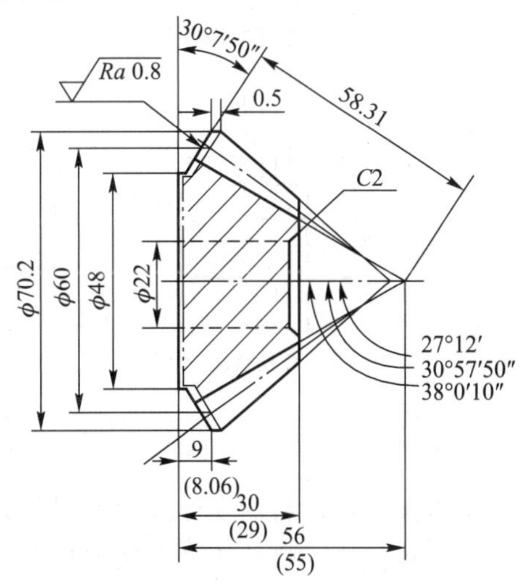

图 3-65　TS12 差速齿轮锻件图

精密模锻一般都在刚度大、运动精度高的设备(如曲柄压力机、摩擦螺旋压力机、高速锤等)上进行,具有精度高、生产率高、成本低等优点。

第二节　挤 压 成 形

挤压是使坯料在封闭模膛内受三向不均匀压应力作用下,从模具的孔口或缝隙挤出,成为所需制件的加工方法。

按金属的流动方向与凸模运动方向的不同，挤压可分为：

(1) 正挤压　坯料从模孔中流出部分的运动方向与凸模运动方向相同的挤压方法(图 3-66)。

(2) 反挤压　坯料的一部分沿着凹模之间的间隙流出，其流动方向与凸模运动方向相反的挤压方法(图 3-67a)。

(3) 复合挤压　同时兼有正挤、反挤时金属流动特征的挤压方法(图 3-67b)。

(4) 径向挤压　坯料沿径向挤出的挤压方式(图 3-67c)。

挤压成形

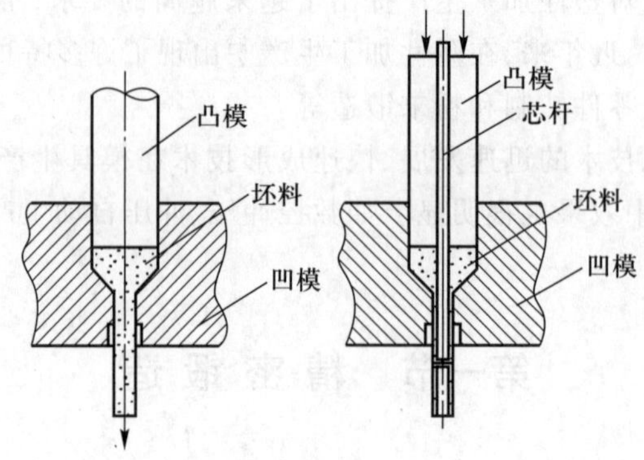

图 3-66　正挤压图

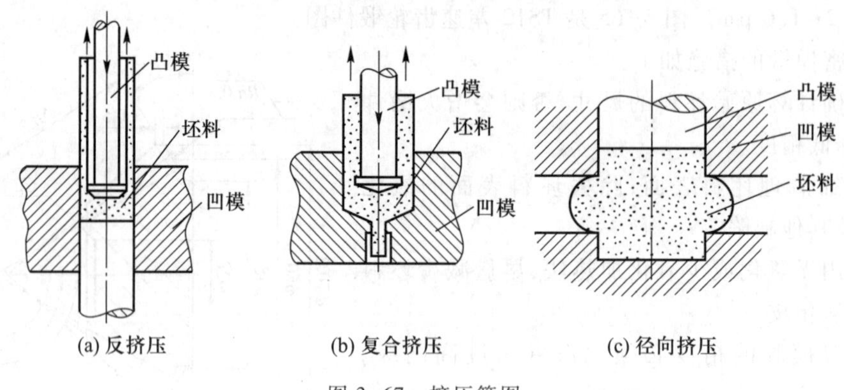

图 3-67　挤压简图

挤压又可按坯料的变形温度不同分为：

(1) 热挤压　热挤压是金属加热到再结晶温度以上进行的挤压加工，简称热挤。它广泛地应用于冶金部门，生产铝、铜、镁及其合金的型材和管材等。目前也越来越多地用于机器零件和毛坯的生产。

(2) 冷挤压　冷挤压是在室温下进行的挤压加工，简称冷挤。冷挤压中，金属的变形抗力较大，变形程度不宜过大。变形后的金属，其内部组织为冷变形强化组织，故产品的强度高，且产品的表面较光洁。图 3-68 所示为纯铁底座零件，长期以来是采用机械加工方法制造，工序多。改用冷挤压成形后，一次挤压成形，尺寸精度完全符合设计要求，表面粗糙度 Ra 值为 1.6~0.8 μm。

(3) 温挤压　温挤压是在高于室温和低于再结晶温度范围内进行的挤压加工,简称温挤。与热挤压相比,坯料氧化脱碳少,表面粗糙度值小,产品尺寸精度较高。与冷挤压相比,金属变形抗力低,增大了每个工序的变形程度,提高了模具的寿命,扩大了冷挤压产品材料的品种。温挤压产品的表面粗糙度 Ra 值可达 6.3~3.2 μm,适合于挤压中碳钢与合金钢件。如电动机不锈钢接头外壳(图 3-69),若采用冷挤压制作,需经多次挤压才能完成。现采用温挤压成形(变形温度 300 ℃),只需两次挤压即可。

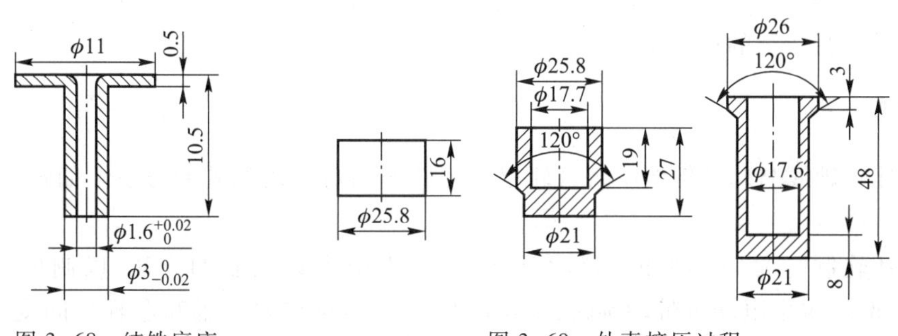

图 3-68　纯铁底座　　图 3-69　外壳挤压过程

零件挤压工艺具有如下特点:

(1) 挤压时金属坯料处于三向受压状态,可提高金属坯料的塑性,因而适合于挤压的材料品种多,如非铁金属、碳钢、合金钢、不锈钢及工业纯铁等。在一定的变形量下,某些高碳钢、轴承钢,甚至高速钢等也可进行挤压。

(2) 可制出形状复杂、深孔、薄壁和异型断面的零件。

(3) 挤压零件的精度可达 IT7~IT6,表面粗糙度 Ra 值可达 3.2~0.4 μm,从而可达到少、无屑加工的目的。

(4) 挤压变形后,零件内部的纤维组织基本上是沿零件外形分布而不被切断,从而提高了零件的力学性能。

(5) 节省原材料。其材料利用率可达 70%,生产率也较高,比其他锻造方法提高几倍。

挤压是在专用挤压机(有液压式、曲轴式、肘杆式等)上进行的,也可在经适当改造后的通用曲柄压力机或摩擦螺旋压力机上进行。

第三节　轧 制 成 形

轧制具有生产率高、质量好、成本低,并可大量减少金属材料消耗等优点。近些年来,用轧制工艺生产零件得到越来越广泛的发展。根据轧辊轴线与坯料轴线方向的不同,轧制分为纵轧、横轧、斜轧等几种。

一、纵轧

纵轧是轧辊轴线相平行,旋转方向相反,轧件做直线运动的轧制。纵轧包括各种型材的轧制和辊锻等。

辊锻是用一对反向旋转的扇形模具使坯料产生塑性变形,从而获得所需锻件或锻坯的锻造

工艺(图 3-70)。辊锻既可作为模锻前的制坯工序,也可直接辊锻锻件。目前,成形辊锻适用于生产如下三种类型的锻件:

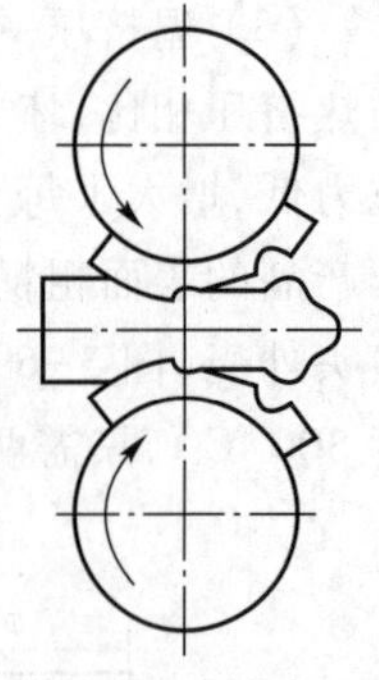
图 3-70　辊锻示意图

(1) 扁断面的长杆件,如扳手、活动扳手、链环等。

(2) 带有不变形头部、而沿长度方向横截面面积递减的锻件,如叶片等。叶片辊锻成形与铣削成形相比,材料利用率提高 4 倍,生产率提高 2.5 倍,且叶片质量好。

辊锻

(3) 连杆件。用辊锻工艺锻制生产率高,工艺过程简化,但需进行后续的精整工艺。

二、横轧

横轧是轧辊轴线与轧件轴线平行且轧辊与轧件作相对转动的轧制方法。如辗环轧制、齿轮轧制等。

(1) 辗环轧制　是将环形的坯料在旋转的轧辊中进行轧制的方法,以制取各种圆环件(图 3-71)。驱动辊由电动机带动旋转,利用摩擦力使坯料在驱动辊和芯辊之间受压变形。驱动辊还可由油缸推动作上下移动。改变驱动辊与芯辊两辊间的距离,使坯料厚度逐渐变小,而直径得到扩大。导向辊用以保持正确运送坯料。信号辊用来控制环件直径。坯料变形到与信号辊接触,信号辊立即发出信号,使驱动辊停止工作。

这种方法生产的环类件呈各种形状,如火车轮箍、轴承座圈及法兰等。

横轧

(2) 齿轮轧制　是用带齿形的工具(轧辊)边旋转边进给,使坯料在旋转过程中形成齿部的成形方法(图 3-72)。坯料预加热后,使带有齿形的轧辊作径向进给,迫使轧辊与坯料对辗,这样坯料上的一部分金属受压形成齿谷,相邻部分的金属被轧轮齿部“反挤”而上升,形成齿顶。

图 3-71　辗环轧制示意图

图 3-72　齿轮轧制示意图

三、斜轧

轧辊相互倾斜配置,两轧辊转动方向相同,坯料在轧辊的作用下反向旋转,同时还作轴向运动,即螺旋运动,这种轧制称为斜轧,也称为螺旋轧制或横向螺旋轧制(图 3-73),如钢球轧制、周期轧制、冷轧丝杠等。

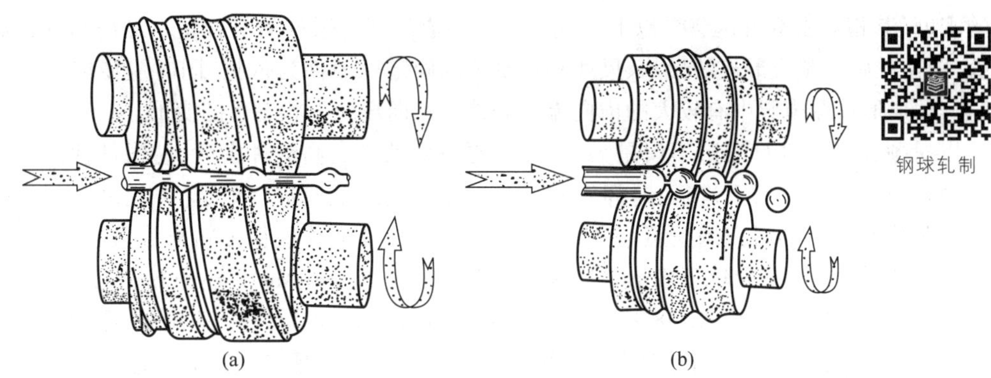

图 3-73　螺旋轧制

螺旋轧制的两个轧辊倾斜角度一般不超过 7°,其上加工出与零件轮廓相近的螺旋形槽。斜轧中坯料受压缩的同时,沿径向和轴向流动充填型槽而成形。螺旋斜轧具有效率高、材料利用率高、产品表面质量好等优点。

第四节　粉末锻造

粉末锻造是把金属粉末经压实后烧结,再用烧结体作为锻造坯料的锻造方法,其典型工艺过程如图 3-74 所示。此外,还有粉末等温锻造、粉末超塑性模锻、粉末连续挤压等方法。目前,以烧结锻造法应用最多。

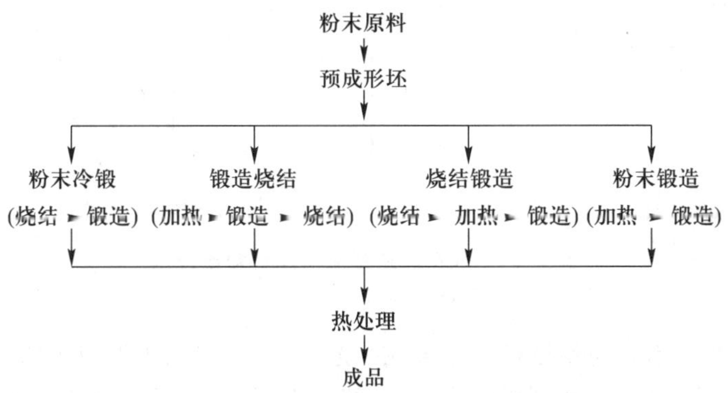

图 3-74　粉末锻造典型工艺过程

粉末锻造中选用的粉末是预合金粉,通常含有 Ni 和 Mo 合金元素,为使锻件具有较好的淬透性,可适量加入 Cu。目前,除主要应用的铁基合金外,镍基、铜基、弥散强化铝合金等金属粉末,其应用量在逐步扩大。新型、高质量、成本低的金属粉末被制作出来,也是促使粉末锻造发展的因素之一。

粉末锻造工艺的基础是制作粉末预成形坯,也称为压坯或生坯。一种预成形坯是冷压成形后,经加热至锻造温度进行锻造。这种预成形坯多用预合金粉末制成,其相对密度在 80%左右,塑性稍低,孔隙较多。另一种是经过烧结的预成形坯,需重新加热后再进行锻造。这种预成形坯多采用混合元素粉末原料,或不含碳的预合金粉末制成。烧结的目的是合金化或使成分均匀,增加预成形坯的密度(其相对密度可达 90%以上),同时降低预成形坯和锻件的氧含量。经烧结的预成形坯孔隙少,塑性较好。预成形坯的形状、尺寸和重量等的确定以锻件为依据,同时应使锻造中易于充满模膛。预成形坯在模膛中有较大的横向流动和处于三向压应力状态下的变形。

对预成形坯进行锻造不仅是为了成形,更重要的是提高锻件密度,使锻件性能达到要求。锻前加热应在保护气氛下进行,时间不宜过长。采用闭式锻模进行锻造,以提高锻件精度。对锻模进行预热有利于坯料充满模膛。总之,严格控制工艺参数才能保证粉末锻造的质量。

图 3-75 为汽车齿轮预成形坯料和锻件图。粉末为 Fe-Mo 共还原粉,预成形坯料的化学成分为 0. 4% ~ 0. 45% C, 0. 38% ~ 0. 44% Mo, 2% Cu, 余量为 Fe, 经压制后, 其密度为 6. 3 ~ 6. 7 g/cm^3。锻前经烧结可使坯料相对密度达 90%左右,并具有一定的塑性。在 900 ℃温度条件下,选用 3 000 kN 摩擦压力机进行模锻,所得锻件的密度达到 7. 75 g/cm^3,相对密度提高到 98%以上,抗拉强度可达 1 670 MPa,性能很好。工业生产中,许多零件如汽车连杆、高合金钢刃具、飞机发动机涡轮盘、叶片等,采用粉末冶金锻造,其性能和材料利用率都远比普通模锻件高许多。

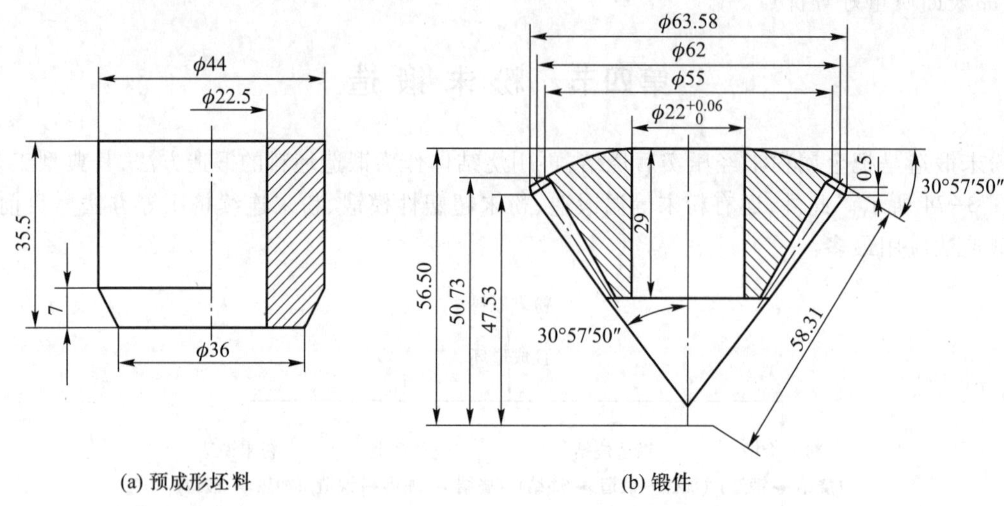

(a) 预成形坯料　　(b) 锻件

图 3-75　汽车齿轮预成形坯料和锻件图

粉末锻造是把粉末冶金与精密模锻结合在一起的工艺方法,既保持了粉末冶金的少、无屑加工的特点,又具有成形精确、材料利用率高、锻造能量消耗低、模具寿命长和成本低的优点。所得产品形状复杂,尺寸精确,组织结构均匀,无成分偏析及各向异性,并可破碎粉末颗粒表面的氧化膜,提高锻件的力学性能,能满足特殊环境对零件的使用要求。因此,粉末锻造工艺受到各工业国家的普遍重视,在机械制造业、航天航空工业中得到广泛采用,发展极为迅速。

第五节　数 控 冲 压

一、数控冲压的工作原理及主要用途

数控冲压是利用数字控制技术对板料进行冲压的工艺方法。实施数控冲压过程前,应根据

冲压件的结构和尺寸,按规定的格式、标准代码和相关数据编写出程序输入计算机,冲压设备受计算机控制,按程序顺序实现指令内容,自动完成冲压工作,该过程所用设备称为数控冲床。目前,广泛采用的是数控步冲压力机(图 3-76),它由独立的控制柜、机架、能够精确定位的移动工作台(定位精度为±0.01 mm)和一对装有多套模具的回转头等组成。

图 3-76 数控步冲压力机外观图

板材通过气动系统由夹钳夹紧,并由工作台的滚珠托住,以减小板料沿工作台在 X、Y 轴方向移动时的阻力。在控制台发出的指令控制下,板材待冲部位准确移动至冲压工作位置;同时,控制回转盘转动,使选定的模具也到达冲压工作位置;然后,数控系统控制机床进行冲压加工,并按加工程序进行冲压工作,直到整个工件加工完成。

数控步冲压力机不仅可以进行单冲(冲孔、落料)、浅成形(压印、翻边、开百叶窗)等工序;也可以采用步冲方式,用简单的小冲模冲出大的圆孔、大的方孔、任意形状的曲线孔(图 3-77)和轮廓步冲(图 3-78)。还可以利用组合冲裁法冲出较复杂的孔。数控冲床具有较强的通用性,特别适合多品种的中、小批量或单件的板料冲压,广泛应用于航空、航海、汽车、仪表、电器、计算机、纺织机械等行业。

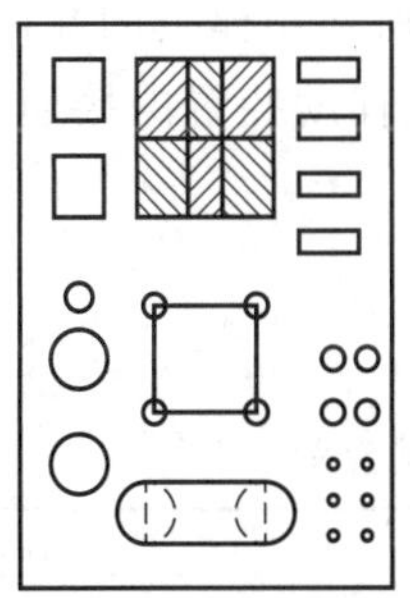

图 3-77 数控步冲压力机的几种冲压方式

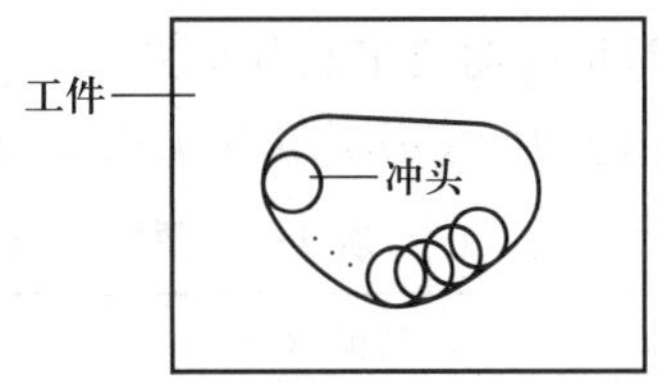

图 3-78 轮廓步冲

二、数控冲压编程方法

数控控制系统常用的代码有国际标准化组织(ISO)和美国电子工业协会(EIA)两个组织规定的两种格式。但不同控制系统的数控冲压编程格式会有较大差异,各系统互不相通。即使是同一厂家的系统,数控车、数控铣等机械加工的编程格式和数控冲压的格式也不尽相同,使得数控零件加工程序没有通用性。而且就是同一品牌的数控冲压系统,不同版本也有差异。因此,使用时,必须注明数控系统和版本。下面以西班牙 FAGOR 的 8025PG 版本的数控系统为例介绍数控冲压编程方法。

1. 数控冲压编程格式

常规加工程序由程序号、程序主体和程序结束功能字组成。程序号以 0~99 999 之间的数字表示,置于第一个程序段之前,作为一个程序的开始。如果从外部设备(计算机)输入程序,在程序号前要使用符号%(如%00003),单列一段。程序结束功能字可使用 M02 或 M30。用 M02 结束程序,光标停在程序结束处;而用 M30 结束程序时,光标和屏幕显示能自动返回到程序开头处,按启动钮就可再次运行该程序。

程序主体由一些程序段组成,程序段格式见表 3-4。

表 3-4 程序段格式

程序段号字	准备功能字	尺寸字		模具功能字	辅助功能字
		X 坐标	*Y* 坐标		
N××	G××	±X××××	±Y××××	T××	M××

程序段号字由地址符 N 和随后的 0~9 999 之间的数字构成。程序段必须从小到大排列,但是程序段号可以不连续,以便于程序的插入和修改。如果从控制柜上手动输入程序,程序段以 10 为间隔自动编号。程序段号字使用时 N 字与数字间、数字与数字间一般不允许有空格。

准备功能字用 G 和其后 2 位正整数数字(包括 00)表示,用来确定 CNC 的工作状态。各数控系统的 G 准备功能字含义相差很大,编程时必须按所使用数控系统的编程规定进行编程。

尺寸字在程序段中主要用来表示数控压力机的模具运动到达的坐标位置。数控压力机常用的尺寸字地址符有:X、Y 常用于表示直角坐标系下指令到达点的直角坐标尺寸。其中正坐标值可以不写"+"号。

模具功能字用地址符 T 及随后的 1~2 位数字表示,代表所使用模具的几何尺寸。辅助功能字由地址符 M 及随后的 2 位数字组成,用来表示数控压力机辅助装置的接通和断开,表示压力机各种辅助动作及其状态。

2. 数控冲压常用的功能字及其含义

数控冲压常用的功能字及其含义见表 3-5。

表 3-5 数控冲压常用的功能字及其含义

功能字	功能含义	功能字	功能含义
M00	程序暂停	M02	程序结束
M30	返回程序起点的程序结束	G90	绝对坐标方式编程
G91	增量坐标方式编程	G92	将当前点定义为编程坐标原点
G93	极坐标原点的预选	G53	恢复机床坐标
G80	取消 G81 指令	G81	点冲
G82	直线步冲	G83	弧形步冲
G84	直线点冲	G85	弧形点冲

续表

功能字	功能含义	功能字	功能含义
G86	栅格冲压	G87	直线剪切
G88	矩形剪切	G89	复制冲压
G22	定义标准子程序	G23	定义参数子程序
G24	子程序结束	G40	取消刀具半径补偿
G41	左侧刀具半径补偿	G42	右侧刀具半径补偿
G25	无条件跳转调用	G99	刀具停在编程中间点
Z	模具自旋转角度	T	刀具号

3. 数控冲床编程坐标系的设定

(1) 工件坐标和编程坐标。坐标系分为工件坐标系和编程坐标系。工件坐标系是假定工件(板材)不运动,回转头上的冲压工作点 P 运动,X、Y 轴在水平面上,Z 轴与 X、Y 轴水平面垂直,向上运动为 $+Z$ 方向(图 3-79)。坐标原点选择在板材的左下角点。圆冲头的点 P 在圆心上,方冲头的点 P 在两对角线的交点上。图中所示的安全区是为了避免刀具冲压到固定工件用的夹具而设定的。为简化编程,预先定义 Y 轴 0~100 mm 范围内禁止冲压。

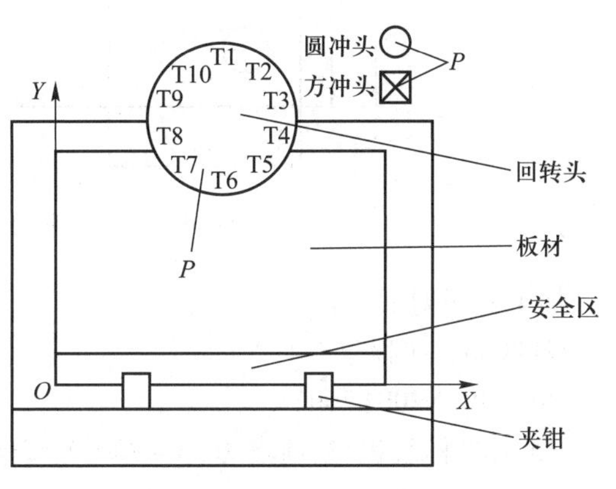

图 3-79　工件坐标系

数控编程时还需要建立编程坐标系。编程坐标系 X、Y、Z 轴与工件坐标系方向相同,坐标原点可以选择在工件坐标系原点。实际冲压时常在同一张板材上冲压几个相同图形,如果几个工件的编程坐标原点都选在工件坐标原点上,各个相同的图形其加工程序相同,但在板材上的位置不同,需要重新分别编写尺寸字。G92 功能可以移动编程坐标原点,将 G92 后输入的坐标值作为新的编程坐标原点,建立分坐标。这样做使板材内各相同的局部图形在各分坐标内,加工程序保持一致,简化了编程工作。G53 功能则用来取消分坐标,恢复工件坐标原点。

(2) 绝对坐标方式编程和增量坐标方式编程。G90 为绝对坐标方式编程,程序中尺寸字是以相对编程坐标原点的坐标值写入。开机后,CNC 系统默认为绝对坐标方式编程;G91 为增量坐标方式编程,程序中尺寸字是以相对上一点的坐标增量值写入。

4. 环形点冲、栅格点冲及矩形剪切综合图形编程实例

回转头上各模具功能字的几何尺寸是可以改变的。本实例所用模具功能字及模具几何尺寸见表 3-6。

表 3-6　模具功能字及模具几何尺寸

模具功能字	T1	T2	T3	T4	T5	T6	T7	T8	T9	T10
模具几何尺寸	ϕ20	ϕ4	ϕ8	30×30	12.5×12.5	4×4	ϕ24	ϕ40	ϕ16	ϕ12

该加工实例如图 3-80 所示。

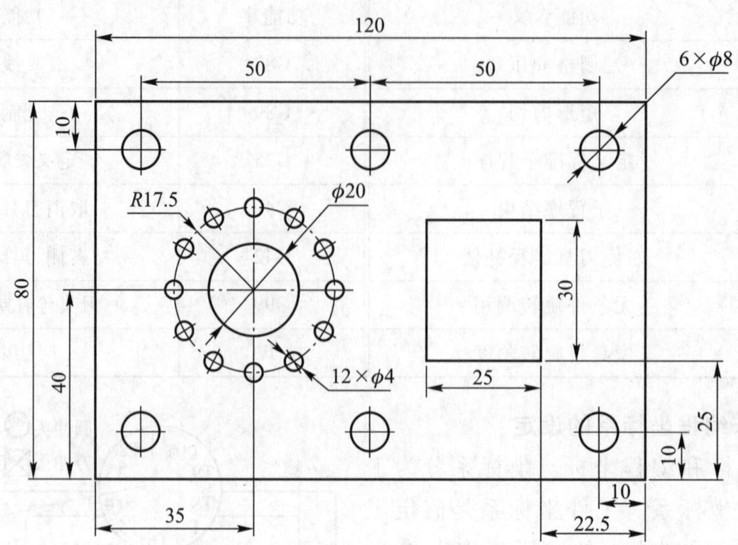

图 3-80　环形点冲、栅格点冲及矩形剪切综合图形

加工程序如下：

%00003　(程序号)

N0　G90X200Y200

[绝对坐标编程，当前点为($X=200$，$Y=200$)]

N10　G92X0Y0

[将当前点($X=200$，$Y=200$)定义为编程坐标系坐标原点，为图 3-80 的左下角点，建立编程坐标系]

(点冲左中 ϕ20 圆孔)

N20　T1　(选择 ϕ20 圆形模具)

N30　G81X35Y40　(点冲 ϕ20 圆孔)

N40　G80　(取消 G81 指令)

(环形点冲左中 12 个 ϕ4 圆孔)

N50　T2　(选择 ϕ4 圆形模具)

N60　X35Y40　(定义圆心坐标)

N70　G85R17.5A0B360K12(环形点冲，加工 360 圆周上的 12 个 ϕ4 圆孔)

(栅格点冲 6 个 ϕ8 圆孔)

N80　T3　(选择 ϕ8 圆形模具)

N90　X10Y10　(左下角第一个孔圆心坐标)

N100　G86A0I50K3J60D2P0=K0

(沿 X 轴方向进行栅格点冲，栅格转角为 0°，X 向两孔中心距离为 50，X 向冲孔数量为 3 个，Y 向两孔中心距离为 60，Y 向冲孔数量为 2 个，共计加工 6 个孔)

(剪切右边 25×30 的方孔，冲压整个平面)

N110　T5　（选择 12.5×12.5 正方形模具）

N120　X72.5Y25　（定义矩形剪切的起始点坐标）

N130　G88X25Y30P7=K1　（左下角为起点，矩形剪切宽 25，长 30 的方孔，冲压整个平面）

（将 120×80 矩形零件从板料上切下）

N140　T6　（选择 4×4 正方形模具）

N150　X-4Y-4　（选择零件左下角作为起点坐标，并计入模具尺寸）

N160　G88X128Y88P0=K1P1=K1P7=K0　（进行 X 轴方向有一个接点的矩形剪切，将零件从板料上冲下）

N170　G53　（恢复机床坐标）

N180　M30　（程序结束）

三、数控冲压工艺的优点

数控冲压使冲压生产有了突破性进展，具有如下优点：

（1）可以减少专用模具的数量，从而节省工艺装备的准备时间和制造费用，缩短产品的生产周期，适应灵活多变的市场要求。

（2）减少模具的安装调试时间，提高生产效率。

（3）产品精度高，孔距误差为±0.1 mm，重复定位精度小于±0.04 mm。

（4）减少工人的体力劳动，提高冲压加工水平。

数控冲床还可以与其他设备结合，如与激光切割机、等离子切割机等设备相结合，进而组成冲压加工中心，提高冲压加工自动化程度，有利于进一步发展板材的柔性制造系统。

复　习　题

1. 塑性加工中的特种工艺有哪些特点？
2. 精密模锻需要采取哪些工艺措施才能保证产品的精度？
3. 挤压零件的生产特点是什么？
4. 轧制零件的方法有哪几种？各有何特点？斜轧时两个轧辊为什么必须同方向旋转？
5. 粉末锻造有哪些特点？
6. 数控冲压有哪些特点？

第四篇　焊　　接

焊接是通过加热或加压(或两者并用),使工件产生原子间结合的一种连接方法。

焊接在现代工业生产中具有十分重要的作用,如舰船的船体、高炉炉壳、建筑构架、锅炉与压力容器、车厢及家用电器、汽车车身等工业产品的制造,都离不开焊接。焊接方法在制造大型结构件或复杂机器部件时,更显得优越。它可以用化大为小、化复杂为简单的办法来准备坯料,然后用逐次装配焊接的方法拼小成大、拼简单成复杂。这是其他工艺方法难以做到的。在制造大型机器设备时,还可以采用铸-焊或锻-焊复合工艺。这样,仅有小型铸、锻设备的工厂也可以生产出大型零部件。用焊接方法还可以制成双金属构件,如制造复合层容器。此外,还可以对不同材料进行焊接。总之,焊接方法的这些优越性,使其在现代工业中的应用日趋广泛。

焊接方法的种类很多,其中电弧焊是应用最普遍的焊接方法。

第一章 电 弧 焊

第一节 焊接电弧

焊接电弧是在具有一定电压的两电极间或电极与工件之间的气体介质中，产生的强烈而持久的放电现象，即在局部气体介质中有大量电子流通过的导电现象。

焊接电弧

产生电弧的电极可以是金属丝、钨丝、碳棒或焊条。焊接电弧如图 4-1 所示。引燃电弧后，弧柱中就充满了高温电离气体，并放出大量的热能和强烈的光。电弧的热量与焊接电流和电弧电压的乘积成正比。电流越大，电弧产生的总热量就越大。一般情况下，电弧热量在阳极区产生的较多，约占总热量的 43%；阴极区因放出大量的电子，消耗了一部分能量，所以产生的热量相对较少，约占 36%；其余 21% 左右的热量是在弧柱中产生的。焊条电弧焊只有 65%~85%的热量用于加热和熔化金属，其余的热量则散失在电弧周围和飞溅的金属滴中。

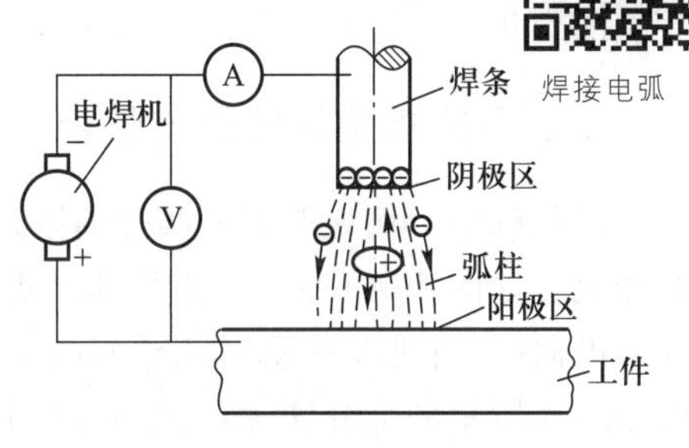

图 4-1 焊接电弧

电弧中阳极区和阴极区的温度因电极材料不同而有所不同。用钢焊条焊接钢材时，阳极区温度约为 2 600 K，阴极区约为 2 400 K，电弧中心区温度为最高，可达 6 000~8 000 K。

由于电弧产生的热量在阳极和阴极上有一定差异及其他一些原因，使用直流电源焊接时，有正接和反接两种接线方法。

正接是将工件接到电源的正极，焊条（或电极）接到负极；反接是将工件接到电源的负极，焊条（或电极）接到正极，如图 4-2 所示。正接时工件的温度相对高一些。

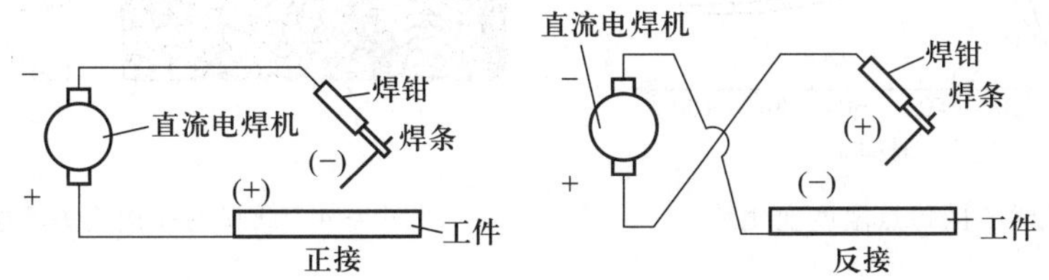

图 4-2 直流电源时的正接与反接

如果焊接时使用的是交流电焊机（弧焊变压器），因为电极每秒钟正负变化达 100 次之多，所以两极加热温度一样，都在 2 500 K 左右，因而不存在正接和反接问题。

电焊机的空载电压就是焊接时的引弧电压，一般为 50~90 V。电弧稳定燃烧时的电压称为电弧电压,它与电弧长度(即焊条与工件间的距离)有关。电弧长度越大,电弧电压也越高。一般情况下,电弧电压在16~35 V范围之内。

第二节　焊接接头的组织与性能

一、焊接工件上温度的变化与分布

焊接时,电弧沿着工件逐渐移动并对工件进行局部加热。因此在焊接过程中,焊缝及其附近的金属都是由常温状态开始被加热到较高的温度,然后再逐渐冷却到常温。但随着各点金属所在位置的不同,其最高加热温度是不同的。图4-3给出了焊接时焊件横截面上不同点的温度变化情况。由于各点离焊缝中心距离不同,所以各点的最高温度也不同。又因热传导需要一定时间,所以各点是在不同的时间达到该点最高温度的。但总的看来,在焊接过程中,焊缝的形成是一次冶金过程,焊缝附近区域金属相当于受到一次不同规范的热处理,必然会产生相应的组织与性能的变化。

二、焊接接头的组织与性能

以低碳钢为例说明焊缝和焊缝附近区域由于受到电弧不同程度的加热而产生的组织与性能的变化。如图4-4所示,左侧下部是焊件的横截面,上部是相应各点在焊接过程中被加热的最高温度曲线(并非某一瞬时该截面的实际温度分布曲线)。图中1、2、3、4各段金属组织的获得,可用右侧所示的部分铁-碳合金状态图来对照分析。

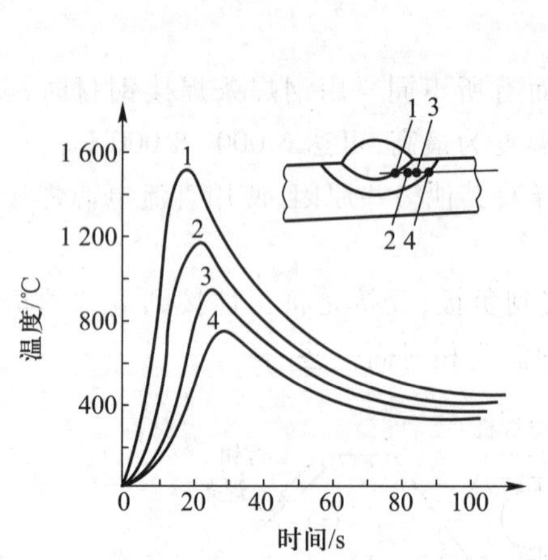

图4-3　焊缝区各点温度变化情况

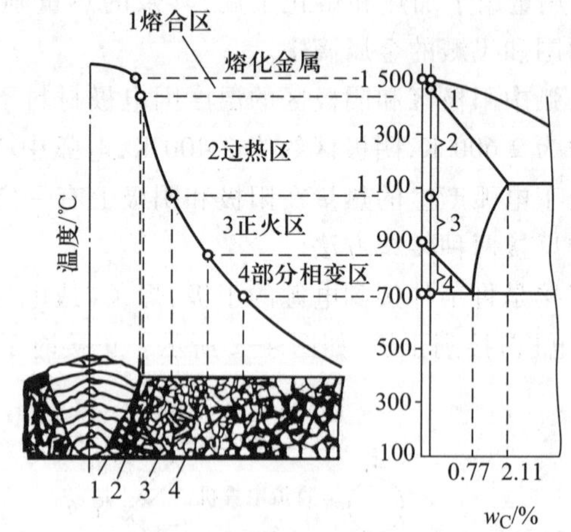

图4-4　低碳钢焊接接头的组织

1. 焊缝

焊缝的结晶是从熔池底壁开始向中心成长的。因结晶时各个方向的冷却速度不同,从而形成柱状的铸态组织(由铁素体和少量珠光体所组成)。因结晶是从熔池底部的半熔化区开始逐次进行的,低熔点的硫、磷杂质和氧化铁等易偏析物集中在焊缝中心区,将影响焊缝的力学性能。因此,应慎重选用焊条或其他焊接材料。

焊接时，熔池金属受电弧吹力和保护气体的吹动，熔池底壁柱状晶体的成长受到干扰，柱状晶体呈倾斜状，晶粒有所细化。同时，由于焊接材料的渗合金作用，焊缝金属中锰、硅等合金元素含量可能比母材（即焊件）金属高，焊缝金属的性能可能不低于母材金属的性能。

2. 焊接热影响区

焊接热影响区是指焊缝两侧金属因焊接热作用（但未熔化）而发生金相组织和力学性能变化的区域。由于焊缝附近各点受热情况不同，热影响区可分为熔合区、过热区、正火区和部分相变区等。

（1）熔合区　是焊缝和基体金属的交接过渡区。此区温度处于固相线和液相线之间，由于焊接过程中母材部分熔化，所以也称为半熔化区。此时，熔化的金属凝固成铸态组织，未熔化金属因加热温度过高而成为过热粗晶。在低碳钢焊接接头中，熔合区虽然很窄（0.1～1 mm），但因其强度、塑性和韧度都下降，而且此处接头断面变化，易引起应力集中，所以熔合区在很大程度上决定着焊接接头的性能。

（2）过热区　被加热到 Ac_3 以上 100～200 ℃至固相线温度区间。由于奥氏体晶粒粗大，形成过热组织，故塑性及韧度降低。对于易淬火硬化钢材，此区脆性更大。

（3）正火区　被加热到 Ac_1 至 Ac_3 以上 100～200 ℃区间。加热时金属发生重结晶，转变为细小的奥氏体晶粒。冷却后得到均匀而细小的铁素体和珠光体组织，其力学性能优于母材。

（4）部分相变区　相当于加热到 Ac_1～Ac_3 温度区间。珠光体和部分铁素体发生重结晶，转变成细小的奥氏体晶粒。部分铁素体不发生相变，但其晶粒有长大趋势。冷却后晶粒大小不均，因而力学性能比正火区稍差。

焊接热影响区的大小和组织性能变化的程度，取决于焊接方法、焊接参数、接头形式和焊后冷却速度等因素。表 4-1 是用不同焊接方法焊接低碳钢时，焊接热影响区的平均尺寸数值。

表 4-1　焊接热影响区的平均尺寸数值

焊接方法	过热区宽度/mm	热影响区总宽度/mm
焊条电弧焊	2.2～3.5	6.0～8.5
埋弧自动焊	0.8～1.2	2.3～4.0
手工钨极氩弧焊	2.1～3.2	5.0～6.2
气焊	21	27
电子束焊接	—	0.05～0.75

同一焊接方法使用不同的焊接参数时，热影响区的大小也不相同。在保证焊接质量的条件下，增加焊接速度或减少焊接电流都能减小焊接热影响区。

三、改善焊接热影响区组织和性能的方法

焊接热影响区在电弧焊焊接接头中是不可避免的。用焊条电弧焊或埋弧焊方法焊接一般低碳钢结构时，因热影响区较窄，危害性较小，焊后不进行处理即可使用。但对重要的碳钢结构件、低合金钢结构件，则必须注意热影响区带来的不利影响。为消除其影响，一般采用焊后正火处理，使焊缝和焊接热影响区的组织转变成为均匀的细晶结构，以改善焊接接头的性能。

对焊后不能进行的热处理的金属材料或构件，则只能通过正确地选择焊接材料、焊接方法与焊接工艺上来减少焊接热影响区的范围。

第三节　焊接应力与变形

焊接过程是一个极不平衡的热循环过程，即焊缝及其相邻区金属都要由室温被加热到很高温度（焊缝金属已处于液态），然后再快速冷却下来。由于在这个热循环过程中，焊件各部分的温度不同，随后的冷却速度也各不相同，因而焊件各部位在热胀冷缩和塑性变形的影响下，必将产生内应力、变形甚至裂纹。

焊缝是靠一个移动的点热源来加热的，随后逐次冷却下来所形成的。因而应力的形成、大小和分布状况较为复杂。为简化问题，假定整条焊缝同时成形。当焊缝及其相邻区金属处于加热阶段时都会膨胀，但受到焊件冷金属的阻碍，不能自由伸长而受压，形成压应力。该压应力使处于塑性状态的金属产生压缩变形。随后再冷却到室温时，其收缩又受到周边冷金属的阻碍，不能缩短到自由收缩所应达到的位置，因而产生残余拉应力（焊接应力）。图 4-5 所示为平板对接焊缝和圆筒环形焊缝的焊接应力分布状况。

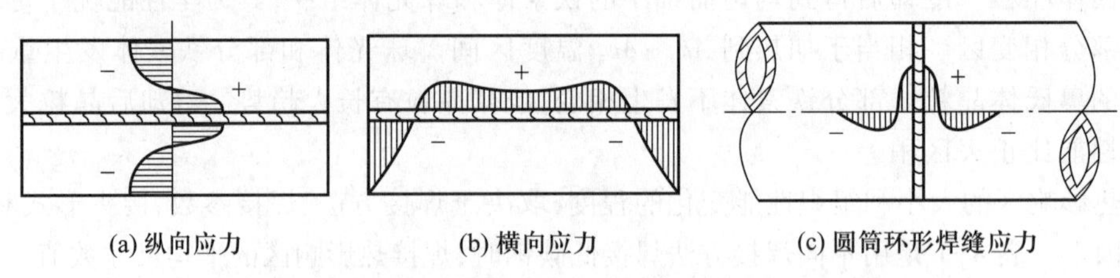

(a) 纵向应力　(b) 横向应力　(c) 圆筒环形焊缝应力

图 4-5　对接焊缝、圆筒环形焊缝的焊接应力分布

焊接应力的存在将影响焊件的使用性能，可使其承载能力大为降低，甚至在外载荷改变时出现脆断的危险后果。对于接触腐蚀性介质的焊件（如容器），由于应力腐蚀现象加剧，将减少焊件使用期限，甚至产生应力腐蚀裂纹而报废。

对于承载大、压力容器等重要结构件，焊接应力必须加以防止和消除。首先，在结构设计时，应选用塑性好的材料，要避免使焊缝密集交叉，避免使焊缝截面过大和焊缝过长。其次，在施焊中应确定正确的焊接次序（图 4-6b 中 A 区易产生裂纹）。焊前对焊件预热是较为有效的工艺措施，这样可减弱焊件各部位间的温差，从而显著减小焊接应力。焊接中采用小能量焊接方法或锤击焊缝也可减小焊接应力。再次，当需较彻底地消除焊接应力时，可采用焊后去应力退火方法来实现，此时需将焊件加热至 500～650 ℃，保温后缓慢冷却至室温。

焊接应力的存在，会引起焊件的变形，其基本类型如图 4-7 所示，具体焊件会出现哪种变形与焊件结构、焊缝布置、焊接工艺及应力分布等因素有关。一般情况下，结构简单的小型焊件，焊后仅出现收缩变形，焊件尺寸减小。当焊件坡口横截面的上下尺寸相差较大或焊缝分布不对称，以及焊接次序不合理时，则焊件易发生角变形、弯曲变形或扭曲变形。对于薄板焊件，最容易产生不规律的波浪变形。

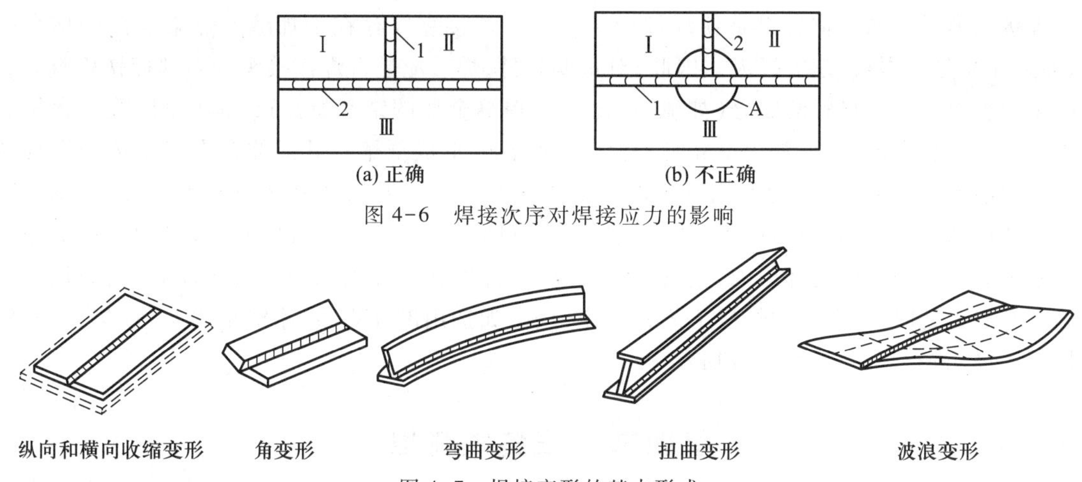

图 4-6　焊接次序对焊接应力的影响

图 4-7　焊接变形的基本形式

焊件出现变形将影响使用,过大的变形量将使焊件报废。因此,必须加以防止和消除。焊件产生变形主要是由焊接应力所引起,预防焊接应力的措施对防止焊接变形都是有效的。当对焊件的变形有较高限定时,在结构设计中采用对称结构或大刚度结构、焊缝对称分布结构都可减小或不出现焊接变形。施焊中,采用反变形措施(图 4-8、图 4-9)或刚性夹持方法,都可减小焊件的变形。但刚性夹持法不适合焊接淬硬性较大的钢结构件和铸铁件。正确选择焊接参数和焊接次序,对减小焊接变形也很重要(图 4-10、图 4-11)。这样可使温度分布更加均衡,开始焊接时产生的微量变形,可被后来焊接部位的变形所抵消,从而获得无变形的焊件。对于焊后变形小但已超过允许值的焊件,可采用机械矫正法(图 4-12)或火焰加热矫正法(图 4-13)加以消除。火焰加热矫正焊件时,要注意加热部位,使焊件在加热-冷却后产生相反方向的塑性变形,以消除焊接时产生的变形。

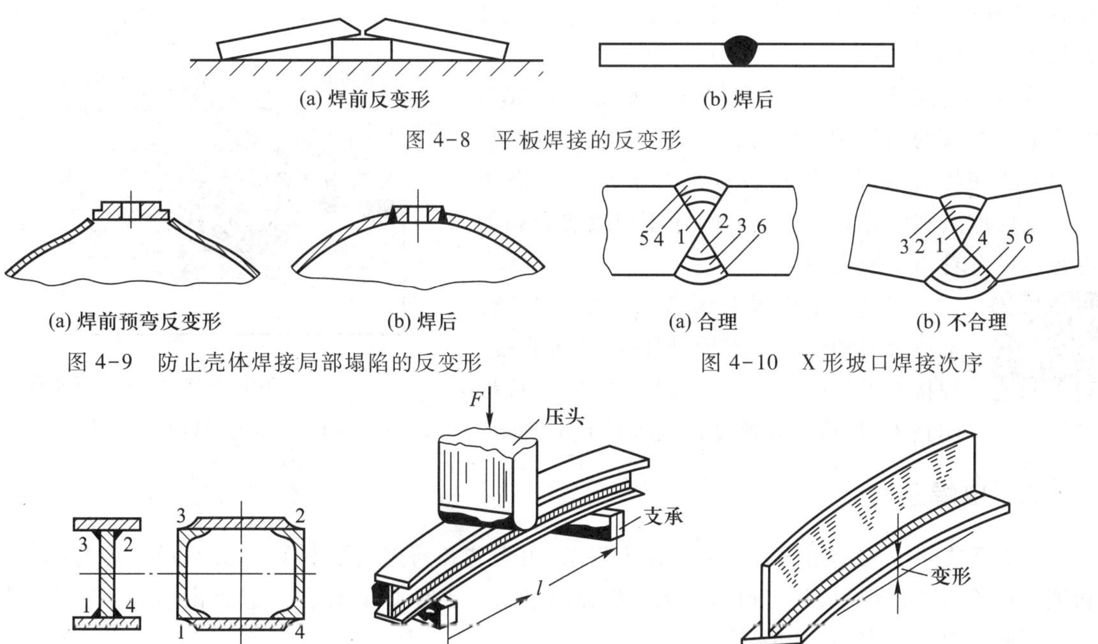

图 4-8　平板焊接的反变形

图 4-9　防止壳体焊接局部塌陷的反变形

图 4-10　X 形坡口焊接次序

图 4-11　梁的焊接次序

图 4-12　机械矫正法

图 4-13　火焰加热矫正法

焊接应力过大的严重后果是使焊件产生裂纹。焊接裂纹存在于焊缝或热影响区的熔合区中，而且往往是内裂纹，危害极大。因此，对重要焊件，焊后应进行焊接接头的内部探伤检查。焊件产生裂纹也与焊接材料的成分（如硫、磷含量）、焊缝金属的结晶特点（结晶区间）及氢含量的多少有关。焊缝金属的硫、磷含量高时，其化合物与 Fe 形成低熔点共晶体存在于基体金属的晶界处（构成液态间层），在应力作用下被撕裂形成热裂纹。金属的结晶区间越大，形成液态间层的可能性也越大，焊件就容易产生裂纹。钢中氢含量高，焊后经过一段时间，析出的大量氢分子集中起来会形成很大的局部压力，造成工件出现裂纹（称延迟裂纹），故焊接中应合理选材，采取措施减小应力，并应用合理的焊接工艺和焊接参数（如选用碱性焊条、小能量焊接、预热、合理的焊接次序等）进行焊接，确保焊件质量。

第四节 焊条电弧焊

焊条电弧焊（即手工电弧焊）是用手工操纵焊条进行焊接的电弧焊方法。

焊条电弧焊可在室内、室外、高空和各种方位进行，设备简单、维护容易、焊钳小、使用灵便，适于焊接高强度钢、铸钢、铸铁和非铁金属，其焊接接头与工件（母材）的强度相近，是焊接生产中应用最广泛的方法。

一、焊条电弧焊的焊接过程

焊条电弧焊的焊接过程如图 4-14 所示。电弧在焊条与被焊工件之间燃烧，电弧热使工件和焊芯共同熔化形成熔池，同时也使焊条的药皮熔化和分解。药皮熔化后与液态金属发生物理化学反应，所形成的熔渣不断从熔池中浮起；药皮受热分解产生大量的 CO_2、CO 和 H_2 等保护气体，围绕在电弧周围。熔渣和气体能防止空气中氧和氮的侵入，起保护熔化金属的作用。

当电弧向前移动时，工件和焊条不断熔化汇成新的熔池。原来的熔池则不断冷却凝固，构成连续的焊缝。覆盖在焊缝表面的熔渣也逐渐凝固成为固态渣壳。这层熔渣和渣壳对焊缝成形的好坏和减缓金属的冷却速度有着重要的作用。

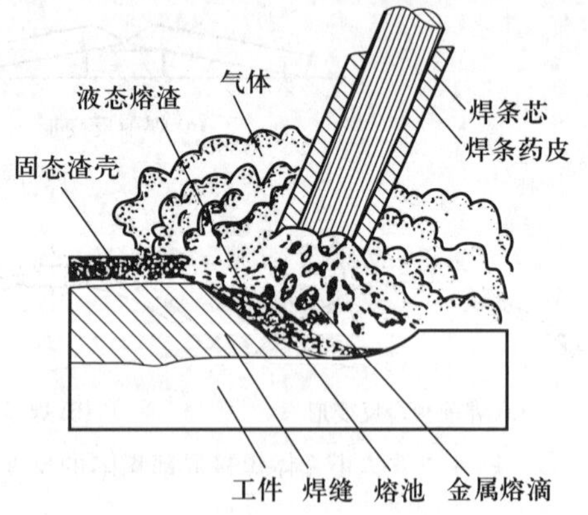

图 4-14 焊条电弧焊的焊接过程

焊条电弧焊

焊缝质量由很多因素来决定，如工件基体金属和焊条的质量、焊前的清理程度、焊接时电弧的稳定情况、焊接参数、焊接操作技术、焊后冷却速度以及焊后热处理等。

二、电焊条

涂有药皮供手弧焊用的熔化电极称为焊条，由焊芯和药皮（涂料）两部分组成。焊芯起导电和填充焊缝金属的作用，药皮则用于保证焊接顺利进行并使焊缝具有一定的化学成分和力学性能。下面主要介绍焊接结构钢的焊条。

1. 焊芯

焊芯(埋弧焊时为焊丝)是组成焊缝金属的主要材料。其化学成分和非金属夹杂物的多少将直接影响焊缝的质量。因此,结构钢焊条的焊芯应符合国家标准 GB/T 14957—1994《熔化焊用钢丝》的要求。常用的结构钢焊条焊芯的牌号和化学成分见表 4-2。

表 4-2 常用的结构钢焊条焊芯的牌号和化学成分

钢号	化学成分/%							用途
	碳	锰	硅	铬	镍	硫	磷	
H08	≤0.10	0.30~0.55	≤0.30	≤0.20	≤0.30	<0.04	<0.04	一般焊接结构
H08A	≤0.10	0.30~0.55	≤0.30	≤0.20	≤0.30	<0.03	<0.03	重要的焊接结构
H08MnA	≤0.10	0.80~1.10	≤0.07	≤0.20	≤0.30	<0.03	<0.03	用作埋弧自动焊钢丝

焊芯具有较低的碳含量和一定的锰含量。硅含量控制较严,硫、磷含量则应低。焊芯牌号中带"A"字符号者,其硫、磷含量不超过 0.03%,焊芯的直径即称为焊条直径,最小为 1.6 mm,最大为 8 mm,其中以 3.2~5 mm 的焊条应用最广。

焊接低合金钢、不锈钢用的焊条,应采用相应的低合金钢、不锈钢的焊接钢丝作焊芯。

2. 焊条药皮

焊条药皮在焊接过程中的作用主要是:提高电弧燃烧的稳定性,防止空气对熔化金属的有害作用,对溶池的脱氧和加入合金元素,可以保证焊缝金属的化学成分和力学性能。焊条药皮原料的种类名称及其作用见表 4-3。

表 4-3 焊条药皮原料的种类名称及其作用

原料种类	原料名称	作用
稳弧剂	碳酸钾、碳酸钠、长石、大理石、钛白粉、钠水玻璃、钾水玻璃	改善引弧性能,提高电弧燃烧的稳定性
造气剂	淀粉、木屑、纤维素、大理石	造成一定量的气体,隔绝空气,保护焊接熔滴与熔池
造渣剂	大理石、萤石、菱苦土、长石、锰矿、钛铁矿、黏土、钛白粉、金红石	造成具有一定物理-化学性能的熔渣,保护焊缝。碱性渣中的 CaO 还可起脱硫、磷作用
脱氧剂	锰铁、硅铁、钛铁、铝铁、石墨	降低电弧气氛和熔渣的氧化性,脱除金属中的氧。锰还起脱硫作用
合金剂	锰铁、硅铁、铬铁、钼铁、钒铁、钨铁	使焊缝金属获得必要的合金成分
稀渣剂	萤石、长石、钛白粉、钛铁矿	降低熔渣黏度,增加熔渣流动性
黏结剂	钾水玻璃、钠水玻璃	将药皮牢固地粘在钢芯上

3. 焊条的种类及型号

由于焊接方法应用的范围越来越广泛,因而适应各个行业、各种材料和达到不同性能要求的焊条品种非常多。我国将焊条按化学成分划分为七大类,即碳钢焊条、低合金钢焊条、不锈钢焊条、堆焊焊条、铸铁焊条及焊丝、铜及铜合金焊条、铝及铝合金焊条等。其中应用最多的是碳钢焊条和低合金钢焊条。

根据国家标准 GB/T 5117—2012《非合金钢及细晶粒钢焊条》和 GB/T 5118—2012《热强钢焊条》的规定,两种焊条型号用大写字母“E”和数字表示,如 E4303、E5015 等。“E”表示焊条,型号中四位数字的前两位表示熔敷金属抗拉强度的最小值,第三位与第四位数字组合表示药皮类型、焊接位置和电流种类。低合金钢焊条型号中在四位数字之后,还标出附加合金元素的化学成分,如 E5515-B2-V 属低氢钠型,适用直流反接进行各种焊接位置的焊条。

焊条牌号是焊条行业统一的焊条代号。焊条牌号一般用一个大写拼音字母和三个数字表示,如 J422、J507 等。拼音字母表示焊条的大类,如“J”表示结构钢焊条(碳钢焊条和普通低合金钢焊条),“A”表示奥氏体不锈钢焊条,“Z”表示铸铁焊条等;前两位数字表示各大类中若干小类,如结构钢焊条前两位数字表示焊缝金属抗拉强度等级,其等级有 42、50、55、60、70、75、85 等,分别表示其焊缝金属的抗拉强度大于或等于 420、500、550、600、700、750、850(单位为 MPa);最后一个数字表示药皮类型和电流种类,见表 4-4,其中 1 至 5 为酸性焊条,6 和 7 为碱性焊条。其他焊条牌号表示方法,见国家机械工业委员会编《焊接材料产品样本》(1987 年)。例如,J422 符合国家标准的 E4303,J507 符合国家标准的 E5015,J506 符合国家标准的 E5016。

表 4-4 焊条药皮类型和电源种类编号

编号	1	2	3	4	5	6	7	8
药皮类型	钛型	钛钙型	钛铁矿型	氧化铁型	纤维素型	低氢钾型	低氢钠型	石墨型
电源种类	交、直流	交、直流	交、直流	交、直流	交、直流	交、直流	直流	交、直流

焊条还可按熔渣性质分为酸性焊条和碱性焊条两大类。药皮熔渣中酸性氧化物(如 SiO_2、TiO_2、Fe_2O_3)比碱性氧化物(如 CaO、FeO、MnO、Na_2O)多的焊条为酸性焊条。此类焊条适合各种电源,操作性较好,电弧稳定,成本低。但焊缝强度稍低,渗合金作用弱,故不宜焊接承受重载和要求高强度的重要结构件。而碱性氧化物比酸性氧化物多的为碱性焊条。此类焊条一般要求采用直流电源,焊缝强度高、抗冲击能力强,但操作性差、电弧不够稳定、成本高,故只适合焊接重要结构件。

4. 焊条的选用原则

通常是根据工件化学成分、力学性能、抗裂性、耐腐蚀性以及高温性能等要求,选用相应的焊条种类。再考虑焊接结构形状、受力情况、焊接设备条件和焊条售价来选定具体型号。

(1) 低碳钢和低合金钢构件,一般都要求焊缝金属与母材等强度。因此可根据钢材的强度等级来选用相应的焊条。但应注意,钢材是按屈服强度确定等级的,而碳钢、低合金钢焊条的等级是指抗拉强度的最低保证值。

(2) 同一强度等级的酸性焊条或碱性焊条的选定,应依据焊接件的结构形状(简单或复杂)、钢板厚度、载荷性质(静载或动载)和钢材的抗裂性能而定。通常对要求塑性好、冲击韧度高、抗裂能力强或低温性能好的结构,要选用碱性焊条。如果构件受力不复杂、母材质量较好,应尽量选用较经济的酸性焊条。

(3) 低碳钢与低合金钢焊接,可按异种钢接头中强度较低的钢材来选用相应的焊条。

(4) 铸钢件的碳质量分数一般都比较高,而且厚度较大,形状复杂,很容易产生焊接裂纹。一般应选用碱性焊条,并采取适当的工艺措施(如预热)进行焊接。

(5) 焊接不锈钢或耐热钢等有特殊性能要求的钢材,应选用相应的专用焊条,以保证焊缝的主要化学成分和性能与母材相同。

第五节 埋 弧 焊

一、埋弧焊的焊接过程

埋弧焊是电弧在焊剂层下燃烧进行焊接的方法。焊接时,焊接机头将光焊丝自动送入电弧区并保持选定的弧长。电弧在颗粒状焊剂层下面燃烧,焊机带着焊丝均匀地沿坡口移动,或者焊机机头不动,工件匀速运动。在焊丝前方,焊剂从漏斗中不断流出撒在被焊部位。焊接时,部分焊剂熔化形成熔渣覆盖在焊缝表面,大部分焊剂不熔化,可重新回收使用。

图 4-15 是埋弧焊的纵截面图。电弧燃烧后,工件与焊丝被熔化成较大体积(可达 20 cm^3)的熔池。由于电弧向前移动,熔池金属被电弧气体排挤向后堆积形成焊缝。电弧周围颗粒状焊剂被熔化成溶渣,与熔池金属产生物理化学作用。部分焊剂被蒸发,生成的气体将电弧周围的熔渣排开,形成一个封闭的熔渣泡。它具有一定黏度,能承受一定压力,使熔化的金属与空气隔离,并能防止金属熔滴向外飞溅。这样,既可减少电弧热能损失,又阻止了弧光四射。此外,焊丝上没有涂料,允许提高电流密度,电弧吹力则随电流密度的增大而增大。因此,埋弧焊的熔池深度比焊条电弧焊大很多。埋弧焊过程如图 4-16 所示。

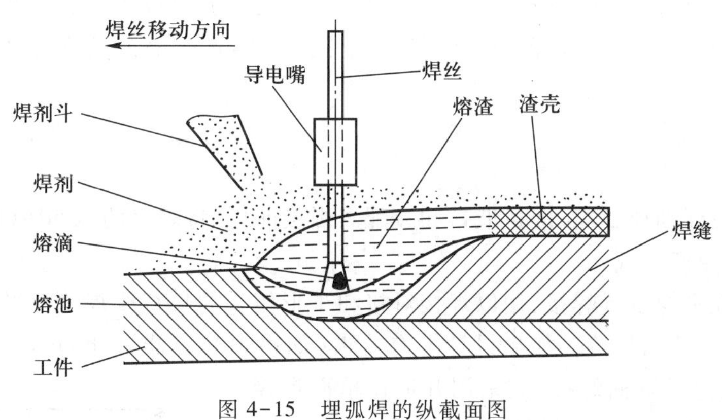

图 4-15 埋弧焊的纵截面图

埋弧焊

二、埋弧焊的特点

(1) 生产率高。埋弧焊的电流可达到 1 000 A 以上,比焊条电弧焊高 6~8 倍。同时节省了更换焊条的时间,所以埋弧焊比焊条电弧焊生产率提高 5~10 倍。

(2) 焊接质量高且稳定。埋弧焊焊剂供给充足,电弧区保护严密,熔池保持液态时间较长,冶金过程进行得较为完善,气体与杂质易于浮出。同时,焊接参数自动控制调整,焊接质量高且稳定,焊缝成形美观。

(3) 节省金属材料。埋弧焊热量集中,熔深大,20~25 mm 以下的工件可不开坡口进行焊接,而且没有焊条头的浪费,飞溅很小,所以能节省大量金属材料。

(4) 改善了劳动条件。埋弧焊看不到弧光,焊接烟雾也很少。焊接时只要焊工调整、管理焊机就可自动进行焊接,劳动条件得到很大改善。

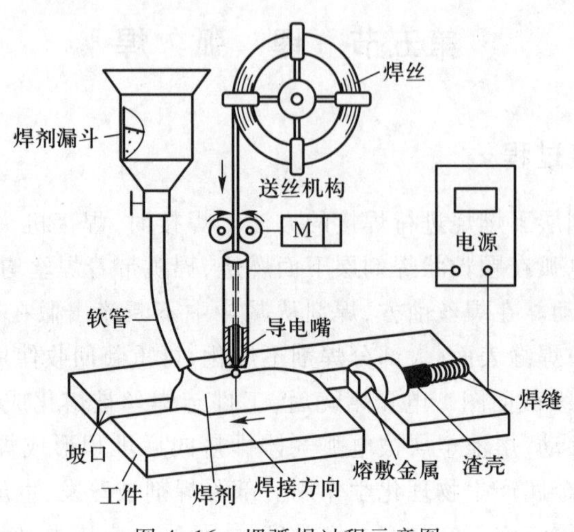

图 4-16 埋弧焊过程示意图

埋弧焊在焊接生产中已得到广泛应用。常用来焊接长的直线焊缝和较大直径的环形焊缝。当工件厚度增加和批量生产时,其优点尤为显著。

但应用埋弧焊时,设备费用较高,工艺装备复杂,对接头加工与装配要求严格,只适用于批量生产长的直线焊缝与圆筒形工件的纵、环焊缝。对狭窄位置的焊缝以及薄板的焊接,埋弧焊则受到一定限制。

三、埋弧焊工艺

埋弧焊要求更仔细地下料、准备坡口和装配。焊接前,应将焊缝两侧 50~60 mm 内的一切污垢与铁锈除掉,以免产生气孔。

埋弧焊一般在平焊位置焊接,用以焊接对接和 T 形接头的长直线焊缝。当焊接厚 20 mm 以下工件时,可以采用单面焊接。如果设计上有要求(如锅炉与容器),也可双面焊接。工件厚度超过 20 mm 时,可进行双面焊接,或采用开坡口单面焊接。由于引弧处和断弧处质量不易保证,焊前应在接缝两端焊上引弧板与引出板(图 4-17),焊后再去掉。为了保持焊缝成形和防止烧穿,生产中常采用各种类型的焊剂垫和垫板(图 4-18),或者先用焊条电弧焊封底。

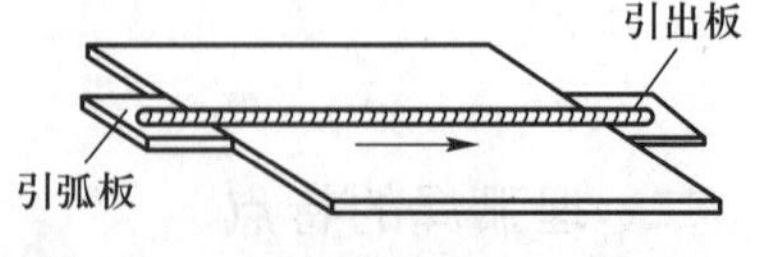

图 4-17 埋弧焊的引弧板与引出板

焊接筒体对接焊缝时(图 4-19),工件以一定的焊接速度旋转,焊丝位置不动。为防止熔池金属流失,焊丝位置应逆旋转方向偏离工件中心线一定距离 a,其大小视筒体直径与焊接速度等而定。

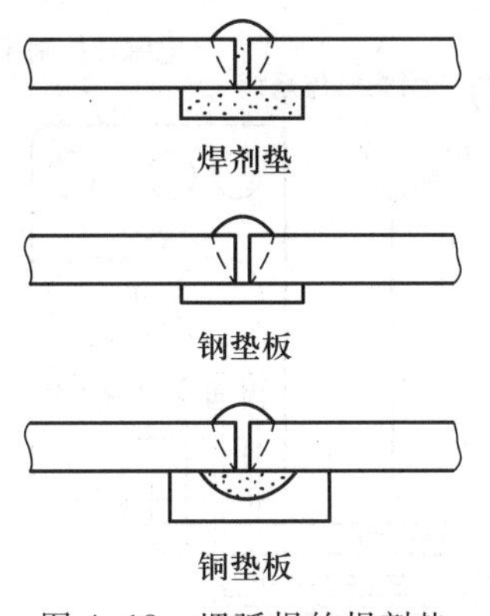

图 4-18 埋弧焊的焊剂垫

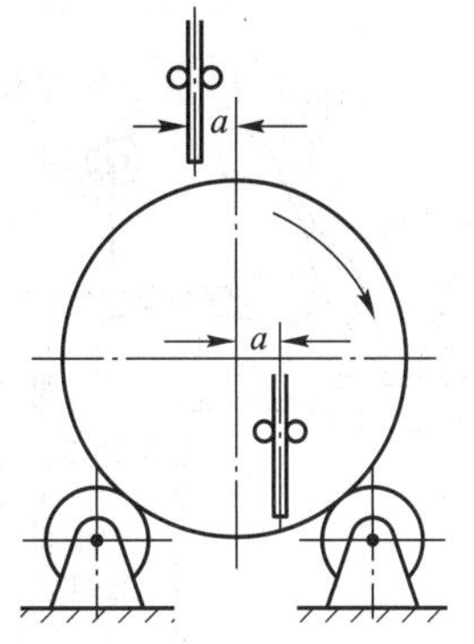

图 4-19 环缝埋弧焊示意图

第六节 气体保护焊

一、氩弧焊

氩弧焊是以氩气作为保护气体的气体保护焊。氩气是惰性气体,可保护电极和熔池金属不受空气的有害作用。在高温情况下,氩气不与金属发生化学反应,也不溶于金属。因此,氩弧焊的质量比较高。

氩弧焊按所用电极的不同,可分为钨极氩弧焊和熔化极氩弧焊两种(图 4-20)。

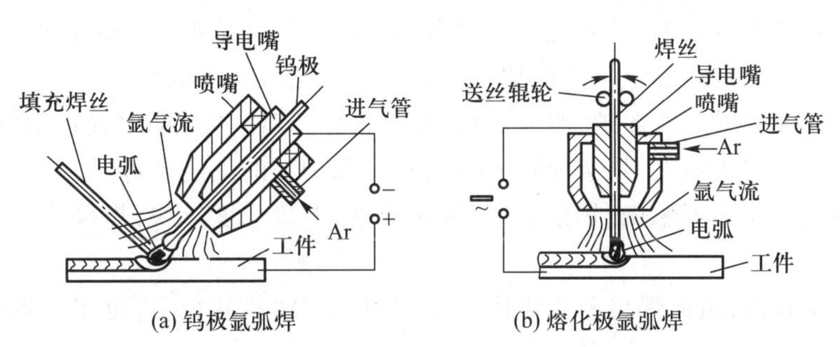

图 4-20 氩弧焊示意图

不熔化极氩弧焊

熔化极氩弧焊

1. 钨极氩弧焊

钨极氩弧焊以高熔点的铈钨棒作为电极。焊接时,铈钨棒不熔化,只起导电与产生电弧的作用,易于实现机械化和自动化焊接。但因电极所能通过的电流有限,所以只适合焊接厚度 6 mm 以下的工件。

手工钨极氩弧焊的操作与气焊相似。焊接 3 mm 以下薄件时,常采用卷边(弯边)接头直接熔合。焊接较厚工件时,需用手工添加填充金属(图 4-20a)。焊接钢材时,多用直流电源正接,以减少钨极的烧损。焊接铝、镁及其合金时,则希望用直流反接或交流电源。因极间正离子撞击工件熔池表面可使氧化膜破碎,有利于工件金属熔合和保证焊接质量。钨极氩弧焊设备如图 4-21 所示。

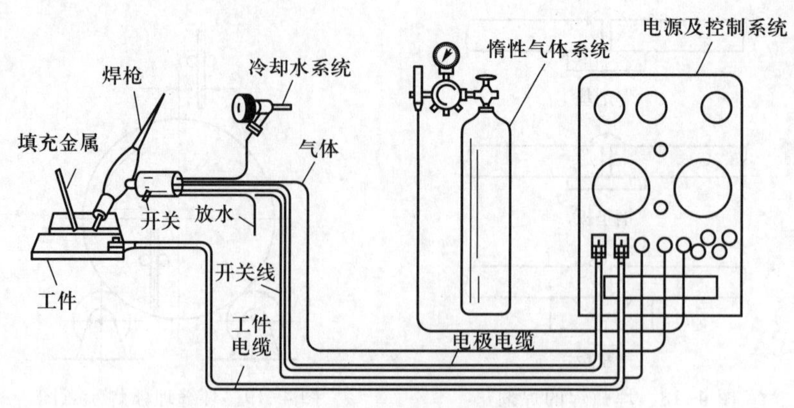

图 4-21 钨极氩弧焊设备示意图

2. 熔化极氩弧焊

熔化极氩弧焊以连续送进的焊丝作为电极(图 4-20b)进行焊接。此时可用较大电流焊接厚度为 25 mm 以下的工件。

焊接用的氩气一般用钢瓶装运。当氩气中含有氧、氮、二氧化碳或水分时,会降低氩气的保护作用,并造成夹渣、气孔等缺陷。因此要求氩气纯度应大于 99.7%。由于氩气只起保护作用,焊接过程中没有冶金反应,所以焊接前必须把接头表面清理干净,否则杂质与氧化物会留在焊缝内,使焊缝质量显著下降。

氩弧焊主要有以下特点:

(1) 适于焊接各类合金钢、易氧化的非铁金属及锆、钽、钼等稀有金属材料。

(2) 氩弧焊电弧稳定,飞溅小,焊缝致密,表面没有熔渣,成形美观。

(3) 电弧和熔池区受气流保护,明弧可见,便于操作,容易实现全位置自动焊接。现已开始应用于焊接生产的弧焊机器人,是实现氩弧焊或 CO_2 保护焊的先进设备。

(4) 电弧在气流压缩下燃烧,热量集中,熔池较小,焊接速度较快,焊接热影响区较窄,因而工件焊后变形小。

由于氩气价格较高,氩弧焊目前主要用于焊接铝、镁、钛及其合金,也用于焊接不锈钢、耐热钢和一部分重要的低合金钢工件。

钨极脉冲氩弧焊是近几年发展起来的新工艺。焊接时,电流的幅值按一定的频率由高值到低值周期性变换,其电流波形如图 4-22 所示。用脉冲电流焊成的连续焊缝,实质上是许多单个脉冲所形成的熔池连续重叠搭接而成。高值脉冲电流时形成熔池,基值电流时加热少,熔池凝固。

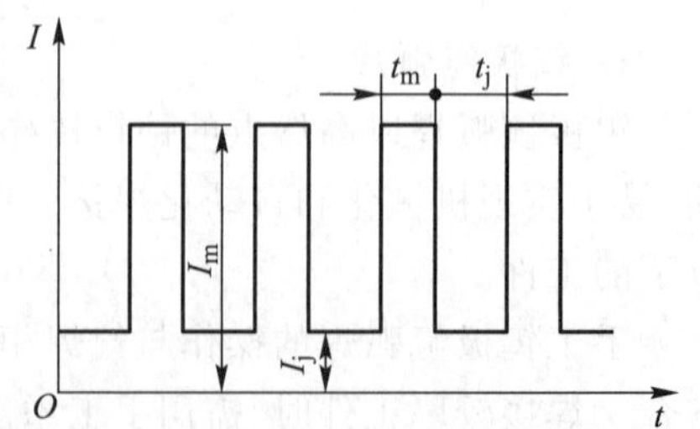

I_m—脉冲电流;I_j—基本电流;
t_m—脉冲电流持续时间;t_j—基本电流持续时间

图 4-22 脉冲电流波形示意图

通过对脉冲波形、脉冲电流、基值电流、两电流持续时间的调节与控制,可以准确改变和控制焊接参数、能量的大小,从而控制焊缝的尺寸与焊接质量。

脉冲氩弧焊主要有以下特点:

(1) 焊缝是脉冲式的熔化凝固,易于控制,可避免烧穿工件。适合于焊接0.1~5 mm的钢材或管材,能实现单面焊双面成形,保证根部焊透。

(2) 熔池脉冲式熔化凝固,易于克服因表面张力小或自重影响所造成的焊缝偏浆与塌腰等缺陷。适合于各种空间位置焊接,易于实现全位置自动焊。

(3) 容易调节焊接参数、能量和焊缝在高温条件下的停留时间,因而适合焊接易淬火钢材和高强钢,可减小裂纹倾向和焊接变形。

(4) 质量稳定。接头力学性能比普通氩弧焊高。

二、CO_2 气体保护焊

CO_2 气体保护焊是以 CO_2 为保护气体的气体保护焊,简称 CO_2 焊。它是用焊丝作电极,靠焊丝和工件之间产生的电弧熔化工件金属与焊丝形成熔池,凝固后成为焊缝。焊丝的送进靠送丝机构实现。

CO_2 气体保护焊的焊接装置如图4-23所示。焊丝由送丝机构送入软导管,再经导电嘴送出。CO_2 气体从焊炬喷嘴中以一定流量喷出。电弧引燃后,焊丝端部及熔池被 CO_2 气体所包围,故可防止空气对高温金属的侵害。

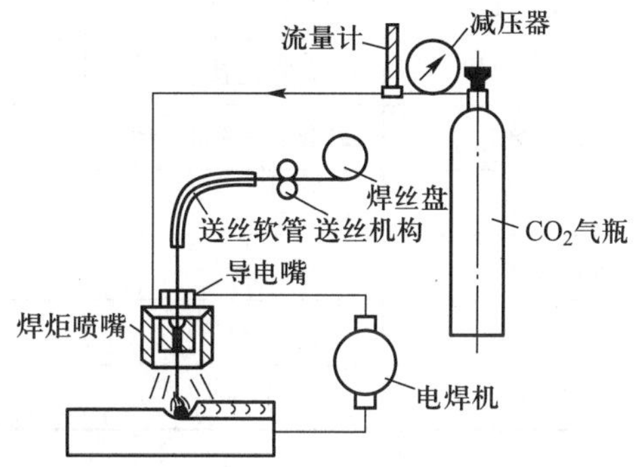

图4-23 CO_2 气体保护焊示意图

CO_2 是氧化性气体,在电弧热作用下能分解为CO和[O],使钢中的碳、锰、硅及其他合金元素烧损。为保证焊缝的合金成分,需采用含锰、硅较高的焊接钢丝或含有相应合金元素的合金钢焊丝。例如焊接低碳钢常选用H08MnSiA焊丝,焊接低合金钢则常选用H08Mn2SiA焊丝。

CO_2 气体保护焊的特点:

(1) 成本低。因采用廉价易得的 CO_2 代替焊剂,焊接成本仅是埋弧焊和焊条电弧焊的40%左右。

CO_2 气体保护焊

(2) 生产率高。由于焊丝送进是机械化或自动化进行,电流密度较大,电弧热量集中,焊接速度较快。此外,焊后没有渣壳,节省了清渣时间,故其效率可比焊条电弧焊提高生产率1~3倍。

(3) 操作性能好。CO_2 气体保护焊是明弧焊,焊接中可清楚地看到焊接过程,容易发现问题,可及时调整处理。CO_2 气体保护焊如同焊条电弧焊一样灵活,适合于各种位置的焊接。

(4) 质量较好。由于电弧在气流压缩下燃烧,热量集中,因而焊接热影响区较小,变形和产生裂纹的倾向性小。

CO_2 气体保护焊目前已广泛用于造船、机车车辆、汽车、农业机械等工业部门,主要用于焊接30 mm以下厚度的低碳钢和部分低合金钢工件。

CO_2 气体保护焊的缺点是 CO_2 的氧化作用使熔滴飞溅较为严重,因此焊接成形不够光滑。另外,如果控制或操作不当,容易产生气孔。

气体保护焊常用药芯焊丝作焊接材料。

药芯焊丝是一种新型的焊接材料,与普通实芯焊丝不同。药芯焊丝是由薄钢带卷成圆形钢管或异形钢管的同时,填进一定成分的药粉料,经拉拔成形而制成的一种焊丝。焊丝断面有O形、E形和T形等各种类型。

药芯焊丝采用气体、焊剂或自保护方式进行保护,可用于结构焊接、堆焊等。近年来在自保护全位置焊接以及埋弧焊方面也得到了进一步应用。

药芯焊丝用途广泛,熔敷效率高,焊缝质量好,对钢材的适应性强。当实芯焊丝无法或很难控制时,药芯焊丝更有其优越性。

药芯焊丝根据药芯类型、是否采用外部保护气体、焊接电流种类以及单道焊和多道焊的适用性等进行分类,见表4-5。

表4-5 药芯焊丝分类(GB/T 10045—2018)

焊丝类型	药芯类型	保护气体	电流种类	适用性
EF×1	氧化钛型	CO_2	直流,焊丝接正	单道焊和多道焊
EF×2	氧化钛型	CO_2	直流,焊丝接正	单道焊
EF×3	氧化钙-氟化物型	CO_2	直流,焊丝接正	单道焊和多道焊
EF×4	—	自保护	直流,焊丝接正	单道焊和多道焊
EF×5	—	自保护	直流,焊丝接负	单道焊和多道焊
EF×G	—	—	—	单道焊和多道焊
EF×GS	—	—	—	单道焊

第七节 等离子弧焊接与切割

借助水冷喷嘴等对电弧的拘束与压缩作用,获得较高能量密度的等离子弧进行焊接的方法,称为等离子弧焊接。

一般电弧焊中的电弧,不受外界约束,称为自由电弧,电弧区内的气体尚未完全电离,能量也未高度集中起来。如果采用一些方法使自由电弧的弧柱受到压缩(称为压缩效应),弧柱中的气体就完全电离,产生温度比自由电弧高得多的等离子弧。

等离子弧的形成如图4-24所示。在钨极和工件之间加一较高电压,经高频振荡使气体电离形成电弧。此电弧在通过具有细孔道的喷嘴时,弧柱被强迫缩小,此作用称为机械压缩效应。

当通入一定压力和流量的离子气(通常为氩气)时,离子气冷气流均匀地包围着电弧,使弧柱外围受到强烈冷却,迫使带电粒子流(离子和电子)往弧柱中心集中,弧柱被进一步压缩。这种压缩作用称为热压缩效应。

等离子弧焊接

带电粒子流在弧柱中的运动,可看成电流在一束平行的“导线”内流过,其自身

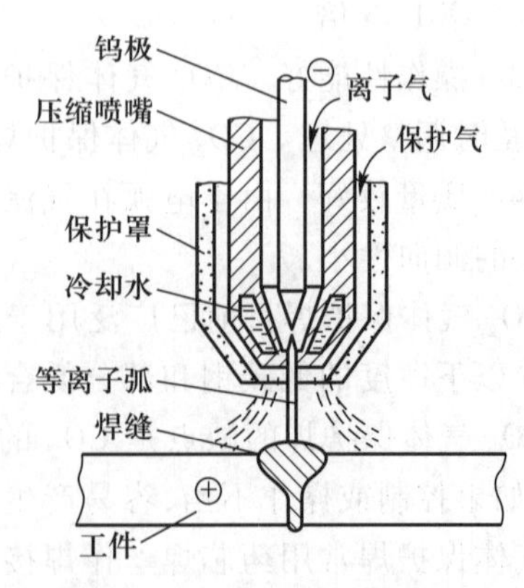

图4-24 等离子弧的形成

磁场所产生的电磁力,使这些“导线”互相吸引靠近,弧柱又进一步被压缩。这种压缩作用称为电磁收缩效应。

电弧在上述三种效应的作用下,被压缩得很细,使能量高度集中,弧柱内的气体完全电离为电子和离子,称为等离子弧。其温度可达到 16 000 K 以上。

等离子弧用于切割时,称为“等离子弧切割”。等离子弧切割不仅切割效率比氧气切割高 1~3 倍,而且还可以切割不锈钢、铜、铝及其合金、难熔金属和非金属材料。

等离子弧用于焊接时,称为“等离子弧焊接”,是近年来发展较快的一种新焊接方法。等离子弧焊接设备如图 4-25 所示。

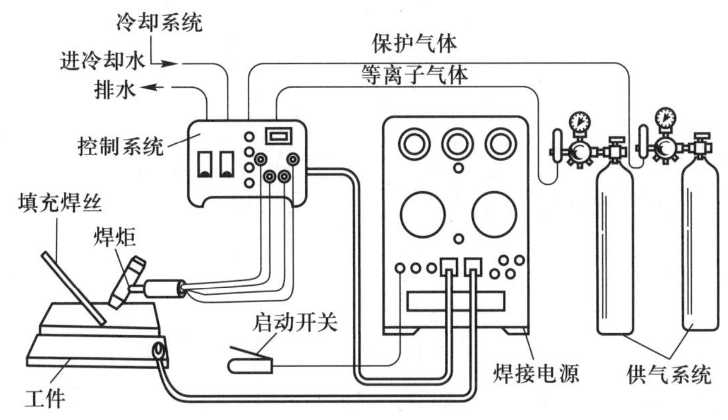

图 4-25　等离子弧焊接设备

等离子弧焊接应使用专用的焊接设备和焊炬。焊炬的构造应保证在等离子弧周围再通以均匀的保护气体,以保护熔池和焊缝不受空气的有害作用。所以,等离子弧焊接实质上是一种具有压缩效应的钨极气体保护焊。等离子弧焊除具有氩弧焊的优点外,还有以下特点:

(1) 等离子弧能量密度大,弧柱温度高,穿透能力强。因此焊接厚度为 10~12 mm 的钢材可不开坡口,一次焊透双面成形。等离子弧焊的焊接速度快,生产率高。焊后的焊缝宽度和高度较均匀一致,焊缝表面光洁。

(2) 当电流小到 0.1 A 时,电弧仍能稳定燃烧,并保持良好的挺直度和方向性,故等离子弧焊可焊接很薄的箔材。

等离子弧焊接已在生产中得到广泛应用,特别是在国防工业及尖端技术中用以焊接铜合金、合金钢、钨、钼、钴、钛等金属工件。如钛合金导弹壳体、波纹管及膜盒、微型继电器、电容器的外壳封焊以及飞机上一些薄壁容器等均可用等离子弧焊接。

等离子弧焊接的设备比较复杂,气体消耗量大,宜于在室内焊接。

复　习　题

1. 焊接电弧是怎样的一种现象?电弧中各区的温度多高?用直流和交流电焊接效果一样吗?

2. 何谓焊接热影响区?低碳钢焊接时热影响区分为哪些区段?各区段对焊接接头性能有何影响?减小热影响区的办法是什么?

3. 产生焊接应力和变形的原因是什么?焊接应力是否一定要消除?消除焊接应力的办法有哪些?

4. 如题图所示,拼接大块钢板是否合理?为什么?为减小焊接应力与变形,应怎样改变?合理的焊接次序是什么?

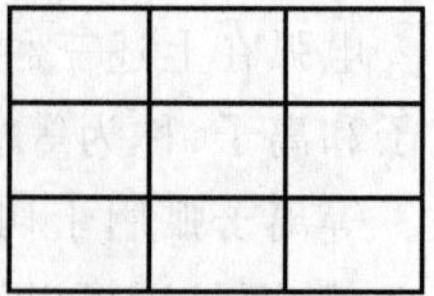
复习题4图

5. 试分析厚件多层焊时,为什么有时要用小锤对红热状态的焊缝进行敲击?

6. 焊接变形有哪些基本形式?焊前,为预防和减小焊接变形有哪些措施?

7. 焊条药皮起什么作用?在其他电弧焊中,用什么取代药皮的作用?

8. 等离子弧与一般电弧有何异同?等离子弧切割与氧气切割的原理有什么不同?

9. 试从焊接质量、生产率、焊接材料、成本和应用范围等方面对下列焊接方法进行比较:焊条电弧焊,气焊,埋弧焊,氩弧焊,CO_2气体保护焊。

第二章　其他常用焊接方法

第一节　电　阻　焊

电阻焊是工件组合后通过电极施加压力，利用电流通过接头的接触面及邻近区域产生的电阻热，把工件加热到塑性或局部熔化状态，在压力作用下形成接头的焊接方法。

电阻焊在焊接过程中产生的热量，可利用焦耳-楞次定律计算：

$$Q=I^2Rt \tag{4-1}$$

式中：Q——电阻焊时所产生的电阻热，J；

I——焊接电流，A；

R——工件的总电阻，包括工件本身的电阻和工件间的接触电阻，Ω；

t——通电时间，s。

由于工件的总电阻很小，为使工件在极短时间内（0.01 s 到几秒）迅速加热，必须采用很大的焊接电流（几千到几万安培）。

与其他焊接方法相比，电阻焊具有生产率高、焊接变形小、劳动条件好、不需另加焊接材料、操作简便、易实现机械化等优点。但其设备较一般熔焊复杂、耗电量大、适用的接头形式与可焊工件厚度（或断面）受到限制。

电阻焊分为点焊、缝焊和对焊三种形式。

一、点焊

点焊

点焊是将工件装配成搭接接头，并紧压在两柱状电极之间，利用电阻热熔化母材金属，形成一个焊点的电阻焊方法，如图 4-26 所示。

点焊时，先加压使两个工件紧密接触，然后接通电流。由于两工件接触处电阻较大，电流流过所产生的电阻热使该处温度迅速升高，局部金属可达熔点温度被熔化形成液态熔核。断电后，继续保持压力或加大压力，使熔核在压力下凝固结晶，形成组织致密的焊点。而电极与工件间的接触处，所产生的热量因被导热性好的铜（或铜合金）电极及冷却水传走，因此温升有限，不会出现焊合现象。

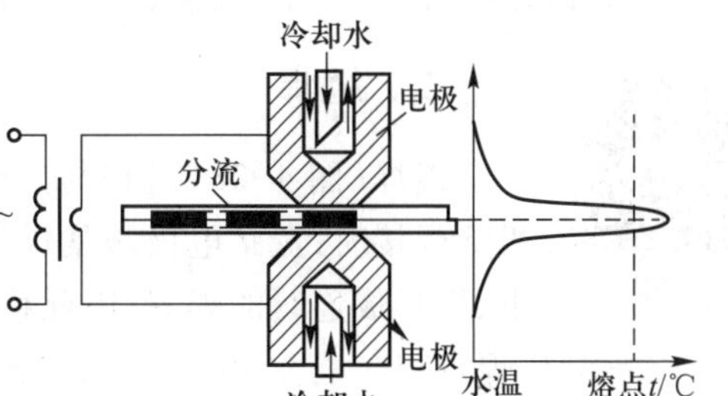

图 4-26　点焊示意图

焊完一个点后，电极将移至另一点进行焊接。当焊接下一个点时，有一部分电流会流经已焊好的焊点，称为分流现象。分流将使焊接处电流减小，影响焊接质量。因此两个相邻焊点之间应有一定距离。工件厚度越大,材料导电性越好,则分流现象越严重,故点距应加大。不同材料及不同厚度工件上焊点间最小距离见表 4-6。

表 4-6 点焊的焊点间最小距离

工件厚度/mm	点距/mm		
	结构钢	耐热钢	铝合金
0.5	10	8	15
1	12	10	18
2	16	14	25
3	20	18	30

影响点焊质量的主要因素有焊接电流、通电时间、电极压力及工件表面清理情况等。根据焊接时间的长短和电流大小,常把点焊焊接规范分为硬规范和软规范。硬规范是指在较短时间内通以大电流的规范,其生产率高、工件变形小、电极磨损慢,但要求设备功率大,规范应控制精确,适合焊接导热性能较好的金属。软规范是指在较长时间内通以较小电流的规范,其生产率低,但可选用功率小的设备焊接较厚的工件,更适合焊接有淬硬倾向的金属。

点焊电极压力应保证工件紧密接触并顺利通电,同时依靠压力消除熔核凝固时可能产生的缩孔和缩松。工件厚度越大,材料高温强度越大(如耐热钢),电极压力也应越大。但压力过大时,将使工件电阻减小,从而电极散失的热量将增加,也使电极在工件表面的压坑加深。因此电极压力应选择合适。

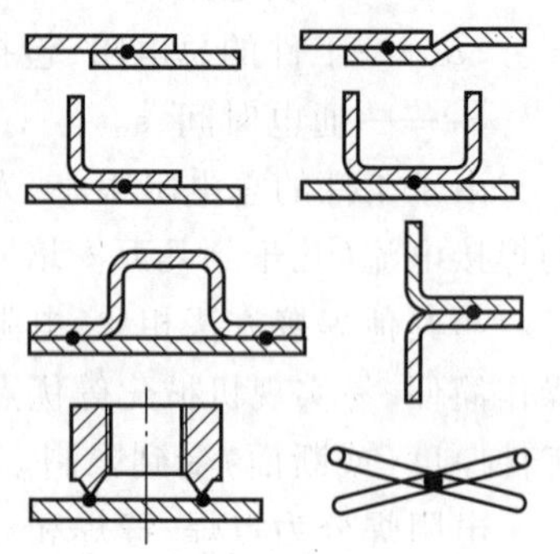

图 4-27 点焊接头形式

工件的表面状态对焊接质量影响很大。如工件表面存在氧化膜、污垢等,将使工件间电阻显著增大,甚至存在局部不导电而影响电流通过。因此,点焊前必须对工件进行酸洗、喷砂或打磨处理。

点焊工件都采用搭接接头。图 4-27 为几种典型的点焊接头形式。

点焊主要适用于厚度为 4 mm 以下的薄板、冲压结构及线材的焊接,每次焊一个点或一次焊多个点。目前,点焊已广泛用于制造汽车、车厢、飞机等薄壁结构以及罩壳和轻工、生活用品等。

缝焊

二、缝焊

缝焊(图 4-28)过程与点焊相似,只是用旋转的圆盘状滚动电极代替了柱状电极。焊接时,盘状电极压紧焊件并转动(也带动焊件向前移动),配合连续或断续通电,即形成连续的焊缝,因此称为缝焊。

缝焊时,焊点相互重叠 50%以上,密封性好。主要用于制造要求密封性的薄壁结构。如油箱、小型容器与管道等。但因缝焊过程分流现象严重,焊接相同厚度的工件时,焊接电流约为点焊的 1.5~2 倍。因此,要使用大功率焊机,用精确的电气设备控制间断通电的时间。缝焊只适用于厚度在 3 mm 以下的薄板结构。

三、对焊

对焊即对接电阻焊，是利用电阻热使两个工件在整个接触面上焊接起来的一种方法，如图 4-29 所示。根据焊接操作方法的不同，对焊又可分为电阻对焊和闪光对焊。

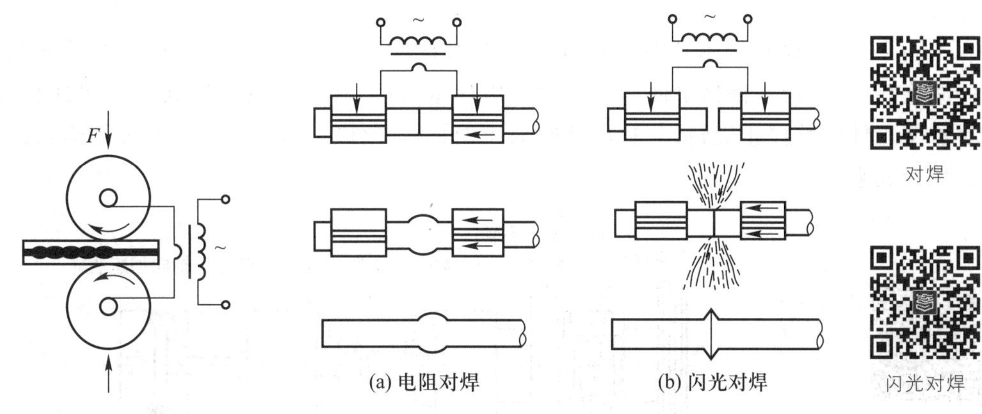

图 4-28　缝焊示意图　　图 4-29　对焊示意图

（1）电阻对焊。将两个工件装夹在对焊机的电极钳口中成对接接头，施加预压力，使两个工件端面接触，并被压紧，然后通电。当电流通过工件和接触端面时产生电阻热，将工件接触处迅速加热到塑性状态（碳钢为 1 000～1 250 ℃），再对工件施加较大的顶锻力并同时断电，使高温端面产生一定的塑性变形而焊接起来（图 4-29a）。

电阻对焊操作简单，接头比较光滑。但焊前应认真加工和清理端面，否则易出现加热不匀、连接不牢的现象。此外，高温端面易发生氧化，质量不易保证。电阻对焊一般只用于焊接截面简单、直径（或边长）小于 20 mm 和强度要求不高的工件。

（2）闪光对焊。将两工件夹在电极钳口内成对接接头，接通电源并使两工件轻微接触。因工件表面不平，首先只是某些点接触，强电流通过时，这些接触点的金属即被迅速加热熔化，甚至蒸发，在蒸气压力和电磁力作用下，液态金属发生爆破，以火花形式从接触处飞出而形成“闪光”。此时应继续送进工件，保持一定闪光时间，待工件端面全部被加热熔化时，迅速对工件施加顶锻力并切断电源，工件在压力作用下产生塑性变形而焊在一起（图 4-29b）。

在闪光对焊的焊接过程中，工件端面的氧化物和杂质，一部分被闪光火花带出，另一部分在最后加压时随液态金属挤出，因此接头中夹渣少、质量好、强度高。闪光对焊的缺点是金属损耗较大，闪光火花易玷污其他设备与环境，接头处焊后有毛刺需要加工清理。闪光对焊常用于重要工件的焊接，可焊相同金属件，也可焊接一些异种金属（铝-铜、铝-钢等）。被焊工件可以是直径小到 0. 01 mm 的金属丝，也可以是截面大到 20 000 mm^2 的金属棒和金属型材。

不论哪种对焊，工件端面应尽量相同。圆棒直径、方钢边长和管子壁厚之差均不应超过 25%。图 4-30 是推荐的几种对焊接头形式。对焊主要用于刀具、管子、钢筋、钢轨、锚链、链条等的焊接。

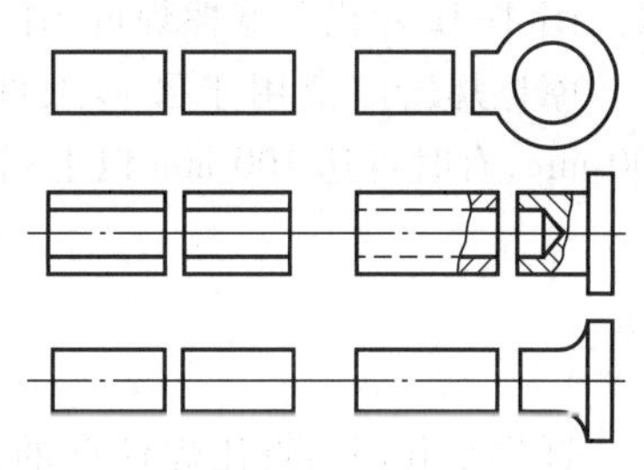

图 4-30　对焊接头形式

第二节 摩 擦 焊

摩擦焊是利用工件接触端面相对旋转运动中摩擦产生的热量,同时加压顶锻而进行焊接的方法。

图 4-31 是摩擦焊示意图。先将两工件夹在焊机上,加一定压力使工件紧密接触。然后焊件做旋转运动,使工件接触面相对摩擦产生热量,待工件端面被加热到高温塑性状态时,利用制动器使工件骤然停止旋转,并利用轴向加压油缸对焊件的端面加大压力,使两焊件产生塑性变形而焊接起来。

摩擦焊

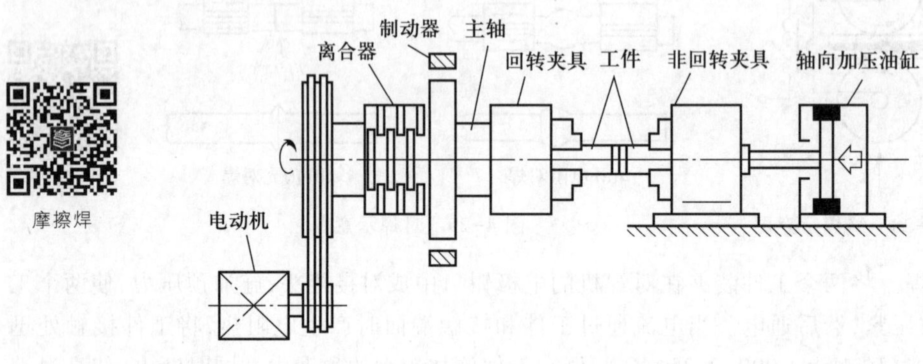

图 4-31 摩擦焊示意图

摩擦焊的特点:

(1) 在摩擦焊过程中,工件接触表面的氧化膜与杂质被清除。因此接头组织致密,不易产生气孔、夹渣等缺陷,接头质量好而且稳定。

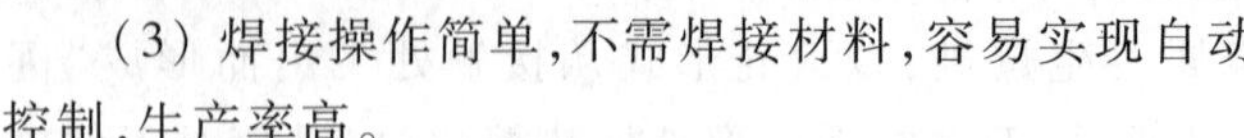

(2) 可焊接的金属范围较广,不仅可焊同种金属,也可以焊接异种金属。

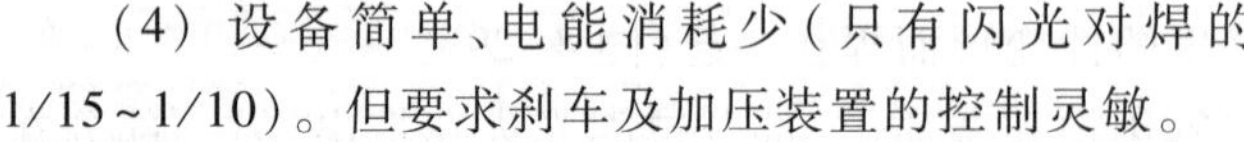

(3) 焊接操作简单,不需焊接材料,容易实现自动控制,生产率高。

(4) 设备简单、电能消耗少(只有闪光对焊的 1/15~1/10)。但要求刹车及加压装置的控制灵敏。

摩擦焊接头一般是等截面的,特殊情况下也可以是不等截面的。但需要至少有一个工件为圆形或管状。图 4-32 示出了摩擦焊可用的接头形式。

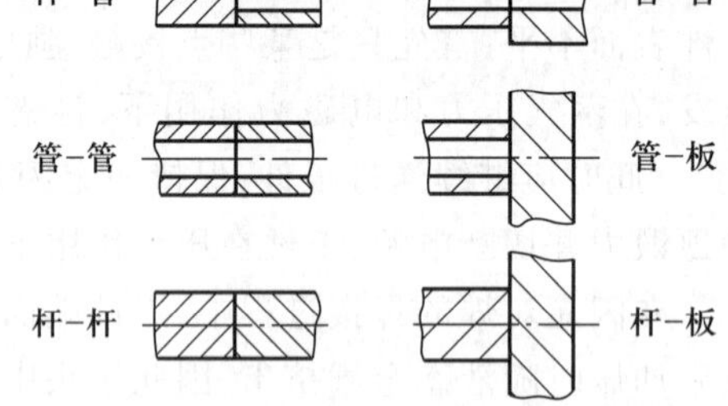

图 4-32 摩擦焊接头形式

摩擦焊已广泛用于圆形工件、棒料及管类件的焊接。可焊实心工件的直径一般为 2~100 mm,有时可达 100 mm 以上;管类件外径可达 150 mm。

第三节 钎 焊

钎焊是利用熔点比焊件低的钎料作填充金属,加热时钎料熔化而将工件连接起来的焊接方法。

钎焊的过程是:将表面清理好的工件以搭接形式装配在一起,把钎料放在接头间隙附近或接头间隙之间。当工件与钎料被加热到稍高于钎料的熔点温度后,钎料熔化(此时工件不熔化),借助毛细管作用使钎料被吸入并充满固态工件间隙,液态钎料与工件金属相互扩散,冷凝后即形成钎焊接头。

根据钎料熔点的不同,钎焊可分为硬钎焊与软钎焊两类。

一、硬钎焊

钎料熔点在450 ℃以上,接头强度在200 MPa以上。属于这类的钎料有铜基、银基和镍基钎料等。银基钎料钎焊的接头具有较高的强度、良好的导电性和耐蚀性,而且熔点较低,工艺性好。但银基钎料较贵,只用于要求高的工件。镍铬合金钎料可用于钎焊耐热的高强度合金与不锈钢。工作温度可高达900 ℃。但钎焊时的温度要求高于1 000 ℃以上,工艺要求很严。硬钎焊主要用于受力较大的钢铁和铜合金构件的焊接以及工具、刀具的焊接。

二、软钎焊

钎料熔点在450 ℃以下,接头强度较低,一般不超过70 MPa。这种钎焊只用于焊接受力不大,工作温度较低的工件。常用的钎料是锡铅合金,所以通称锡焊。这类钎料的熔点一般低于230 ℃,熔液渗入接头间隙的能力较强,所以具有较好的焊接工艺性能。软钎焊广泛用于焊接受力不大的常温下工作的仪表、导电元件以及钢铁、铜及铜合金等制造的构件。

钎焊构件的接头形式都采用板料搭接和套件镶接,图4-33是几种常见的接头形式。这些接头都有较大的钎接面,以弥补钎料强度低的不足,保证接头有一定的承载能力。接头之间应有良好的配合和适当的间隙。间隙太小,会影响钎料的渗入与湿润,达不到全部焊合。间隙太大,不仅浪费钎料,而且会降低钎焊接头强度。因此,一般钎焊接头间隙值取0.05~0.2 mm。

在钎焊过程中,一般都需要使用熔剂,即钎剂。其作用是:清除被焊金属表面的氧化膜及其他杂质,改善钎料流入间隙的性能(即润湿性),保护钎料及工件不被氧化。因此,钎剂对钎焊质量影响很大。软钎焊时,常用的钎剂为松香或氯化锌溶液。硬钎焊钎剂的种类较多,主要由硼砂、硼酸、氟化物、氯化物等组成,应根据钎料种类选择应用。

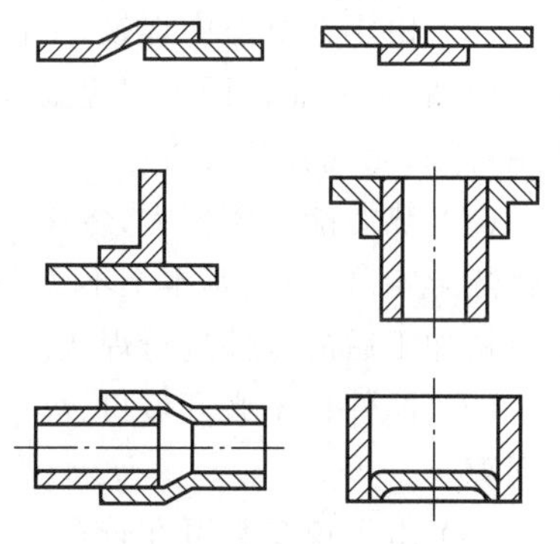

图4-33　钎焊的接头形式

钎焊的加热方法有烙铁加热、火焰加热、电阻加热、感应加热、炉内加热、盐浴加热等,可根据钎料种类、工件形状及尺寸、接头数量、质量要求与生产批量等综合考虑选择。其中烙铁加热温度低,一般只适用于软钎焊。

与一般熔焊相比,钎焊的特点是:

(1) 工件加热温度较低,组织和力学性能变化很小,变形也小。接头光滑平整,工件尺寸精确。

(2) 可焊接性能差异很大的异种金属,对工件厚度的差别也没有严格限制。

(3) 对工件整体进行钎焊时,可同时钎焊多条(甚至上千条)接缝组成的复杂形状构件,生产率很高。

(4) 设备简单,投资费用少。但钎焊的接头强度较低,尤其是动载强度低,允许的工作温度不高,焊前清整要求严格,而且钎料价格较贵。因此,钎焊不适合于一般钢结构件及重载、动载零件的焊接。钎焊主要用于制造精密仪表、电气部件、异种金属构件以及某些复杂薄板结构(如夹层结构、蜂窝结构等),还用于各类导线与硬质合金刀具。

第四节　真空电子束焊接

随着原子能、导弹和宇航技术的发展,大量应用了锆、钛、钽、铌、铂、铌、镍及其合金,对这些金属的焊接质量提出更高的要求,一般的气体保护焊已不能得到满意的结果。1956 年,真空电子束焊接方法研制成功,解决了上述稀有金属的焊接问题。

真空电子束焊接是利用加速和聚焦的电子束轰击置于真空或非真空中的工件所产生的热能进行焊接的方法,如图 4-34 所示。电子枪、工件及夹具全部装在真空室内。电子枪由加热灯丝、阴极、阳极及聚焦装置等组成。当阴极被灯丝加热到 2 600 K 时,能发出大量电子。这些电子在阴极与阳极(工件)间的高压作用下,经电磁透镜聚焦成电子流束,以极大速度(可达到 160 000 km/s)射向工件表面,使电子的动能转变为热能,其能量密度(10^6~10^8 W/cm^2)比普通电弧大 1 000 倍,故使工件金属迅速熔化,甚至汽化。根据工件的熔化程度,适当移动工件,即得到要求的焊接接头。

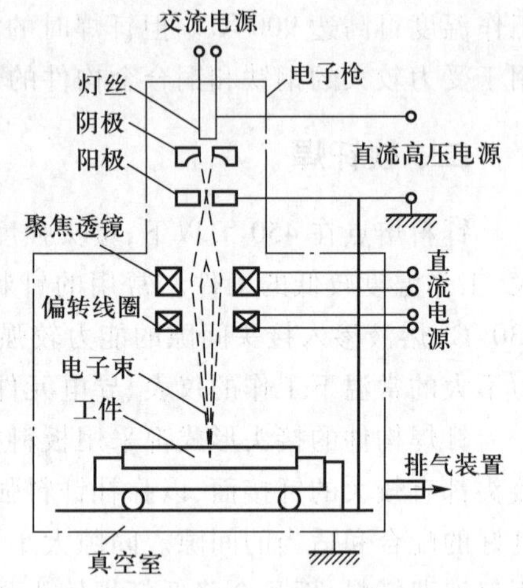

图 4-34　真空电子束焊接示意图

真空电子束焊接有以下特点:

(1) 由于在真空中焊接,工件金属无氧化、氮化、无金属电极玷污,从而保证了焊缝金属的高纯度。焊缝表面平滑纯净,没有弧坑或其他表面缺陷;内部结合好,无气孔及夹渣。

(2) 热源能量密度大,熔深大,速度快,焊缝深而窄(焊缝宽深比可达 1∶20),能单道焊厚件。焊接热影响区很小,基本上不产生焊接变形,从而防止难熔金属熔接时产生裂纹及泄漏。此外,可对精加工后的零件进行焊接。

(3) 厚件也不必开坡口,焊接时一般不必另填金属。但接头要加工得平整洁净,装配紧,不留间隙。

(4) 电子束参数可在较宽范围内调节,而且焊接过程的控制灵活,适应性强。

目前,真空电子束焊接的应用范围正日益扩大,从微型电子线路组件、真空膜盒、钼箔蜂窝结构,原子能燃料元件到大型导弹壳体都已采用电子束焊接。此外,熔点、导热性、固溶度相差很大的异种金属构件,真空中使用的器件和内部要求真空的密封器件等,用真空电子束焊接也能得到良好的焊接接头。

真空电子束焊接缺点是设备复杂、造价高、使用与维护技术要求高,工件尺寸受真空室限制,对工件的清整与装配要求严格。因而,其应用也受到一定限制。

目前,非真空电子束焊接也得到了成功的应用。此时,不需要真空工作室,也可焊大尺寸工件和 30 mm 的熔深。

第五节 激光焊接

激光焊接是以聚焦的激光束作为能源轰击焊件所产生的热量进行熔焊的方法。

激光是指利用原子受激辐射原理,使物质受激而产生的波长均一、方向一致和强度很高的光束。激光器是指产生激光的器件。激光与普通光(太阳光、电灯光、烛光、荧光)不同,激光具有单色性好、方向性好以及能量密度高(可达 $10^5 \sim 10^{31}$ W/cm^2)等特点,因此被成功地用于金属或非金属材料的焊接、穿孔和切割。

在焊接中应用的激光器,目前有固体及气体介质两种。固体激光器常用的激光材料是红宝石、钕玻璃或掺钕钇铝石榴石,气体则使用 CO_2。

激光焊接如图 4-35 所示,其基本原理是:利用激光器受激产生的激光束,通过聚焦系统可聚焦到十分微小的焦点(光斑)上,其能量密度大于 10^5 W/cm^2。当调焦到工件接缝时,光能转换为热能,使金属熔化形成焊接接头。

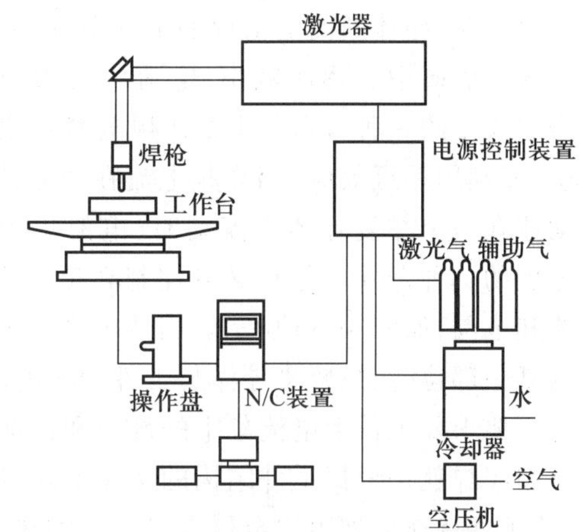

图 4-35 激光焊接示意图

按激光器的工作方式,激光焊接可分为脉冲激光点焊和连续激光焊接两种。目前脉冲激光点焊已得到广泛应用。

通用激光点焊设备的单个脉冲输出能量为 10 J 左右,脉冲持续时间一般不超过 10 ms,主要用于厚度小于 0.5 mm 的金属箔材或直径小于 0.6 mm 的金属线材的焊接。连续激光焊接主要使用大功率 CO_2 气体激光器。在实验室内,其连续输出功率已达几十千瓦,能够成功地焊接不锈钢、硅钢、铜、镍、钛等金属及其合金。

激光焊接的特点如下:

(1) 激光辐射的能量释放极其迅速,点焊过程只有几毫秒。这不仅提高了生产率,而且被焊材料不易氧化。因此可以在大气中进行焊接,不需要气体保护或真空环境。

(2) 激光焊接的能量密度很高、热量集中、作用时间很短,所以焊接热影响区极小,工件不变形,特别适用于热敏感材料的焊接。

(3) 激光束可用反射镜或偏转棱镜将其在任何方向上弯曲或聚焦,可以用光导纤维引到难以接近的部位。激光还可以通过透明材料壁进行聚焦,因此可以焊接一般焊法难以接近或无法安置的焊点。

(4) 激光可对绝缘材料直接焊接,焊接异种金属材料也比较容易,甚至能把金属与非金属焊在一起。

激光焊接(主要是脉冲激光点焊)特别适合微型、精密、排列非常密集和热敏感材料的工件及微电子元件的焊接(如集成电路内外引线焊接,微型继电器、电容器、石英晶体的管壳封焊,以及仪表游丝的焊接等),但激光焊接设备的功率较小,可焊接的厚度受到一定限制,而且操作与维护的技术要求较高。

第六节 高 频 焊

高频焊是利用流经工件连接面的高频电流(10~500 kHz)所产生的电阻热加热,并在施加(或不施加)压力的情况下,使工件间实现相互连接的一种焊接方法。

高频焊是电阻焊的一种,但与普通的电阻焊又有很多重要的差别。高频焊时,焊接电流仅在工件上平行于接头连接面流动,而不像普通电阻焊那样,垂直于界面流动。

借助高频电流的集肤效应(向导体通以频率为 f 的交流电流时,导体断面上出现的电流分布不均,电流密度由导体表面向中心逐次减小;电流中的大部分仅沿着导体表层流动的一种现象)可使高频电能量集中于工件的表层,而利用邻近效应(当高频电流在两导体中彼此反向流动或在一个往复导体中流动时,电流集中流动于导体邻近侧的一种奇异现象),又可控制高频电流流动路线的位置和范围,如图 4-36 所示。当要求高频电流集中在工件的某一部位时,只要将导体与工件构成电的回路并靠近这一部位,使之构成邻近导体,就能实现这一要求。工件上电流集中的部位和被加热的图形与邻近导体的投影图形完全相同。

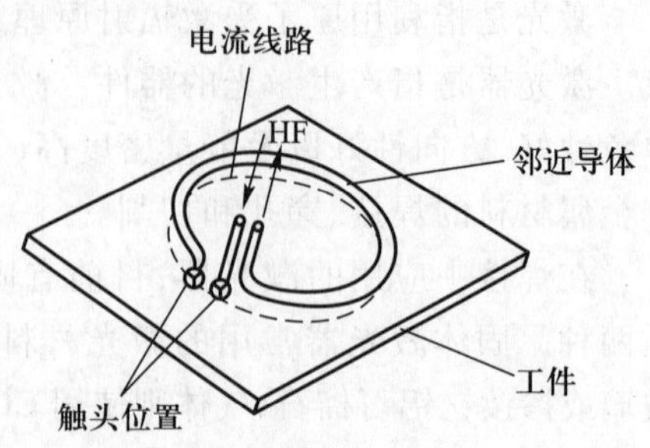

HF—高频电源

图 4-36 用邻近导体控制高频电流流动的路线

高频焊就是根据工件结构的特殊形式,运用集肤效应和邻近效应以及其带来的上述一些特性,使工件待连接处表层金属得以快速加热,从而实现相互连接的。例如,欲焊接长度较小的两个零件,就要在相邻的两边间留有小间隙,并将两边与高频电源相连,使之组成电的往复回路,在集肤效应与邻近效应的作用下,相邻两边金属端部便会迅速地被加热到熔化或焊接温度,然后在外加压力作用下,两零件就可牢固地焊成一体(图 4-37)。

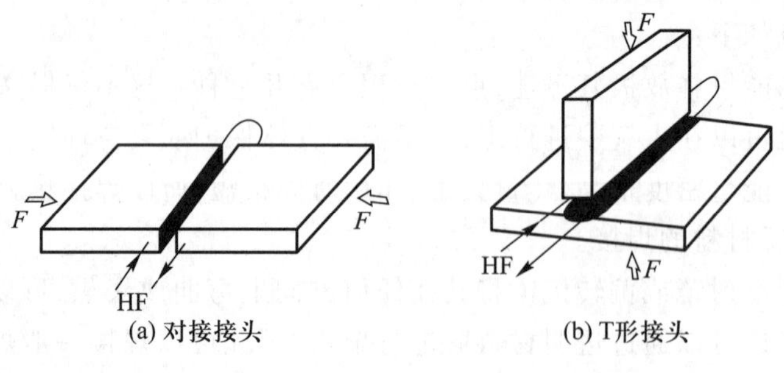

F—压力

图 4-37 长度较小零件的高频焊原理

如果被焊的是很长的工件,就要采用连续高频焊。为了有效地利用高频电流的集肤效应和邻近效应,此时必须使焊接接头形成 V 形张角,此张角又称为会合角。典型的应用实例就是各种型材和管材的高频焊,如图 4-38 所示。

高频焊主要有以下特点:

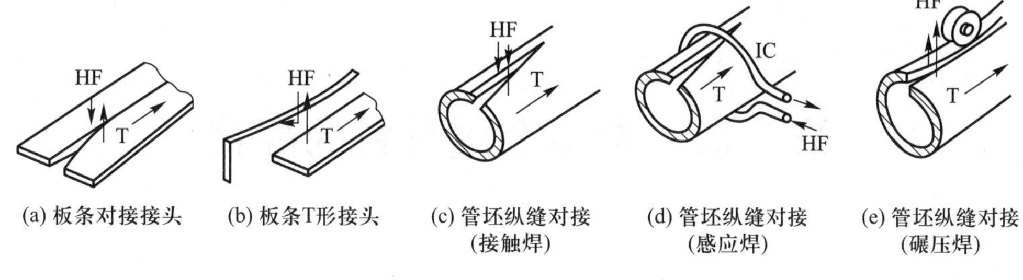

(a) 板条对接接头　(b) 板条T形接头　(c) 管坯纵缝对接(接触焊)　(d) 管坯纵缝对接(感应焊)　(e) 管坯纵缝对接(碾压焊)

IC—感应圈;T—工件移动方向

图 4-38　型材及管材的高频焊模式

(1) 焊接速度高。由于电流能高度集中于焊接区,加热速度极快,而且在高速焊接时并不产生"跳焊"现象,因而焊速可高达 150 m/min 甚至 200 m/min。

(2) 热影响区小。因焊速高,工件自冷作用强,故不仅热影响区小,而且还不易发生氧化,从而可获得具有良好组织与性能的焊缝。

(3) 焊前可不清除工件待焊处表面氧化膜及污物。对热轧母材表面的氧化膜、污物等,高频电流是能够导通的,因而省掉焊前清理工序也能焊接。

(4) 焊接的金属种类广泛,产品的形状规格多。不但能焊碳钢、合金钢,而且还能焊通常难以焊接的不锈钢、铝及铝合金、铜及铜合金,以及镍、钛、锆等金属。用高频焊制作时,型材和管材的尺寸规格远比普通轧制或挤压法要多得多,且可制造出异种材料的结构件。

高频焊的缺点主要在于电源回路的高压部分对人身与设备的安全有威胁,因而对绝缘有较高的要求。另外,回路中振荡管等元件的工作寿命较短,而且维修费用也较高。

高频焊在管材制造方面获得了广泛应用。除能制造各种材料的有缝管、异形管、散热片管、螺旋散热片管、电缆套管等管材外,还能生产各种断面的型材或双金属板和一些机械产品,如汽车轮圈、汽车车厢板、工具钢与碳钢组成的锯条等。

复　习　题

1. 厚薄不同的钢板或三块薄钢板搭接是否可以进行点焊?点焊对工件厚度有什么要求?对铜或铜合金板材能否进行点焊,为什么?
2. 试比较电阻对焊和摩擦焊的焊接过程特点有什么异同?各自的应用范围如何?
3. 钎焊和熔焊实质差别是什么?钎焊的主要适用范围有哪些?
4. 电子束焊和激光焊的热源是什么?焊接过程有何特点?各自的适用范围如何?
5. 高频焊和普通的电阻焊有什么不同?其应用范围主要有哪些?
6. 下列制品生产时选用什么焊接方法最合适?

自行车车架,石油液化气罐主焊缝,自行车圈,电子线路板,钢轨对接,不锈钢储罐,钢管连接,焊缝钢管

第三章　常用金属材料的焊接

第一节　金属材料的焊接性

一、焊接性的概念

金属材料的焊接性是指在限定的施工条件下，焊接成按规定设计要求的构件，并满足预定服役要求的能力。即金属材料在一定焊接工艺条件下，表现出来的焊接难易程度。

金属材料的焊接性不是一成不变的，同一种金属材料，采用不同的焊接方法、焊接材料及焊接工艺（包括预热和热处理等），其焊接性可能有很大差别。例如，化学活泼性极强的钛焊接时比较困难，曾一度认为钛的焊接性很不好，但自氩弧焊的应用比较成熟以后，钛及其合金的焊接结构已在航空等工业部门广泛应用。由于新能源的发展，等离子弧焊接、真空电子束焊接、激光焊接等新的焊接方法相继出现，使钨、钼、钽、铌、锆等高熔点金属及其合金的焊接都已成为可能。

焊接性包括两个方面：一是工艺焊接性，主要是指焊接接头产生工艺缺陷的倾向，尤其是出现各种裂纹的可能性；二是使用焊接性，主要是指焊接接头在使用中的可靠性，包括焊接接头的力学性能及其他特殊性能（如耐热、耐蚀性能等）。金属材料这方面的焊接性可通过估算和实验方法来确定。

根据目前的焊接技术水平，工业上应用的绝大多数金属材料都是可焊的，只是焊接时的难易程度不同而已。当采用新的材料制作焊接结构时，了解及评价新材料的焊接性，是产品设计、施工准备及正确制订焊接工艺的重要依据。

二、钢材焊接性的估算方法

实际焊接结构所用的金属材料绝大多数是钢材。影响钢材焊接性的主要因素是化学成分。各种化学元素对焊缝组织性能、夹杂物的分布以及对焊接热影响区的淬硬程度等的影响不同，对产生裂纹倾向的影响也不同。在各种元素中，碳的影响最为明显，其他元素的影响可折合成碳的影响。因此可用碳当量法来估算被焊钢材的焊接性。硫、磷对钢材的焊接性能影响也很大，在各种合格钢材中，硫、磷含量都受到严格限制。

碳钢及低合金结构钢的碳当量经验公式为：

$$w_{C当量}=\left[w_C+\frac{w_{Mn}}{6}+\frac{w_{Cr}+w_{Mo}+w_V}{5}+\frac{w_{Ni}+w_{Cu}}{15}\right]\times 100\% \tag{4-2}$$

根据经验：

当 $w_{C当量}<0.4\%$ 时,钢材塑性良好,淬硬倾向不明显,焊接性良好。在一般的焊接工艺条件下,工件不会产生裂纹。但厚大件或在低温下焊接时,应考虑预热。

当 $w_{C当量}=0.4\%\sim0.6\%$ 时,钢材塑性下降,淬硬倾向明显,焊接性能相对较差。焊前工件需要适当预热,焊后应注意缓冷。要采取一定的焊接工艺措施才能防止裂纹。

当 $w_{C当量}>0.6\%$ 时,钢材塑性较低,淬硬倾向很强,焊接性不好。焊前工件必须预热到较高温度,焊接时要采取减少焊接应力和防止开裂的工艺措施,焊后要进行适当的热处理,才能保证焊接接头质量。

利用碳当量法估算钢材焊接性是粗略的,因为钢材的焊接性还受结构刚度、焊后应力条件、环境温度等因素的影响。例如,当钢板厚度增加时,结构刚度增大,焊后残余应力也较大,焊缝中心部位处于三向拉应力状态,因此表现出焊接性下降。在实际工作中确定材料焊接性时,除初步估算外,还应根据实际情况进行抗裂试验及焊接接头使用焊接性的实验,为制订合理的工艺规程提供依据。

第二节　碳钢的焊接

一、低碳钢的焊接

低碳钢碳质量分数≤0.25%,其塑性好,一般没有淬硬倾向,对焊接过程不敏感,焊接性好。焊这类钢时不需要采取特殊的工艺措施,通常焊后也不需进行热处理。

厚度大于 50 mm 的低碳钢结构,常用大电流多层焊,焊后应进行消除内应力退火。低温环境下焊接刚度较大的结构时,由于工件各部分温差较大,变形又受到限制,焊接过程容易产生较大的应力,有可能导致结构件开裂,因此应进行焊前预热。

低碳钢可以用各种焊接方法进行焊接,应用最广泛的是焊条电弧焊、埋弧焊、气体保护焊和电阻焊等。

采用熔焊法焊接结构钢时,焊接材料及焊接工艺的选择主要应保证焊接接头与工件材料等强度。焊条电弧焊焊接一般低碳钢结构,可选用 E4313(J421)、E4303(J422)、E4320(J424)焊条;焊接动载荷结构、复杂结构或厚板结构时,应选用 E4316(J426)、E4315(J427)或 E5015(J507)焊条;埋弧焊时,一般采用 H08A 或 H08MA 焊丝配焊剂 431 进行焊接。

二、中、高碳钢的焊接

中碳钢碳质量分数为 0.25%~0.6%。随着碳质量分数的增加,淬硬倾向越加明显,焊接性逐渐变差。实际生产中,主要是焊接各种中碳钢的铸件与锻件。

中碳钢的焊接特点是:

(1) 热影响区易产生淬硬组织和冷裂纹。中碳钢属淬火钢,热影响区金属被加热超过淬火温度区段时,受工件低温部分的迅速冷却作用,势必出现马氏体等淬硬组织。当工件刚性较大或工艺不当时,就会在淬火区产生冷裂纹,即焊接接头焊后冷却到相变温度以下或冷却到室温后产生裂纹。

(2) 焊缝金属产生热裂纹倾向较大。焊接中碳钢时,因工件基体材料碳质量分数与硫、磷杂质含量远远高于焊芯,基体材料熔化后进入熔池,使焊缝金属碳质量分数增加,塑性下降,加上硫、磷低熔点杂质存在,焊缝及熔合区在相变前可能因内应力而产生裂纹。

因此,焊接中碳钢工件,焊前必须进行预热,使焊接时工件各部分的温差小,以减小焊接应力。一般情况下,35 钢和 45 钢的预热温度可选为 150~250 ℃。结构刚度较大或钢材碳质量分数更高时,预热温度应再提高些。

由于中碳钢主要用于制造各类机器零件,焊缝一般有一定的厚度,但长度不大。因此,焊接中碳钢多采用焊条电弧焊。焊后要进行相应的热处理。

焊接中碳钢工件,应选用抗裂能力较强的低氢型焊条。当要求焊缝与工件材料等强度时,可根据钢材强度选用 E5016(J506)、E5015(J507)、E6016-D1(J606)、E6015-D1(J607)焊条。若不要求等强度时,可选用 E4315(J427)型强度低些的焊条,以提高焊缝塑性。不论用哪种焊条焊接中碳钢件,均应选用细焊条、小电流、开坡口进行多层焊,以防止工件材料过多地融入焊缝,同时减小焊接热影响区的宽度。

高碳钢的焊接特点与中碳钢基本相似。由于碳质量分数更高,使焊接性变得更差。进行焊接时,应采用更高的预热温度、更严格的工艺措施。实际上,高碳钢的焊接一般只限于利用焊条电弧焊进行修补工作。

第三节 合金结构钢的焊接

用于机械制造的合金结构钢零件(包括调质钢、渗碳钢),一般都采用轧制或锻造的坯料,较少采用焊接结构的坯料。如需焊接,因其焊接性与中碳钢相似,所以其焊接工艺措施与中碳钢基本相同。

焊接结构中,用得最多的是可焊接低合金结构钢(或称可焊接低合金高强钢)。其焊接特点如下:

(1) 热影响区的淬硬倾向。低合金钢焊接时,热影响区可能产生淬硬组织,淬硬程度与钢材的化学成分和强度级别有关。钢中含碳及合金元素越多,钢材强度级别越高,则焊后热影响区的淬硬倾向越大。如 300 MPa 级的 09Mn2、09Mn2Si 等钢材的淬硬倾向很小,其焊接性与一般低碳钢基本一样。350 MPa 级的 16Mn 钢淬硬倾向也不大,但当碳质量分数接近允许上限或焊接参数不当时,过热区也完全可能出现马氏体等淬硬组织。强度级别较大的低合金钢,淬硬倾向增加,热影响区容易产生马氏体组织,硬度明显增高、塑性和韧度则下降。

(2) 焊接接头的裂纹倾向。随着钢材强度级别的提高,产生冷裂纹的倾向也加剧。影响冷裂纹的因素主要有三个方面:一是焊缝及热影响区的氢含量;二是热影响区的淬硬程度;三是焊接接头的应力大小。对于热裂纹,由于我国低合金钢系统的碳质量分数低,且大部分含有一定的锰,对脱硫有利。因此产生热裂纹的倾向不大。

根据低合金钢的焊接特点,生产中可分别采取以下措施进行焊接。对于强度级别较低的钢材,在常温下焊接时与对待低碳钢基本一样。在低温或在大刚度、大厚度构件上进行小焊脚、短焊缝焊接时,应防止出现淬硬组织,要适当增大焊接电流、减慢焊接速度、选用抗裂性强的低氢型焊条。必要时需采用预热措施。对锅炉、受压容器等重要构件,当厚度大于 20 mm 时,焊后必须进行退火处理,以消除内应力。对于强度级别高的低合金钢件,焊前一般均需预热。焊接时,应调整焊接参数，以控制热影响区的冷却速度不宜过快。焊后还应进行热处理，以消除内应力。不能立即热处理时，可先进行消氢处理，即焊后立即将工件加热到200～350 ℃，保温2～6 h，以加速氢扩散逸出，防止产生因氢引起的冷裂纹。

第四节　铸铁的补焊

铸铁碳质量分数高，组织不均匀，塑性很低，属于焊接性很差的材料。因此设计和制造焊接构件时，不应该采用铸铁。由于铸铁件常存在铸造缺陷，以致在使用过程中有时会发生局部损坏或断裂，此时用焊接手段将其修复，其经济效益是很大的。所以，铸铁的焊接主要是焊补工作。

铸铁的焊接特点如下：

(1) 熔合区易产生白口组织。由于焊接时为局部加热，焊后铸铁件上的焊补区冷却速度远比铸造成形时快得多，因此很容易形成白口组织，其硬度很高，焊后很难进行机械加工。

(2) 易产生裂纹。铸铁强度低、塑性差。当焊接应力较大时，就会在焊缝及热影响区内产生裂纹，甚至使焊缝整体断裂。此外，当采用非铸铁组织的焊条或焊丝冷焊铸铁件时，因铸铁中碳及硫、磷杂质含量高，基体材料过多融入焊缝中，则易产生热裂纹。

(3) 易产生气孔。铸铁碳质量分数高，焊接时易生成 CO 和 CO_2 气体，铸铁凝固时由液态转变为固态所经过的时间很短，熔池中的气体来不及逸出而形成气孔。

此外，铸铁的流动性好，立焊时熔池金属容易流失，所以一般只应进行平焊。

根据铸铁的焊接特点，采用气焊、焊条电弧焊进行补焊较为适宜。按焊前是否预热，铸铁的补焊可分为热焊法和冷焊法两大类：

(1) 热焊法。焊前将工件整体或局部预热到600～700 ℃，焊补后缓慢冷却。热焊法能防止工件产生白口组织和裂纹，焊补质量较好，焊后可进行机械加工。但热焊法成本较高、生产率低、焊工劳动条件差。一般用于焊补形状复杂、焊后需进行加工的重要铸件。如床头箱，气缸体等。

用气焊进行铸铁热焊比较方便。气焊火焰还可以用于预热工件和焊后缓冷。填充金属应使用专制的铸铁棒，并配以 CJ201 气焊焊剂，以保证焊接质量。同时也可用铸铁焊条进行焊条电弧焊焊补，药皮成分主要是石墨、硅铁、碳酸钙等，以补充焊补处碳和硅的烧损，并造渣清除杂质。

(2) 冷焊法。焊补前工件不预热或只进行400 ℃以下的低温预热。焊补时主要依靠焊条来调整焊缝的化学成分，以防止或减少白口组织和避免裂纹。冷焊法方便、灵活、生产率高、成本低、劳动条件好，但焊接处切削加工性能较差。生产中多用于焊补要求不高的铸件以及不允许高温预热引起变形的铸件。焊接时，应尽量采用小电流、短弧、窄焊缝、短焊道（每段不大于50 mm），并在焊后及时锤击焊缝，以松弛应力，防止焊后开裂。

冷焊法一般采用焊条电弧焊进行补焊。根据铸铁性能，焊后对机械加工的要求及铸件的重要性等来选定焊条，常用的有：钢芯或铸铁芯铸铁焊条，适用于一般非加工面的补焊；镍基铸铁焊条，适用于重要铸件的加工面的补焊；铜基铸铁焊条，用于焊后需要加工的灰铸铁件的补焊。

第五节 非铁金属及其合金的焊接

一、铜及铜合金的焊接

铜及铜合金的焊接比低碳钢困难得多。这是由于:

(1) 铜的导热性很高(紫铜为低碳钢的 8 倍),焊接时热量极易散失。因此,焊前工件要预热,焊接中要选用较大的电流或火焰。否则容易造成焊不透缺陷。

(2) 液态铜易氧化,生成的 Cu_2O 与铜可组成低熔点共晶体,分布在晶界上形成薄弱环节。又因为铜的膨胀系数大,冷却时收缩率也大,容易产生较大的焊接应力。因此,焊接过程中极易引起开裂。

(3) 铜在液态时吸气性强,特别容易吸收氢气。凝固时,气体将从熔池中析出,来不及逸出就会在工件中形成气孔。

(4) 铜的电阻极小,不适于电阻焊。

(5) 某些铜合金比纯铜更容易氧化,使焊接的困难增大。例如,黄铜(铜锌合金)中的锌沸点很低,极易烧蚀蒸发并生成氧化锌(ZnO)。锌的烧损不但改变了接头的化学成分,降低接头性能,而且所形成的氧化锌烟雾易引起焊工中毒。铝青铜中的铝,在焊接中易生成难熔的氧化铝,增大熔渣黏度,生成气孔和夹渣。

铜及铜合金可用氩弧焊、气焊、碳弧焊、钎焊等进行焊接。其中,氩弧焊主要用于焊接紫铜和青铜件,气焊主要用于焊接黄铜件。

二、铝及铝合金的焊接

工业中主要对纯铝、铝锰合金、铝镁合金和铸铝件进行焊接。铝及铝合金的焊接也比较困难。其焊接特点有:

(1) 铝与氧的亲和力很大,极易氧化生成氧化铝(Al_2O_3)。氧化铝组织致密,熔点高达 2 050 ℃,覆盖在金属表面,能阻碍金属熔合。此外,氧化铝的密度较大,易使焊缝形成夹渣缺陷。

(2) 铝的导热系数较大,焊接中要使用大功率或能量集中的热源。工件厚度较大时应考虑预热。铝的膨胀系数也较大,易产生焊接应力与变形,并可能导致裂纹的产生。

(3) 液态铝能吸收大量氢气,而固态铝却几乎不能溶解氢。因此在熔池凝固中易产生气孔。

(4) 铝在高温时强度和塑性很低,焊接中常由于不能支持熔池金属而形成焊缝塌陷。因此常需采用垫板进行焊接。

目前焊接铝及铝合金的常用方法有氩弧焊、气焊、点焊、缝焊和钎焊。其中,氩弧焊是焊接铝及铝合金较好的方法,焊接时可不用焊剂,但要求氩气纯度大于 99.9%;气焊常用于要求不高的铝及铝合金工件的焊接。

复 习 题

1. 为防止低合金高强钢焊后产生冷裂纹,应采取哪些措施?

2. 现有直径为 500 mm 的铸铁齿轮和带轮各 1 件,铸造后出现图示断裂现象。曾先后用 E4303(J422)焊条和钢芯铸铁焊条进行电弧焊冷焊补,但焊后再次断裂,试分析其原因。请问采用什么方法能保证焊后不裂,并可进行切削加工?

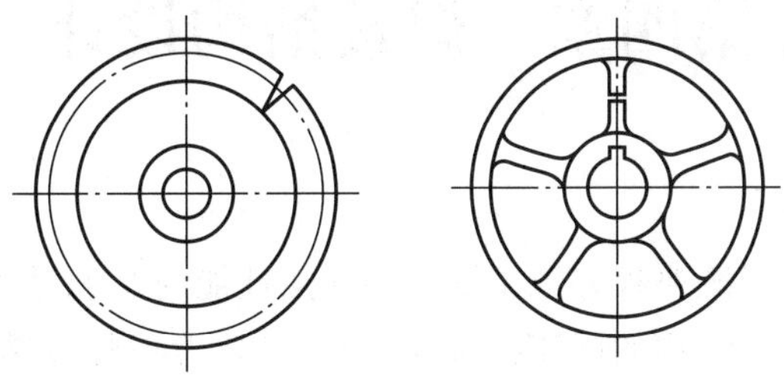

复习题 2 图

3. 为什么铜及铜合金的焊接比低碳钢的焊接困难得多?

4. 用下列板材制作圆筒形低压容器,试分析其焊接性如何,并请选择焊接方法。

(1) Q235 钢板,厚 20 mm,批量生产;

(2) 20 钢钢板,厚 2 mm,批量生产;

(3) 45 钢钢板,厚 6 mm,单件生产;

(4) 紫铜板,厚 4 mm,单件生产;

(5) 铝合金板,厚 20 mm,单件生产;

(6) 镍铬不锈钢钢板,厚 10 mm,小批生产。

第四章　焊接结构设计

设计焊接结构时,设计者既要很好地了解产品使用性能的要求,如载荷大小、载荷性质、使用温度、使用环境以及有关产品结构的国家标准与规程,又要考虑焊接结构的工艺性,如焊接材料的选择、焊接方法的选择、焊接接头的工艺设计。此外,还要考虑制造单位的质量管理水平、产品检验技术等有关问题,这样才能设计出比较容易生产、质量优良、成本低廉的焊接结构。

第一节　焊接结构件材料的选择

焊接结构在满足工作性能要求的前提下,首先要考虑选择焊接性较好的材料。低碳钢和碳当量小于 0.4%的低合金钢都具有良好的焊接性,设计中应尽量选用;碳质量分数大于 0.4%的碳钢、碳当量大于 0.4%的合金钢,焊接性不好,设计时一般不宜选用。若必须选用,应在设计和生产工艺中采取必要措施。

强度等级低的低合金钢,焊接性与低碳钢基本相同,钢材价格也不贵,而强度却能显著提高,条件允许时应优先选用。强度等级较高的低合金钢,焊接性能虽然差些,但只要采取合适的焊接材料与工艺,也能获得满意的焊接接头。

镇静钢脱氧完全,组织致密,质量较高,重要的焊接结构应选用之。沸腾钢氧含量较高,组织成分不均匀,焊接时易产生裂纹,厚板焊接时还可能出现层状撕裂,因此不宜用作承受动载荷或严寒下工作的重要焊接结构件以及盛装易燃、有毒介质的压力容器。

异种金属的焊接,必须特别注意它们的焊接性及其差异。一般要求接头强度不低于被焊钢材中的强度较低者,并应在设计中对焊接工艺提出要求,按焊接性较差的钢种采取措施,如预热或焊后热处理等。

各种常用金属材料的焊接性见表 4-7。

表 4-7　常用金属材料的焊接性

金属材料	气焊	焊条电弧焊	埋弧焊	CO_2 气体保护焊	氩弧焊	电子束焊	点焊、缝焊	对焊	摩擦焊	钎焊
低碳钢	A	A	A	A	A	A	A	A	A	A
中碳钢	A	A	B	B	A	A	B	A	A	A
低合金结构钢	B	A	A	A	A	A	A	A	A	A
不锈钢	A	A	B	B	A	A	A	A	A	A

续表

金属材料	气焊	焊条电弧焊	埋弧焊	CO_2 气体保护焊	氩弧焊	电子束焊	点焊、缝焊	对焊	摩擦焊	钎焊
耐热钢	B	A	B	C	A	A	B	C	D	A
铸钢	A	A	A	A	A	A	(一)	B	B	B
铸铁	B	B	C	C	B	(一)	(一)	D	D	B
铜及其合金	B	B	C	C	A	B	D	D	A	A
铝及其合金	B	C	C	D	A	A	A	A	B	C
钛及其合金	D	D	D	D	A	A	B~C	C	D	B

注：A—焊接性良好；B—焊接性较好；C—焊接性较差；D—焊接性不好；(一)—很少采用。

此外，设计焊接结构时，应多采用工字钢、槽钢、角钢和钢管等型材，以降低结构重量，减少焊缝数量，简化焊接工艺，增加结构件的强度和刚性。对形状比较复杂的部分，还可以选用铸钢件、锻件或冲压件来焊接。图 4-39 是合理选材、减少焊缝数量的几个示例。

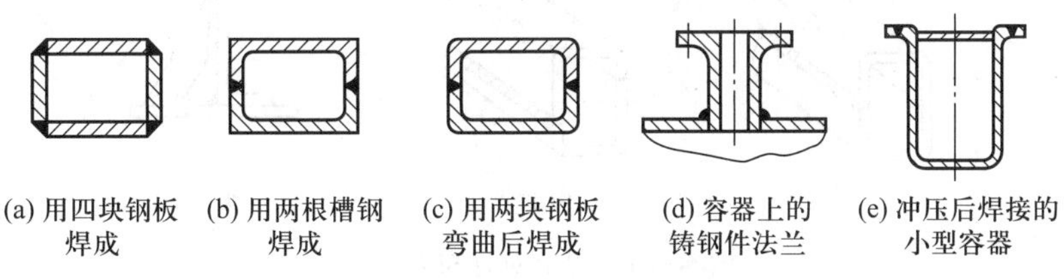

(a) 用四块钢板焊成　(b) 用两根槽钢焊成　(c) 用两块钢板弯曲后焊成　(d) 容器上的铸钢件法兰　(e) 冲压后焊接的小型容器

图 4-39　合理选材与减少焊缝

第二节　焊接接头的工艺设计

一、焊缝的布置

合理的焊缝位置是焊接结构设计的关键，与产品质量、生产率、成本及劳动条件密切相关。其一般工艺设计原则如下：

(1) 焊缝布置应尽量分散。焊缝密集或交叉，会造成金属过热，加大热影响区，使组织恶化。因此，两条焊缝的间距一般要求大于 3 倍板厚，且不小于 100 mm。图 4-40a、b、c 的结构不合理，应改为图 4-40d、e、f 的结构形式。

(2) 焊缝的位置应尽可能对称布置。如图 4-41a、b 所示的构件，焊缝位置偏离截面中心，并在同一侧，由于焊缝的收缩，会造成较大的弯曲变形。图 4-41c、d、e 所示的焊缝位置对称，焊后不会发生明显的变形。

(3) 焊缝应尽量避开最大应力断面和应力集中位置。对于受力较大、结构较复杂的焊接构

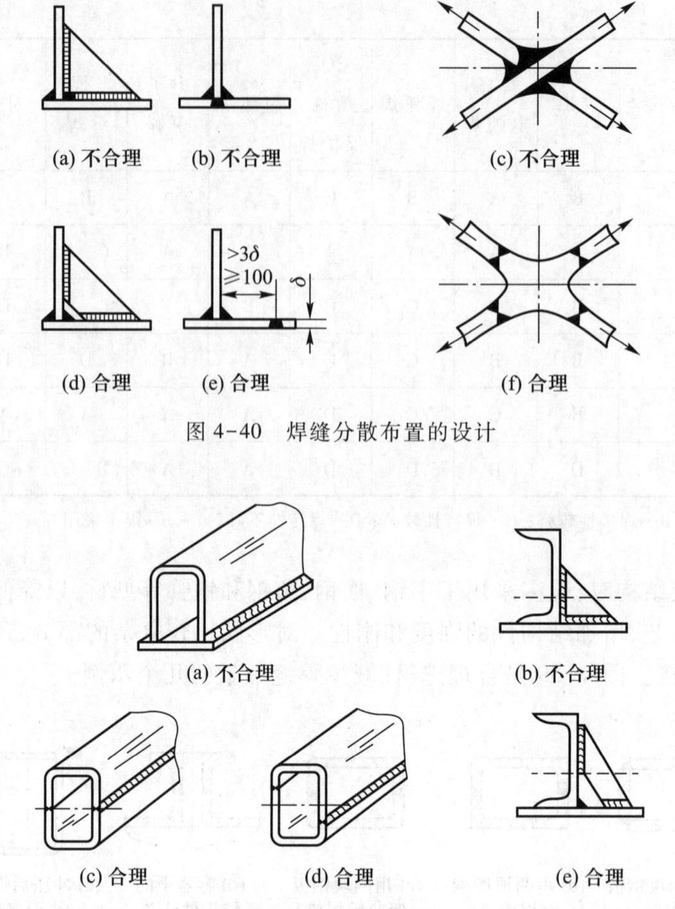

图 4-40　焊缝分散布置的设计

图 4-41　焊缝对称布置设计

件，在最大应力断面和应力集中位置不应该布置焊缝。例如，大跨度的焊接钢梁、板坯的拼料焊缝，应避免放在梁的中间，如图 4-42a 应改为图 4-42d 的状态。压力容器的封头应有一直壁段，如图 4-42b 应改为图 4-42e 的状态，使焊缝避开应力集中的转角位置，直壁段不小于 25 mm。在构件截面有急剧变化的位置或尖锐棱角部位，易产生应力集中，应避免布置焊缝，如图 4-42c 应改为图 4-42f 的状态。

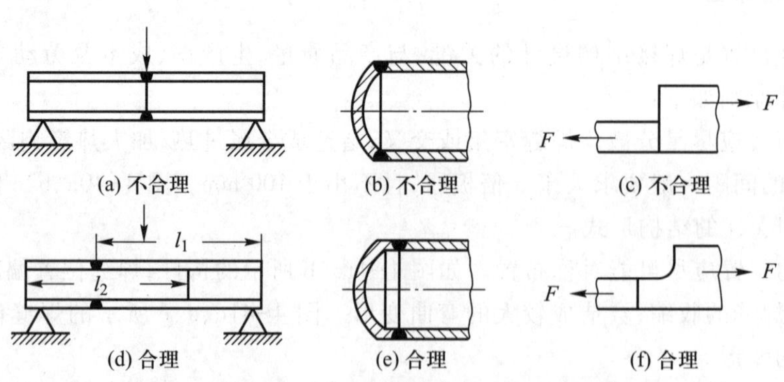

图 4-42　焊缝避开最大应力断面与应力集中位置的设计

（4）焊缝应尽量避开机械加工表面。有些焊接结构，只是某些部位需要进行机械加工，如焊接轮毂、管配件、焊接支架等。其焊缝位置的设计应尽可能距离已加工表面远一些，如图 4-43a、b 所示结构显然不如图 4-43c、d 所示结构容易保证质量。

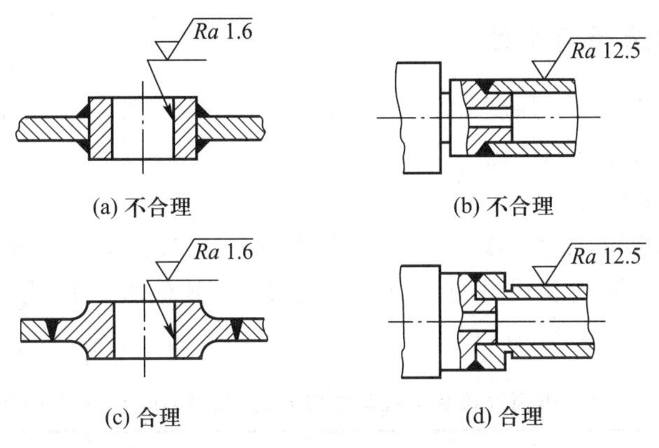

图 4-43　焊缝远离机械加工表面的设计

（5）焊缝位置应便于焊接操作。布置焊缝时，要考虑到有足够的操作空间，如图 4-44a、b、c 所示的内侧焊缝，焊接时焊条无法伸入。若必须焊接，只能将焊条弯曲，但操作者的视线被遮挡，极易造成缺陷，因此应改为图 4-44d、e、f 所示的设计。埋弧焊结构要考虑接头处在施焊中存放焊剂和熔池的保持问题（图 4-45）。点焊与缝焊应考虑电极伸入的方便性（图 4-46）。

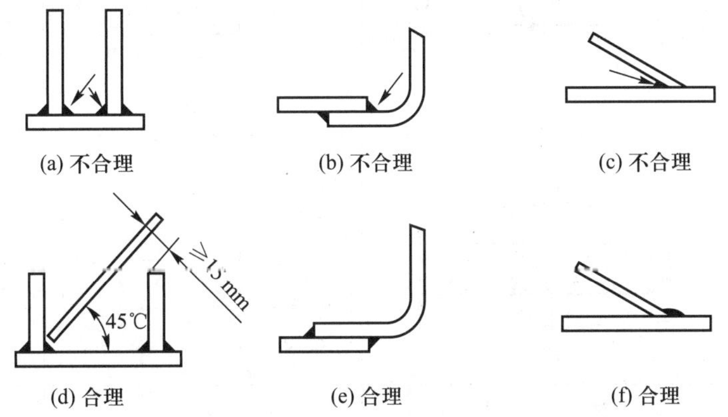

图 4-44　焊缝位置便于电弧焊操作的设计

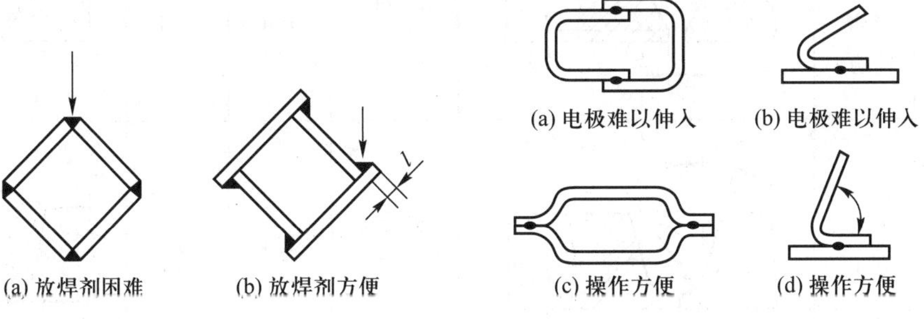

图 4-45　焊缝便于埋弧焊的设计

图 4-46　便于点焊及缝焊的设计

此外，焊缝应尽量放在平焊位置，尽可能避免仰焊焊缝，减少横焊焊缝。良好的焊接结构设计，还应尽量使全部焊接部件、至少是主要部件能在焊接前一次装配点固，以简化装配焊接过程、节省场地面积、减少焊接变形、提高生产效率。

二、接头形式的选择与设计

接头形式应根据结构形状、强度要求、工件厚度、焊后变形大小、焊条消耗量、坡口加工难易程度、焊接方法等因素综合考虑决定。

1. 接头形式与坡口形式

焊接碳钢和低合金钢的接头形式主要分为对接接头、角接接头、T形接头和搭接接头等。常用的焊接接头形式、坡口形式及尺寸见表4-8。需要时，其他坡口形式可查阅国家标准GB/T 985.1—2008。

表4-8 焊条电弧焊接头形式与坡口形式（摘自GB/T 985.1—2008） mm

焊接形式	母材厚度 t	坡口形式	截面示意图	坡口角度 α、β	间隙 b	钝边 c	焊缝示意图
单面对接焊缝	≤4	I形坡口	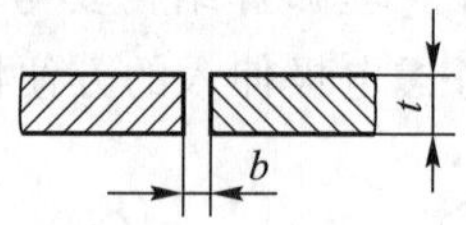	—	≈t	—	
	3<t≤8				3≤b≤8		
					≈t		
	≤15				≤1		
					0		
	3<t≤10	V形坡口	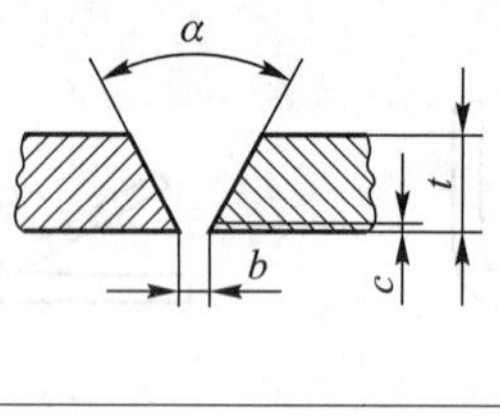	40°≤α≤60°	≤4	≤2	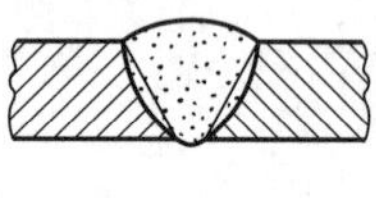
	8<t≤12			6°≤α≤20°	—		
	5<t≤40	V形坡口（带钝边）	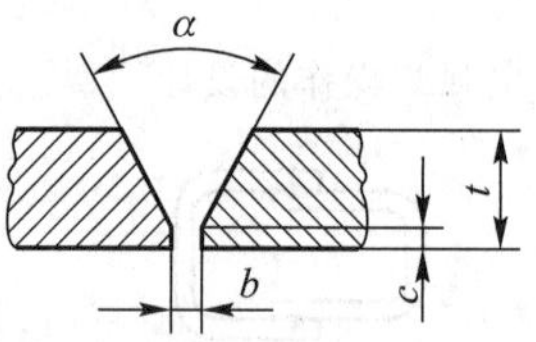	α≈60°	1≤b≤4	2≤c≤4	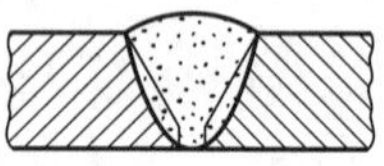
	>12	U形坡口	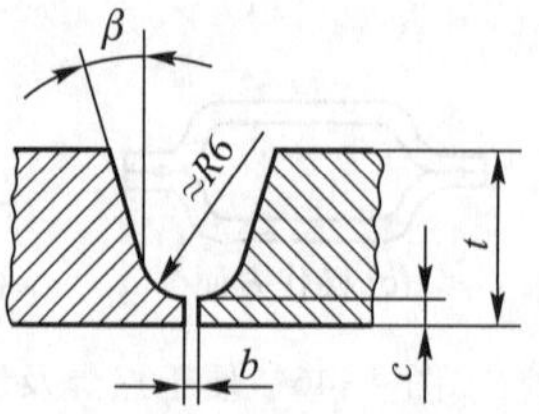	8°≤β≤12°	≤4	≤3	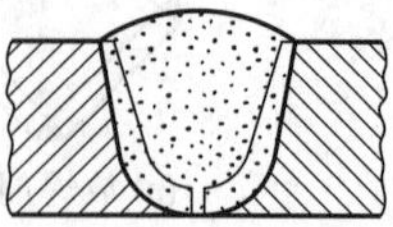

续表

焊接形式	母材厚度 t	坡口形式	截面示意图	坡口角度 α、β	间隙 b	钝边 c	焊缝示意图
双面对接焊缝	≤8	I形坡口	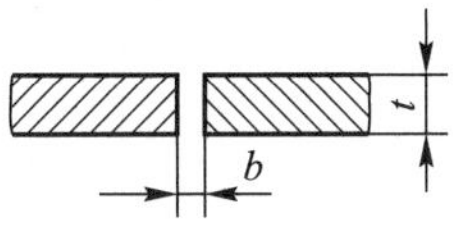	—	≈$t/2$	—	
	≤15				0		
	3<t≤10	V形坡口	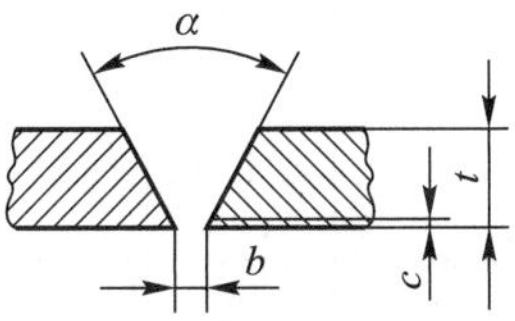	α≈60°	≤3	≤2	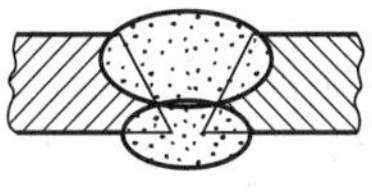
				40°≤α≤60°			
	≥10	V形坡口（带钝边）	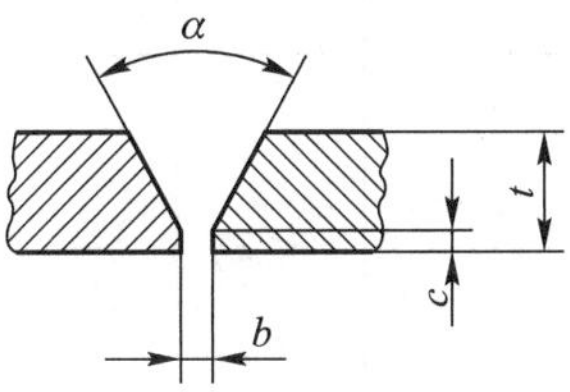	α≈60°	1≤b≤3	2≤c≤4	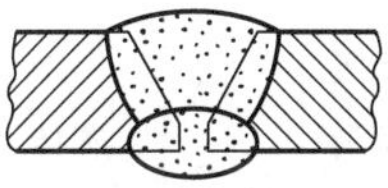
				40°≤α≤60°			
双面对接焊缝	>10	双V形坡口	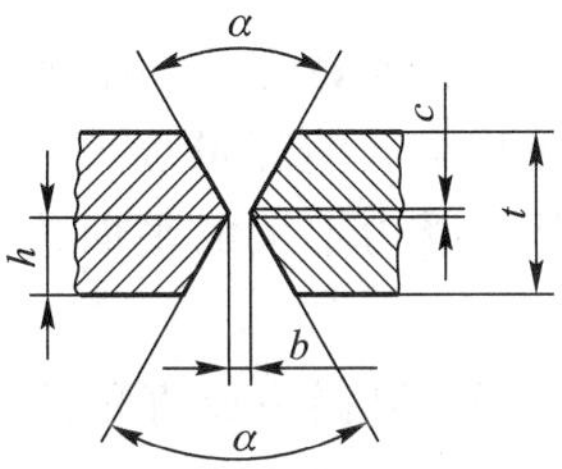	α≈60°	1≤b≤3	≤2	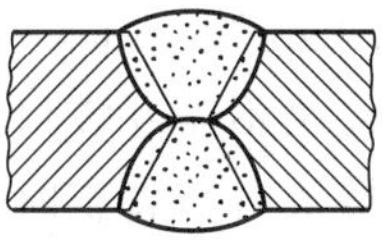
				40°≤α≤60°			
单面角接接头焊缝	t_1>2 t_2>2	角接	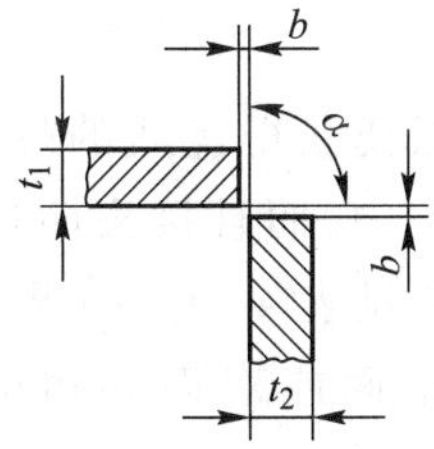	60°≤α≤120°	≤2	—	
双面角接接头焊缝	t_1>2 t_2>5	角接	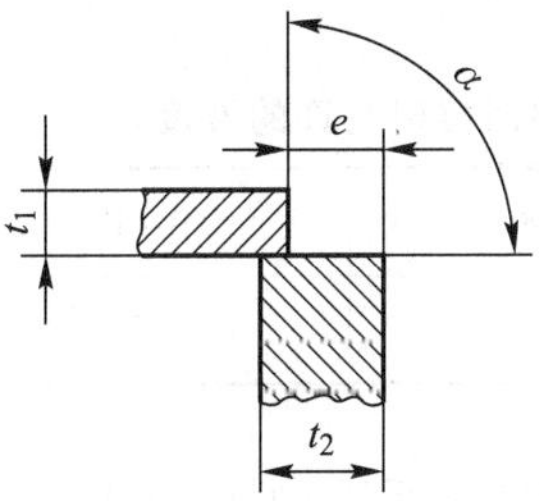	60°≤α≤120°	—	—	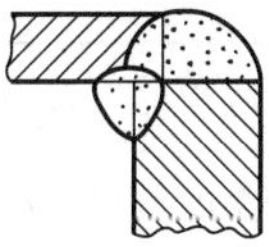

续表

焊接形式	母材厚度 t	坡口形式	截面示意图	坡口角度 α、β	间隙 b	钝边 c	焊缝示意图
单面T形接头焊缝	≤15 ≤100	T形接头		—	—	—	
双面T形接头焊缝	≤25 ≤170	T形接头		—	—	—	
搭接接头焊缝	$t_1>2$ $t_2>2$	搭接		—	≤2	—	

表中对接接头受力比较均匀，是最常用的接头形式，重要的受力焊缝应尽量选用。搭接接头因两工件不在同一平面，受力时将产生附加弯矩，而且金属消耗量也大，一般应避免选用。但搭接接头不需开坡口，装配时尺寸精度要求不高，对某些受力不大的平面连接与空间构架，采用搭接接头可节省工时。

角接接头与T形接头受力情况都较对接接头复杂，但接头成直角或一定角度时，必须采用这种接头形式。

2. 接头过渡形式

设计焊接构件最好采用相等厚度的金属材料，以便获得优质的焊接接头。当两块厚度相差较大的金属材料进行焊接时，接头处会造成应力集中，而且接头两边受热不匀，易产生焊不透等缺陷。不同厚度金属材料对接时，允许的厚度差见表4-9。如果 $\delta_1-\delta$ 超过表中规定值或者双面超过 $2(\delta_1-\delta)$ 时，应在较厚板料上加工出单面或双面斜边的过渡形式，如图4-47所示。

表4-9　不同厚度金属材料对接时允许的厚度差

较薄板的厚度/mm	2~5	6~8	9~11	≥12
允许厚度差$(\delta_1-\delta)$/mm	1	2	3	4

钢板厚度不同的角接与T形接头受力焊缝，可考虑采取图4-48所示的过渡形式。

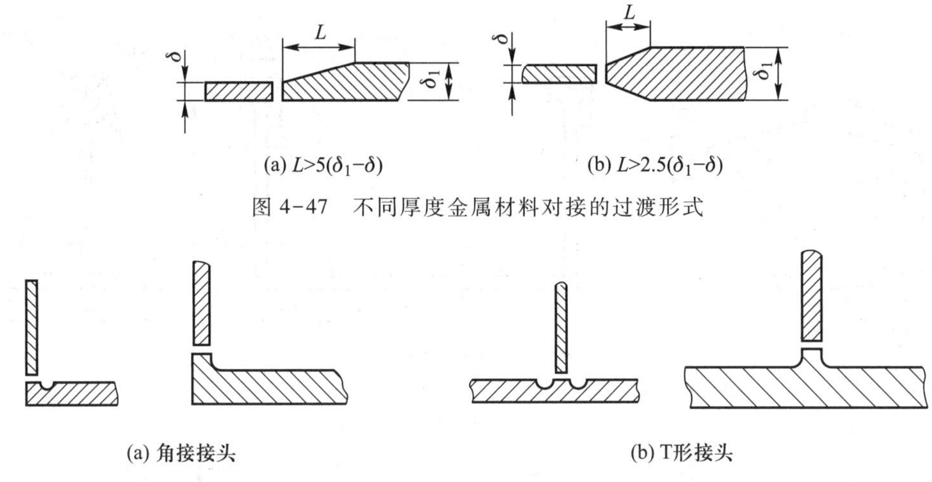

(a) $L>5(\delta_1-\delta)$　　(b) $L>2.5(\delta_1-\delta)$

图 4-47　不同厚度金属材料对接的过渡形式

(a) 角接接头　　(b) T形接头

图 4-48　不同厚度的角接与 T 形接头的过渡形式

3. 其他焊接方法的接头与坡口形式

埋弧焊的接头形式与焊条电弧焊基本相同。但由于埋弧焊选用的电流大、熔深大,所以当板厚小于 12 mm 时,可不开坡口(即 I 型坡口)单面焊接;当板厚小于 24 mm 时,可不开坡口双面焊接。焊更厚的工件时,必须开坡口。坡口形式与尺寸按 GB/T 985. 2—2008《埋弧焊的推荐坡口》选定。

气焊由于火焰温度低,T 形接头和搭接接头很少采用,一般多采用对接接头和角接接头。

复　习　题

1. 如图所示三种工件,其焊缝布置是否合理? 若不合理,请加以改正。

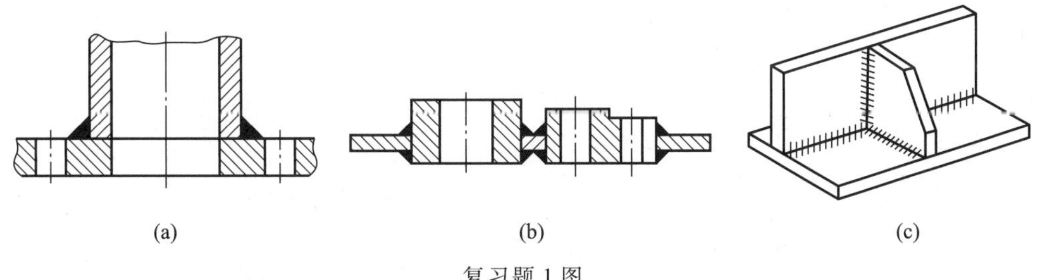

(a)　　(b)　　(c)

复习题 1 图

2. 如图所示低碳钢支架,如采用焊接生产,请选择焊接方法。

3. 下图所示为两种铸造支架。原设计材料为 HT150,单件生产。现改为焊接结构,请设计结构图。

4. 焊接梁(尺寸如图)材料为 20 钢。现有钢板最大长度为 2 500 mm。请确定腹板与上下翼板的焊缝位置,选择焊接方法,画出各条焊缝的接头形式,并制订装配和焊接次序。

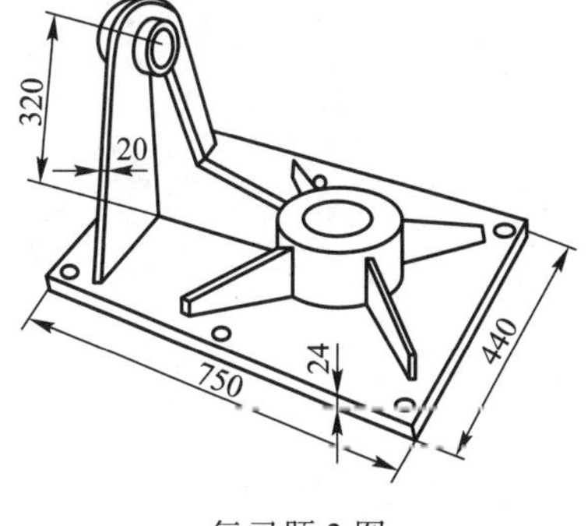

复习题 2 图

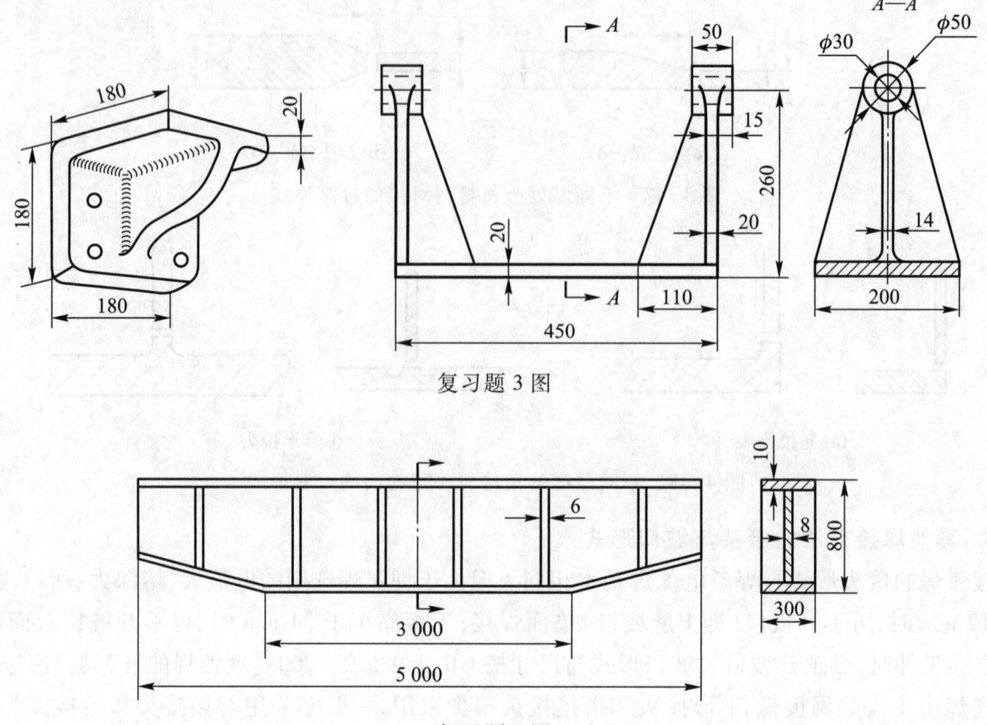

180
180
180
20
A
50
15
260
20
20
A
110
450
A—A
φ30
φ50
14
200
10
6
8
800
300
3 000
5 000

复习题 3 图

复习题 4 图

第五章　焊接过程自动化

焊接是机械制造中重要的加工方法之一，由于诸多发展因素的推动，焊接过程自动化、机器人化以及智能化已经成为焊接行业的发展趋势，也给制造业带来巨大的变革。

第一节　计算机辅助焊接技术

计算机辅助焊接技术（computer aided welding，CAW）是以计算机软件为主的焊接新技术的重要组成部分。可以完成焊接结构和接头的计算机辅助设计、焊接工装计算机辅助设计、焊接工艺计算机辅助计划、焊接工艺过程计算机辅助管理、焊接过程模拟、焊接工艺过程控制、焊接性预测、焊接缺陷及故障诊断、焊接生产过程自动化、信息处理、教育培训等诸多方面的工作。图 4-49 列出了计算机在焊接工程应用的主要方面，图中焊接信息数据库、焊接文档管理、生产过程计划与管理的应用已相当普遍。

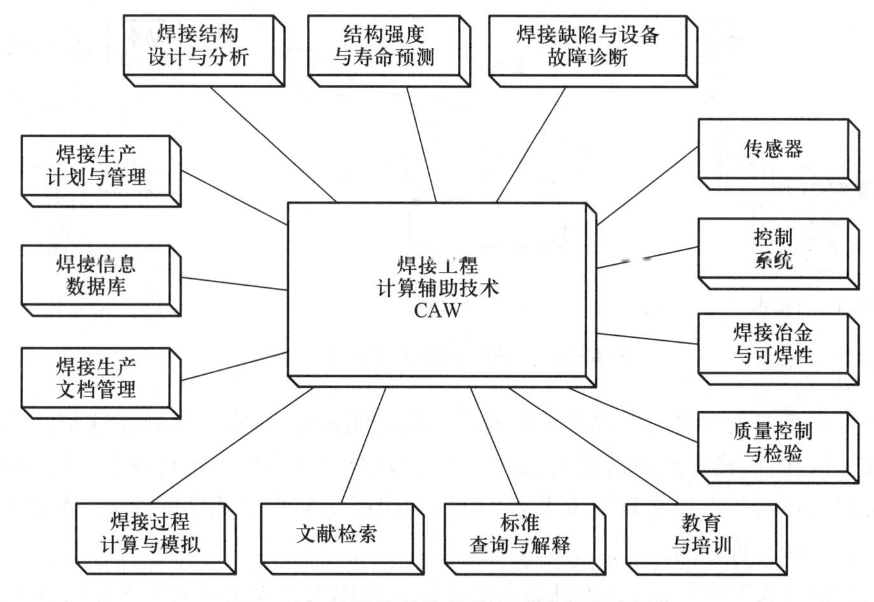

图 4-49　计算机辅助焊接工程应用示意图

在焊接过程中应用计算机技术，促进了生产过程管理的规范化、标准化，大大提高了生产效率，缩短了生产周期，提高了产品质量，降低了成本。

近年来，计算机辅助焊接技术正朝着智能化的方向发展。由人工智能技术、控制理论和计算机科学交叉、综合产生的智能控制系统在焊接领域得到了广泛的应用，通过专家系统 、神经网络控制、模糊控制等技术途径构建的焊接智能控制系统，为焊接过程的自动化提供了重要的技术保证。

第二节　焊接机器人

焊接机器人是机器人与焊接技术的结合，是自动化焊装生产线中的基本单元，常与其他设备一起组成机器人柔性作业系统，如弧焊机器人工作站等。

焊接机器人不仅可以模仿人操作，而且比人更能适应各种复杂的焊接环境，其优点为：稳定和提高焊接质量，保证其均匀性；提高生产效率，可 24 小时连续生产；可在有害环境下长期工作，改善工人的劳动条件；可实现小批量产品焊接自动化，为焊接柔性生产提供基础。随着制造业的发展，焊接机器人的性能也在不断提高，并逐步向智能化方向发展。

目前，在焊接生产中使用的机器人主要是点焊机器人、弧焊机器人、切割机器人和喷涂机器人等。

一、点焊机器人

点焊机器人约占我国焊接机器人总数的 46%，主要应用在汽车、农业机械、摩托车等行业。

点焊机器人焊钳与变压器的结合有分离式、内藏式和一体式三种，构成了三种形式的点焊机器人系统，如图 4-50 所示。

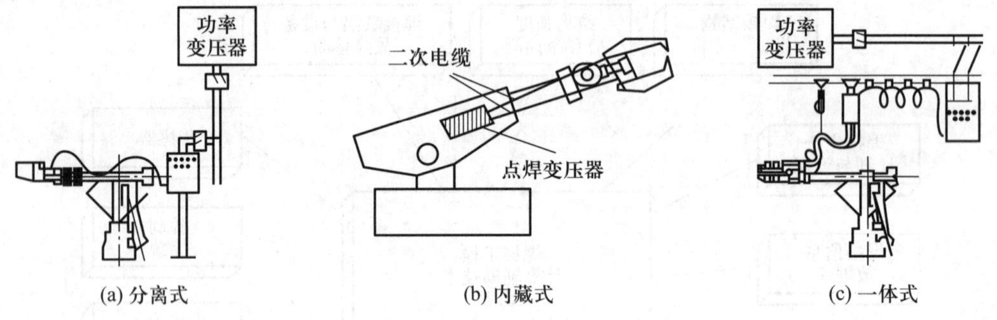

(a) 分离式　(b) 内藏式　(c) 一体式

图 4-50　三种形式的点焊机器人系统

分离式点焊机器人焊钳与点焊变压器通过二次电缆相连，所需变压器容量大，影响机器人的运动范围和灵活性；内藏式点焊机器人二次电缆大为缩短，变压器容量可减小，但结构较复杂；一体式点焊机器人焊钳和点焊变压器安装在一起，共同固定在机器人手臂末端，省掉了粗大的电缆，节省了能量，但造价较高。

选择点焊机器人时应注意：点焊机器人的工作空间应大于焊接所需工作空间；点焊速度与生产线速度相匹配；按工件形状、焊缝位置等选择焊钳；选用内存量大、示教功能全、控制精度高的机器人。

二、弧焊机器人

弧焊机器人的应用范围更广，在通用机械、金属结构、航空航天、机车车辆及造船等行业都有应用。一般的弧焊机器人都配有焊缝自动跟踪(如电弧传感器、激光视觉传感器)和熔池形状控制系统等,可对环境的变化进行一定范围的适应性调整。

弧焊机器人操作机的结构与通用型机器人基本相似。弧焊机器人必须和焊接电源等周边设备配套构成一个系统,互相协调,才能获得理想的焊接质量和较高的生产率。图 4-51 是典型完整配套的弧焊机器人系统。该系统由操作机、工件变位器、控制盒、焊接设备和控制柜 5 部分组成,相当于一个焊接中心或焊接工作站。具有机座可移动、多自由度、多工位轮番焊接等功能。

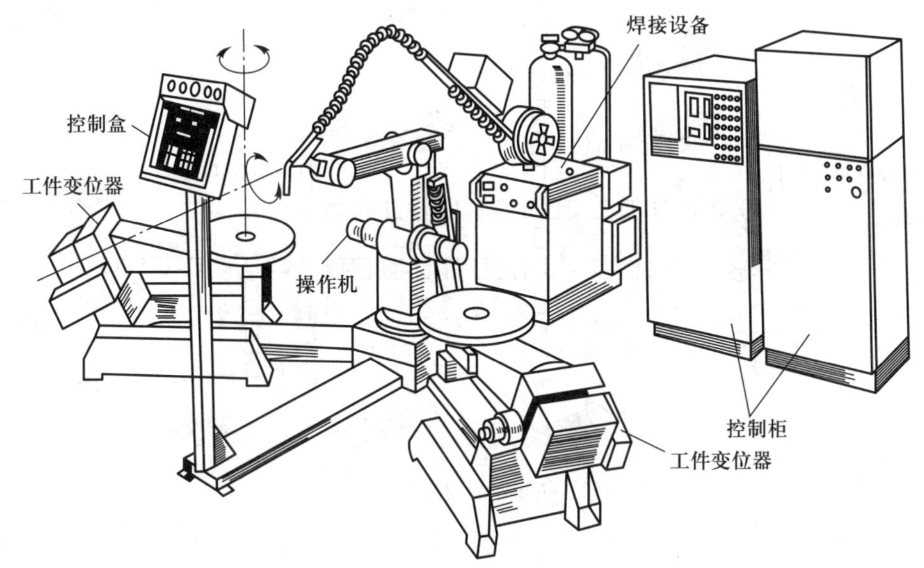

图 4-51　弧焊机器人系统

选择弧焊机器人时应注意是否满足弧焊工艺所需自由度、根据产品结构和工艺需要及技术要求选择弧焊机器人的机械结构参数、示教再现型弧焊机器人的重复轨迹精度、焊接电源与送丝机构参数与弧焊机器人参数相符合等问题。

焊接机器人目前正朝着能自动检测材料的厚度、工件形状、焊缝轨迹和位置、坡口的尺寸和形式、对缝的间隙;自动设定焊接规范参数,焊枪运动点位或轨迹、填丝或送丝速度、焊钳摆动方式;实时检测是否形成所需要的焊点或焊缝,是否有内部或外部焊接缺陷及排除等智能化方向发展。

第三节　焊接柔性生产系统

焊接柔性生产系统(welding flexible manufacturing system,WFMS)是在成熟的焊接机器人技术的基础上发展起来的更为先进的自动化焊接加工系统。它由多台焊接机器人加工单元组成,可以方便地实现对各种不同类型的工件进行高效率焊接加工。

典型的 WFMS 应由多个既相互独立又有一定联系的焊接机器人、运输系统、物料库、FMS 控制器及安全装置组成。每个焊接机器人可以独立作业,也可以按一定的工艺流程进行流水作业,完成对整个工件的焊接。系统控制中心有各焊接单元的状态显示及运送小车、物料的状态信息显示等。

图 4-52 为轿车车身自动化装焊生产线。它由主装焊线、左侧层装焊线、右侧层装焊线和底侧层装焊线组成。该生产线上装有 72 台工业机器人和计算机控制系统，自动化程度很高并具有较大柔性，可进行多种轿车车身的焊接装配生产。

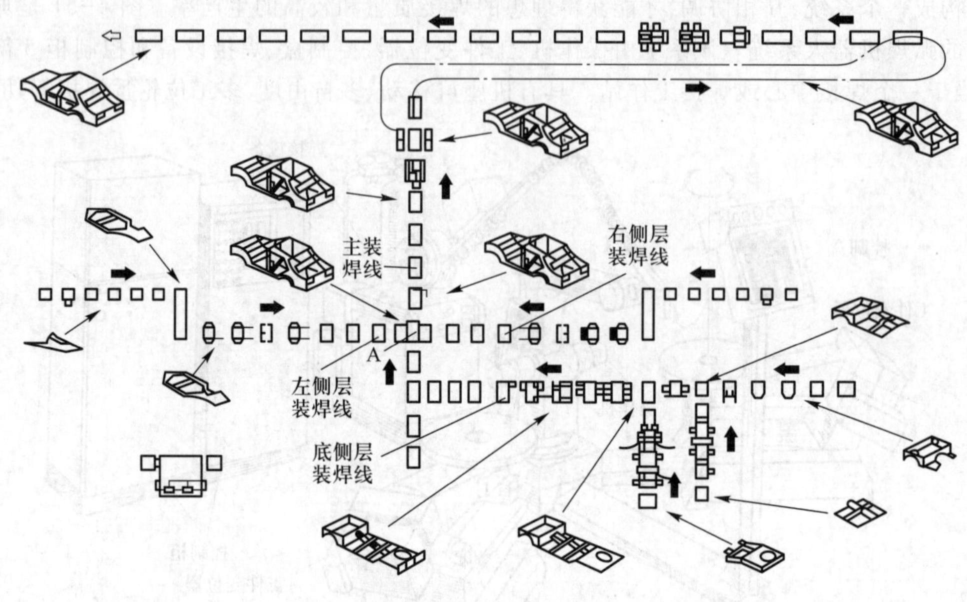

图 4-52 轿车车身自动化装焊生产线

复 习 题

1. 计算机辅助焊接技术主要可以完成哪些工作？

2. 点焊机器人按焊钳与变压器的结合方式可分为哪几类？各自有何优、缺点？选择点焊机器人应注意哪些事项？

3. 弧焊机器人主要由哪些部分组成？选择弧焊机器人时应注意哪些事项？

第五篇　非金属材料及其成形

工业中除大量使用金属材料外,一些非金属材料也得到了广泛的应用。非金属材料是金属材料以外一切材料的泛称,由有机物和无机物经适当组合,并且经一定的物理或化学方法处理后获得。

长期以来,机械工程材料一直以金属材料为主,这是因为金属材料具有强度高、热稳定性好、导电导热性好等许多优良性能,但也存在密度大、耐腐蚀性差、电绝缘性不好等缺点。与金属材料相比,非金属材料已在某些方面表现出良好使用性能和工艺性能,因此成为科学研究和应用领域中不可缺少的重要组成部分。有机高分子材料、陶瓷材料和复合材料等非金属材料在近几十年来迅速发展,越来越多地应用在各个领域中,其制造技术也得到快速发展。

第一章　高分子材料及其成形

根据性质及用途,有机高分子材料主要有塑料、橡胶及胶黏剂等,下面分别介绍其成形特点。

第一节　工程塑料及其成形

塑料是以高聚物为主并加入各种添加剂的人造材料。由于塑料在一定温度和压力作用下,具有可塑流动性,因而便于成形各种工程构件,在现代工业中得到了广泛的应用,是主要的工程结构材料之一。

一、塑料的组成及特点

1. 塑料的组成

塑料的主要成分是合成树脂,此外还包括填料、增塑剂、稳定剂、润滑剂、着色剂、固化剂等添加剂。添加剂是用于弥补或改进塑料的某些性能。

(1) 合成树脂　合成树脂是塑料的主要组成物,是由低分子化合物通过聚合或缩聚反应而合成的高分子化合物,在一定的温度、压力下可软化并塑造成形,决定塑料的基本属性,并起到黏结剂的作用。绝大多数塑料是以所用树脂的名称命名的,如聚氯乙烯塑料就是以聚氯乙烯树脂为主要组分。

(2) 填料　在塑料中加入填料,主要起增强和改善性能作用,提高塑料的力学性能和电性能并降低成本,其用量可达20%~50%。例如,加铝粉可提高塑料对光反射的能力并能防老化;加二硫化铝可提高润滑性;加云母粉可改善导电性;加石棉粉可提高耐热性;酚醛树脂加入木屑后就成为通常所说的电木,具有较高的强度。

(3) 增塑剂　增塑剂是用来提高合成树脂的可塑性和柔软性的一种添加剂,大多数合成树脂虽然都有一定的可塑性,但仍不能满足塑料成形与使用要求。增塑剂的作用主要是在大分子链中加入低分子物质后,会使大分子链间拉开距离,降低分子间的作用力,增加大分子的柔软性,降低塑料的软化温度和硬度,提高塑料的韧度。

增塑剂应该与合成树脂有较好的相溶性,挥发性小,不易从制品中挥发出来,无毒、无味、无色,在光和热的作用下性能较稳定。常用的增塑剂是液态或低熔点固体有机化合物,主要有甲酸酯类、磷酸酯类和氯化石蜡等。

(4) 稳定剂　为了提高塑料在加工和使用中对热、光、氧的稳定性,防止过早地老化,以延长制品的使用寿命加入的少量物质称为稳定剂。稳定剂应该能耐水、耐油、耐化学药品,并与树脂相溶,在成形过程中不分解。稳定剂有抗氧化剂,例如硬脂酸盐、铅的化合物及环氧化合物等,还有紫外线吸收剂,例如炭黑。

(5) 润滑剂　为了使塑料在成形过程易于流动和防止塑料粘在模具或其他设备上,要加入少量润滑剂。润滑剂还可使塑料制品表面光洁美观。常用的润滑剂有硬脂酸及其盐类。

(6) 着色剂　在塑料中有时可用有机染料或无机颜料着色,使塑料制品具有美丽的色彩,以满足某些装饰要求。一般要求着色剂性质稳定,着色力强,耐温和耐光性好,并与合成树脂有很好的相溶性。

(7) 固化剂　固化剂与合成树脂起化学反应,形成不溶、不熔的交联网状结构,生产出较坚强和稳定的塑料制品。例如,在酚醛树脂中加入六亚甲基四胺,在环氧树脂中加入乙二胺、顺丁烯二酸酐等。

塑料中还有其他一些添加剂,如抗静电剂、发泡剂、阻燃剂等。通常根据塑料品种和使用要求加入所需的某些添加剂。

2. 塑料的特点

(1) 密度小　不加任何填料或增强材料的塑料,其密度在 0.85~2.20 g/cm^3 之间,为钢的 1/8~1/4,铝的 1/2,对减轻车辆、飞机、船舶等运输工具的重量意义重大。

(2) 耐腐蚀　大多数塑料化学稳定性好,对酸、碱和有机溶液都有良好的抗蚀能力。有些还可与陶瓷材料媲美。

(3) 电绝缘性　多数塑料具有良好的电绝缘性和较小的介电损耗,因此是理想的电绝缘材料。

(4) 耐磨性好　大多数塑料摩擦系数低,有自润滑能力,可在湿摩擦和干摩擦条件下有效工作。

(5) 良好的成形性　大多数塑料都可以直接采用注塑或挤压成形工艺,一次加工成形。方法简单、速度快,即使二次机械加工也比金属材料省力,所以可提高生产率,降低成本。

塑料的不足之处是强度、硬度较低,不及金属;耐热性差,一般塑料仅能在 100 ℃以下工作(少数在 200 ℃左右);受到外界能量(光、热)和日光、大气、介质等作用,易老化;塑料的热膨胀系数要比金属大 3~10 倍,容易受温度变化而影响尺寸的稳定;在长期载荷作用下,易产生蠕变。

二、塑料的分类

1. 按树脂的性质分类

根据树脂在加热和冷却时所表现的性质,把塑料分为热塑性和热固性塑料两种。

(1) 热塑性塑料主要是由聚合树脂制成的,一般仅加入少量稳定剂和润滑剂等。这类塑料加热到一定程度,其主要成分聚合树脂即会软化或熔融,可塑制成形,冷却后变硬而成固体定型。这一过程可以多次反复。这类塑料加工成形时所起的变化是物理变化,可以回收利用。热塑性塑料主要有聚乙烯、聚氯乙烯、聚丙烯、聚酰胺(即尼龙)、ABS、聚甲醛、聚碳酸酯、聚苯乙烯、聚砜、有机玻璃等。

(2) 热固性塑料大多是以缩聚树脂为基础,加入多种添加剂而成。这类塑料在加热初期软化,具有可塑性,可塑制成形。继续加热则伴随着化学反应而变硬,从而定型,冷却重新加热不再软化,不再具有可塑性,不能回收利用。此类塑料的使用温度比热塑性塑料高,蠕变性比热塑性塑料小。热固性塑料主要有酚醛树脂、环氧树脂、氨基树脂、不饱和聚酯、聚硅醚树脂以及新品种聚邻苯二甲酸二烯丙酯等。

2. 按塑料的应用范围分类

（1）通用塑料　主要是指应用范围广、生产量大、价格低廉的一类塑料。常见的有聚乙烯、聚氯乙烯、聚苯乙烯、聚丙烯、酚醛塑料和氨基塑料等。其产品占塑料总产量的75%以上，主要用于日常生活用品、包装材料和一般零件。

（2）工程塑料　是指那些具有突出的力学特性、优异的耐腐蚀特性、较高的耐热环境特性、良好的电绝缘特性，且宜在各种工程条件下作承载结构零件使用的塑料材料。工程塑料的生产批量一般较小，仅按某些特殊用途要求生产一定批量，使用范围相对较窄。

工程塑料是在20世纪50~60年代兴起的新型材料，与通用塑料相比，虽然它的发展历史较短、原料价格昂贵，但性能优良，使用范围正逐步推广，所以发展速度已超过通用塑料。广泛应用于机械、仪表、电子工业、医疗器械和交通运输等方面，同时在航空航天工业中也占有重要地位。

目前，工程塑料的主要品种有聚碳酸酯、聚酰胺（即尼龙）、聚苯醚、ABS、聚对苯二甲酸乙二醇酯、聚对苯二甲酸丁二醇酯、聚砜、聚苯硫醚、氯化聚醚、聚酰亚胺、超高分子量聚乙烯、有机玻璃等。

三、工程塑料的成形方法

工程塑料的成形方法已达40多种，如注射成形、挤出成形、压制成形、吹塑成形、压延成形等；其中注射和挤出成形尤为突出，占塑料成形方法的60%以上。用板料进行吹塑和真空成形可进行全自动生产，是当前塑料制品成形工艺的方向。

（一）注射成形

注射成形又称注塑模塑或注塑法，是热塑性塑料的重要成形方法之一。除极少数热塑性塑料外，几乎所有的热塑性塑料都可用此法成形。近年来，注射成形也已成功地用于某些热固性塑料，如酚醛塑料等。注射成形制品占塑料制品总产量的30%以上。

1. 注射成形过程

注射成形所采用的设备分柱塞式和螺杆式两种。注射成形过程可分为加料、塑化、注射入模、保压、冷却和脱模六个步骤。即将粒状或粉状塑料从注射机的料斗送进加热的料筒，经加热熔化至黏流态后，由柱塞或螺杆的推动而通过料筒端部的喷嘴，以很快的速度注入温度较低的闭合模具中，如图5-1所示。充满模具的熔料在受压的情况下，经冷却固化后即可保持模具型腔所赋予的形状，最后松开模具顶出制品。

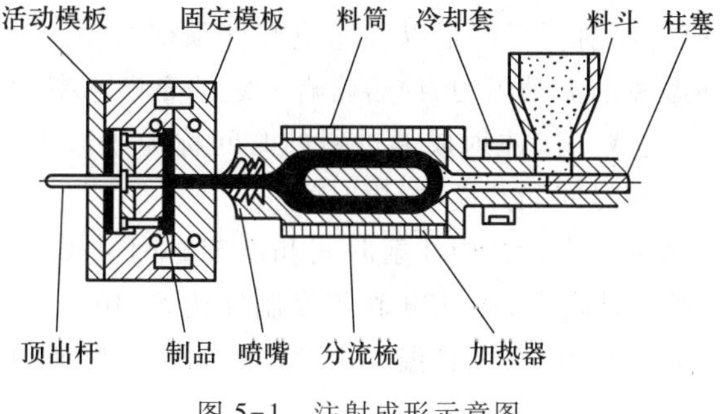

图5-1　注射成形示意图

注射成形周期从几秒钟到几分钟不等。周期的长短取决于制品的壁厚、大小、形状、注射成形机的类型以及所采用的塑料品种和工艺条件等。

2. 注射成形工艺参数

(1) 温度

注射成形过程需要控制的温度有料筒温度、喷嘴温度和模具温度。前两种温度影响塑料在料筒内塑化和流动,后一种温度影响塑料在模具内的流动和冷却。

1) 料筒温度 料筒温度的选择与塑料性质有关。每种塑料都有其流动温度 T_f 或熔点温度 T_m(结晶)和分解温度 T_d;料筒的合适温度范围应在 T_f 或 T_m 和 T_d 之间。对于 $T_f \sim T_d$ 区间较狭窄的塑料,料筒温度只能控制在 T_f 以上;对 $T_f \sim T_d$ 区间较宽的塑料可适当偏高。不同类型的注射机,料筒温度的选择也不同。柱塞式注射机料筒热传导速率低,料筒温度可以偏高;而螺杆式注射机,螺杆转动产生摩擦热,料筒温度可稍低些,一般可比柱塞式低 10~20 ℃。选择料筒温度还与制品及模具结构特点有关。薄壁制件模腔较窄,熔体注入阻力大,冷却快,为了顺利充模,料筒温度可选高一些,相反则选低一些。对于形状复杂或带有嵌件的制件,或熔体充模流程曲折较多或较长的,料筒温度也应选高一些。总之,料筒温度的分布,从料斗一侧起到喷嘴,温度应逐步升高,使塑料温度平稳地上升达到均匀塑化的目的。

2) 喷嘴温度 喷嘴温度通常略低于料筒最高温度,以防止熔料在直通式喷嘴可能发生"流涎现象",但不能过低,否则会造成熔料过早凝固,将喷嘴堵死,或因早凝料注入模腔而影响制品性能。

3) 模具温度 模具温度取决于塑料有无结晶、制品的尺寸与结构、性能要求以及其他工艺条件,如熔料温度、注射速度与压力、模塑周期等。对于熔体黏度较低或中等的无定型塑料(如聚苯乙烯等),模具温度可以偏低,以缩短冷却时间,提高生产率;反之,对于熔融黏度较高的(如聚碳酸酯),则采用较高的模具温度,既可以顺利充模,又可以减少温差,避免制品产生内应力、凹痕和裂纹等缺陷。

(2) 压力

注射成形过程中的压力直接影响塑料的塑化和制品质量,包括塑化压力和注射压力两种。

1) 塑化压力(背压) 用螺杆式注射机时,螺杆顶部熔料在螺杆转动后退时所受到的压力称为塑化压力,亦称背压。增加塑化压力,可提高熔体温度,并使熔体温度均匀,便于排气,但会减小塑化速率。虽可提高螺杆转速来增加塑化速率,但又会使塑化压力增加。一般来说,塑化压力的确定应在保证制品质优的条件下越低越好,通常与塑料种类有关,大约不超过 2 MPa。

2) 注射压力 注射机的注射压力都是以柱塞或螺杆顶部对塑料所施加的压力为准。其作用是克服塑料从料筒流向型腔的流动阻力,使熔料有一定的充模速率,并对熔料进行压实。

3) 时间(成形周期) 完成一次注射成形过程的时间称为成形周期(也称模塑周期),包括充模时间、保压时间、闭模冷却时间和开模、脱模时间。

成形周期直接影响劳动生产率。其中注射时间和冷却时间最重要,对制品有决定影响。生产中,充模时间为 3~5 s;保压时间为 20~120 s(特厚制件达 5~10 min),冷却时间主要取决于制品厚度、塑料的热性能和结晶性能以及模具温度。冷却时间应以保证制品脱模时,不引起变形为原则,一般为 30~120 s。

注射成形制品的质量从几克到几十千克不等。注射成形具有生产周期短,生产率高,能一次成形空间几何形状复杂、尺寸精度高、带有金属或非金属嵌件的塑料制品,适用多品种塑料的成形,生产过程易于实现自动化,是一种比较先进的成形工艺。

(二) 挤出成形

挤出成形是热塑性塑料成形中变化最多、用途最广、占比重最大的一种加工方法,与金属材料的挤压方法类似,又称挤塑成形。挤出成形过程总体可分为两个阶段:第一阶段是使固态塑料塑化(即使塑料转变成黏流态),并在加压情况下使其通过特殊形状的模口而成为截面与模口形状相似的连续体;第二阶段是用适当的处理方法使挤出具有黏流态的连续体转变为玻璃态的连续体,即可得到所需型材或制品,如图 5-2 所示。

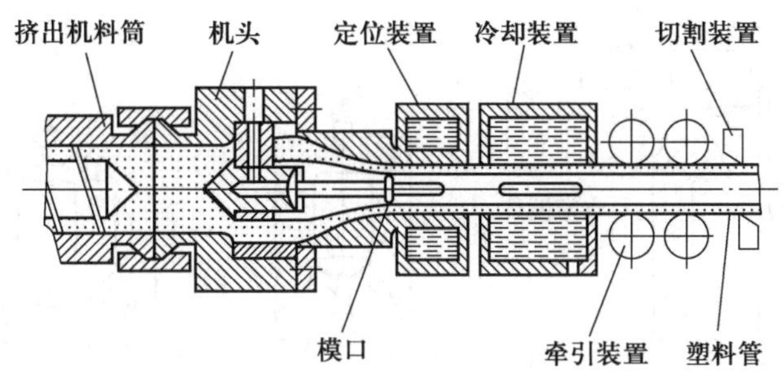

图 5-2　挤出成形示意图

从塑料原料进入料斗开始,再进入料筒加热熔化,流动到机头前为止,这段工艺过程与注射成形工艺过程一样,当塑料熔体被压入挤出机头就与注射模塑不同了。挤出机挤出熔融塑料进入机头,通过定位装置定形,进入冷却装置进行冷却。

挤出成形主要用于生产棒(管)材、板材、线材、薄膜、涂覆电线、电缆等连续的塑料型材以及塑料与其他材料的复合制品等。目前,挤出制品约占热塑性塑料制品产量的一半。

挤出成形设备与注射成形设备相似,有柱塞式和螺杆式两种。

与其他成形方法相比较,挤出成形的特点是:生产过程是连续的,生产效率高,应用范围广。挤出制品广泛应用于建筑、石油化工、轻工、机械制造以及农业、国防工业等部门。

(三) 其他成形方法

1. 压制成形

压制成形是塑料成形加工技术中历史最久的重要方法之一,通常用于热固性塑料的成形。常用的有模压法和层压法。模压法是将一定量的粉状、粒状、碎屑状或纤维状的塑料放入具有成形温度的模具型腔中,然后闭模加压,在温度和压力作用下,保温一定时间而固化成形,如图 5-3 所示。层压法是用片状骨架填料在树脂溶液中浸渍,然后在层压机上加热、加压固化成型。它是生产各种增强塑料板、棒、管的主要方法,生产出的板、棒、管再经机械加工就可以得到各种较为复杂的零部件。

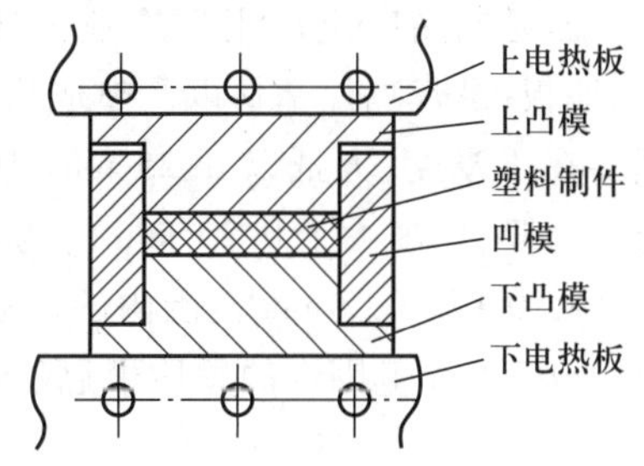

图 5-3　模压示意图

压制成形主要用于压制形状简单、尺寸精度要求不高的制件。与注射成形相比,压制成形生产过程容易控制,使用的设备和模具简单,较易成形大件制品。但生产周期长,效率低,较难实现自动化,不易成形形状复杂的零件。

2. 中空吹塑成形

中空吹塑成形仅用于热塑性塑料的成形,是制作中空的瓶、罐等塑料制品的一种成形方法。它的工艺过程是首先用挤压或注射法将熔融塑料制成筒状坯料,然后放入开式模内,模腔的形状与制品形状相同,模具闭合后通过塞孔向内通入压缩空气,将塑料吹胀并紧贴模壁,冷却后开模即形成中空制品,如图 5-4 所示,其成形过程包括塑料型坯的制造和型坯的吹塑。这种成形方法可以生产口径不同、容量不同的瓶、壶、桶等各种包装容器。中空吹塑生产效率高,产品经过定向拉伸变形,抗拉强度高。

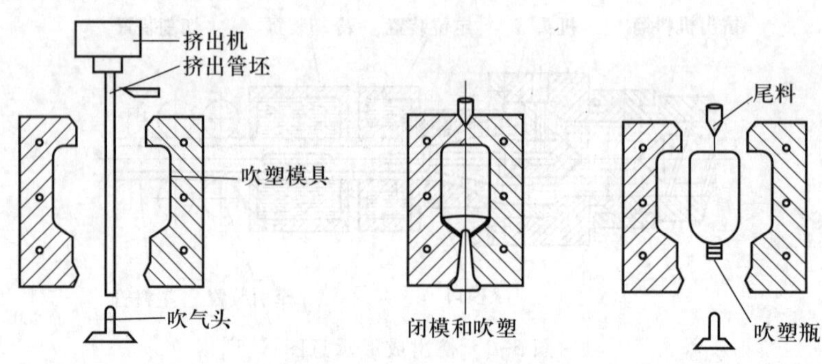

图 5-4 中空吹塑成形

在传统吹塑成形方法基础上发展起来的先进吹塑成形技术,将吹塑方法的作用进一步挖掘出来,包括双层壁吹塑成形、深拉吹塑成形、多种材料组合吹塑成形、三维吹塑成形等。例如,应用于汽车、排水和灌溉、空调、冰箱、洗碗机的三维管道就是应用三维吹塑成形技术生产出来的。

3. 压延成形

压延成形是将加热塑化、接近黏流温度的热塑性塑料通过一系列相向旋转的水平辊筒间隙,使其在挤压和延展作用下成为规定尺寸的连续片状制品的成形方法。

压延成形具有加工能力大,生产速度快,产品质量好,生产连续,可以实现自动化等优点。其主要缺点是设备庞大,前期投资高,维修复杂,制品宽度受压延机辊筒长度的限制。图 5-5 为四辊压延机压延成形示意图。

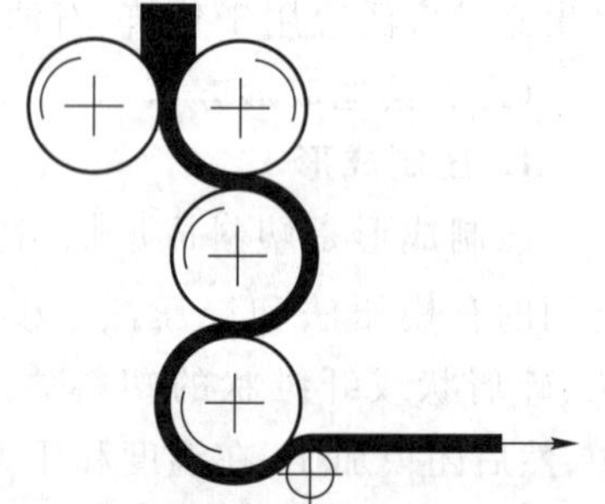

图 5-5 四辊压延机压延成形示意图

压延制品广泛地用作农业薄膜、工业包装薄膜、室内装饰品、地板、录音唱片基材以及热成形片材等。薄膜与片材的区分主要在于厚度,大抵以 0.25 mm 为分界线,厚度小于 0.25 mm 的为薄膜,厚度大于 0.25 mm 的为片材。压延成形适用于生产厚度在 0.05~0.5 mm 范围内的软质聚氯乙烯薄膜和片材,以及 0.3~0.7 mm 范围内的硬质聚氯乙烯片材。

第二节　橡胶及其成形

橡胶与塑料的不同之处是橡胶在室温下处于高弹态。在较小的载荷作用下,能产生很大的变形,当载荷取消后又能很快恢复到原来状态,是常用的弹性材料、密封材料、减振防振材料和传动材料。

一、工业橡胶的成分及性能

(一) 工业橡胶的成分

工业橡胶的主要成分是生胶,存在稳定性差等缺点,必须加入各种配合剂提高其性能。

1. 生胶

未加配合剂的天然橡胶或人工合成橡胶统称为生胶。生胶具有很高的弹性。但生胶分子链间相互作用力很弱,强度低,易产生永久变形。此外,生胶的稳定性差,会发黏、变硬、溶于某些溶剂等。因此,工业橡胶中必须加入各种配合剂。

2. 配合剂

橡胶的配合剂主要有硫化剂、硫化促进剂、活性剂、填充剂、防老化剂、增塑剂以及着色剂等。

(1) 硫化剂　硫化剂的作用是使生胶分子在硫化处理中产生适度交联而形成立体网状结构,从而大大提高橡胶的弹性、强度、耐磨性、耐蚀性和抗老化能力,并使其性能在很宽的温度范围内具有较高的稳定性。

(2) 硫化促进剂　加入少量硫化促进剂,可缩短橡胶硫化时间,降低硫化温度,减少硫化剂用量。常用的硫化促进剂有镁、钙、锌的氧化物和有机硫化物。

(3) 活性剂　活性剂是能加速发挥有机促进剂的活性物质,如金属氯化物、有机酸和胺类等。

(4) 填充剂　填充剂用来提高橡胶制品的强度、硬度,减少生胶用量及改善工艺性能。常用的填充剂有炭黑、陶土、石英、碳酸盐、滑石粉等。

(5) 防老化剂　橡胶制品在贮存和使用过程中,因环境因素使性能变坏、发黏变脆,这种现象称为橡胶老化。为阻止和延缓橡胶制品的老化,可以加入比橡胶更易氧化的石蜡、蜂蜡等防老化剂,以在橡胶表面形成稳定的氧化膜,抵抗氧的侵入。

(6) 增塑剂　为增加塑性便于加工成形而加入的物质,有松香、凡士林、石蜡、磷酸三甲苯酯等。

(7) 着色剂　用以使制品着色,有钛白、铁丹、锑红、络黄、群青等颜色。

3. 骨架材料

为了提高橡胶制品的承载能力,限制变形,常加入各种纤维织物、金属丝及其编织物作为骨架材料。如橡胶雨衣中的纤维骨架材料占重量的 80%~90%,运输带中占 65%,汽车轮胎中占 10%~15%,高压和超高压胶管多用金属丝网为骨架材料。

(二) 橡胶的性能

1. 高弹性能

橡胶受外力作用而发生的变形是弹性变形,外力去除后,只需要千分之一秒便可恢复到原来的状态。橡胶的弹性模量低,只有 7.84 MPa,而其他塑料纤维的弹性模量达 490~2 500 MPa。橡胶的变形量大,可达 100%~1 000%。橡胶还具有良好的回弹性能,如天然橡胶的回弹高度可达 70%～80%,硫化后的橡胶,回弹力增加。

2. 强度

经硫化处理和炭黑增强后,橡胶的抗拉强度达 25～35 MPa,并具有良好的耐磨性。

二、橡胶的成形方法

橡胶成形加工是用生胶(天然胶、合成胶、再生胶)和各种配合剂(硫化剂、防老化剂、填充剂等)用炼胶机混炼而成炼胶(胶料),再根据需要加入能保持制品形状和提高其强度的各种骨架材料(如天然纤维、化学纤维、玻璃纤维、钢丝等),经混合均匀后放入一定形状的模具中,并在通用或专用设备上经过加热、加压(即硫化处理),获得所需形状和性能的橡胶制品。橡胶成形大体上可分为压制成形、传递成形、注压成形和压出成形四大类。

1. 压制成形

压制成形是将混炼过的,经加工成一定形状或称重过的半成品胶料直接放入敞开的模具型腔中,而后将模具闭合,送入平板硫化机中加压、加热,胶料在加热和压力作用下硫化成形。压制成形的模具结构简单、通用性强、实用性广、操作方便,在整个橡胶模具压制品的生产中占有较大的比例。

2. 传递成形

橡胶传递成形又称压铸成形,是将混炼过的、形状简单的、限量的胶条或胶块半成品放入压铸模料腔中,通过压头的压力挤压胶料,并使胶料通过浇注系统进入模具型腔中硫化定形。

传递成形适用于制作普通模压法所不能压制的薄壁、细长易弯的制品以及形状复杂难于加工的橡胶制品,所生产的制品致密性好,质量优。

3. 注压成形

橡胶注压成形又称注射成形,如图 5-6 所示。它是利用注压机的压力,将胶料直接由机筒注入模腔,完成成形并进行硫化的生产方法。注压成形的优点是硫化周期短,废边少,生产效率高,把成形和硫化过程合为一体。这种方法工序简单,提高了机械化自动化程度,减轻了劳动强度并大大提高了产品质量。目前,注压模具已广泛用于生产橡胶密封圈,橡胶—金属复合制品、减振制品及胶鞋等。

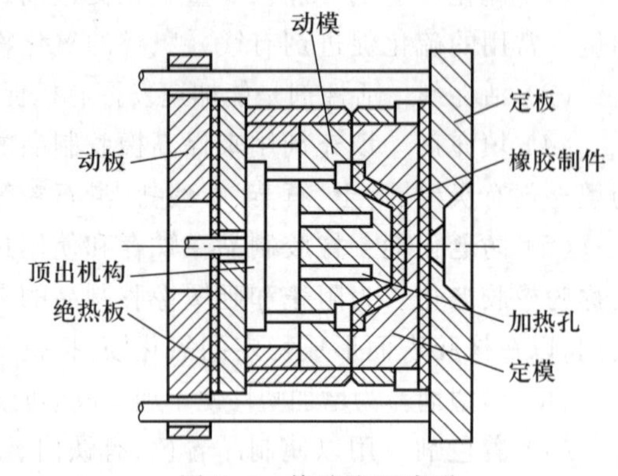

图 5-6 橡胶注压成形

第三节 胶接成形

工程材料的连接方法除焊接、铆接、螺纹连接之外,还有一种利用胶黏剂将各种零件或构件牢固地连接在一起的工艺,这种工艺称为胶接。胶接具有接头光滑,应力分布均匀,连接件不变形,接头的密封性、绝缘性和耐磨性好,而且工艺操作简单,成本低的特点。胶接适用于各种材料之间的连接,包括金属材料与橡胶、塑料、陶瓷等非金属材料之间的胶接,非常薄和脆的材料也可以相互胶接。胶接技术已经在航空、机械、电子、纺织、船舶、轻工等部门得到了广泛应用。胶接的不足之处是接头处的力学性能较低，在较高的温度下胶层容易老化变脆等。

一、胶黏剂的组成

胶黏剂在胶接技术中具有非常重要的作用。胶黏剂的质量以及正确的选择和使用，对胶接接头的质量和使用性能有着重要的作用。

胶黏剂的组成是根据使用性能要求而采用不同的配方，其中黏性基料是必不可少的。黏性基料对胶黏剂的性能起主要作用，必须具有优异的黏附力及良好的耐热性、抗老化性等。常用黏性基料有环氧树脂、酚醛树脂、聚氨酯树脂、氯丁橡胶、丁腈橡胶等。

胶黏剂中除了黏性基料外，通常还有各种添加剂，如填料、固化剂、增塑剂、增韧剂、增黏剂等。这些添加剂是根据胶黏剂的性质及使用要求选择的。

二、胶接工艺

1. 胶黏剂的选择

不同的胶黏剂具有不同的性能特点、工艺条件和适用范围。即使是同一种胶黏剂，如果是不同的使用方法，也有不同的性能和用途。正确的选择胶黏剂应综合考虑胶黏剂的性能、被胶接物的表面性质、胶接的目的与用途、胶接件的使用环境及施工条件等因素。

2. 表面处理

表面处理是正式胶接前的准备工作，其目的如下：

(1) 清洁表面，提高胶黏剂对被胶接物表面的湿润性；

(2) 粗化表面，增加胶接面积，有利于胶黏剂的渗透，加固胶接作用；

(3) 活化被胶接物表面；

(4) 改变被胶接物表面的化学结构，为形成化学键结合创造条件。

总之，表面处理是要达到表面无灰尘、无水分、无油污、无锈蚀、适当粗化、有一定的活化，以利于胶黏剂的湿润和黏附力的形成，从而得到较好的胶接效果。

3. 配胶

将组成胶黏剂的黏性基料、固化剂和其他助剂按照所需比例均匀搅拌混合，有时还需在烘箱或红外线灯下预热至 40～50 ℃。

4. 装配和涂(注)胶

将被胶接物按所需位置进行正确装配或涂胶(有的涂胶在装配前)，涂胶的方法有涂刷、辊涂、刀刮、注入等。

5. 固化

固化又称为硬化，对于橡胶型胶黏剂也称为硫化。固化是在一定的温度和压力下进行的。每种胶黏剂都有自己的固化温度，交联在一定的固化温度下才能充分进行。固化是获得良好胶接性能的关键过程，只有完全固化，强度才会最大。

三、接头设计

胶接接头由被粘物与夹在中间的胶层所构成，是结构部件上不连续的部分，起着传递应力的作用。接头强度取决于胶黏剂的内聚强度、被胶接物本身的强度和胶黏剂与被胶接物界面的结合强度。而实测强度主要由三者中最薄弱环节所支配,还受到接头形式、几何尺寸和加工质量等因素的影响。为使胶接的优点得到充分发挥,而将其缺点尽量缩小,必须确定合理的胶接接头结构。

复 习 题

1. 塑料的主要成分是什么?各有什么作用?
2. 热固性塑料和热塑性塑料性能有什么不同?
3. 塑料成形的主要方法有哪些?适用于热塑性塑料的成形方法有哪些?
4. 简述塑料注射成形过程的步骤。
5. 简述中空吹塑成形的过程。
6. 橡胶的主要成分是什么?各起什么作用?
7. 胶接工艺过程中,进行表面处理的目的是什么?

第二章　陶瓷材料及其成形

陶瓷材料是指非金属元素与金属元素或非金属元素结合形成的固态化合物材料。它是各种无机非金属材料的通称，是现代工业中很有发展前途的一类材料，与高分子材料和金属材料构成了固体材料的三大支柱。

第一节　陶瓷材料的性能

1. 力学性能

陶瓷材料具有很高的硬度和弹性模量，是各类材料中最高的（表 5-1），比金属高若干倍，比有机高聚物高 2~4 个数量级，这是由于陶瓷材料具有强大的化学键所致。

陶瓷材料的塑性变形能力很低，在室温下几乎没有塑性，呈现出很明显的脆性特征，韧度极低。

陶瓷材料的抗拉强度很低，抗弯强度较高，抗压强度非常高。这是由于陶瓷内有气孔、杂质和各种缺陷存在，在拉应力作用下气孔会迅速扩展，引起脆断。减少杂质和气孔，细化晶粒，则可提高致密度和均匀性，从而提高陶瓷的强度。

表 5-1　各种常见材料的弹性模量和硬度

材料	弹性模量/MPa	硬度/HV	材料	弹性模量/MPa	硬度/HV
橡胶	7.84	很低	钢	207 000	300~800
塑料	1 380	~17	氧化铝	400 000	~1 500
镁合金	41 300	30~40	碳化钛	390 000	~3 000
铝合金	72 300	~170	金刚石	1 171 000	6 000~10 000

2. 热性能

陶瓷材料熔点高，具有比金属材料高得多的耐热性。隔热性好，可用于-120~-240 ℃以下的隔热，如液化天然气储藏和运输时要保持低温，就可以用此材料。

3. 电性能

陶瓷材料的导电性变化范围很广，由于离子晶体无自由电子，所以大多数陶瓷材料都是良好的绝缘体。但少数陶瓷既是离子导体，又有一定的电子导电性，是重要的半导体材料。此外，最近几年出现的超导材料大多数也是陶瓷材料。

4. 化学性能

陶瓷材料的组织结构很稳定，因此具有良好的抗氧化性和不可燃烧性，即使在 1 000 ℃的高温也不会被氧化。此外，陶瓷对酸、碱、盐等腐蚀性很强的介质均具有较强的抗蚀性，与许多金属

（如银、铜等）熔体也不发生作用，因而是极好的耐蚀材料和坩埚材料。

5. 光学性能

近代陶瓷材料的光学性能得到了广泛的应用，如制造固体激光器材料、光导纤维材料、光存储材料等。1 mm 厚的氧化铝透明陶瓷试片透光率可达 80%以上。这些材料的研究和应用对通信、摄影、计算机等具有重要的实际意义。

第二节　陶瓷的成形方法

陶瓷制品的成形，就是将坯料制成有一定形状和规格的坯体。常用的成形方法有注浆成形、可塑成形和压制成形三大类。

一、注浆成形

注浆成形是指将具有流动性的液态泥浆注入多孔模型内（模型为石膏模、多孔树脂模等），借助于模型的毛细吸水能力，泥浆脱水、硬化，经脱模获得一定形状的坯体的过程。注浆法成形的适应性强，能得到各种结构、形状的坯体。

根据成形压力的大小和方式的不同，注浆法可分为基本注浆法、强化注浆法、热压铸成形法和流延法等。

1. 基本注浆法

基本注浆法有空心注浆（单面注浆）和实心注浆（双面注浆）两种。

（1）空心注浆的石膏模没有型芯，泥浆注满模腔后放置一段时间，待模腔内壁黏附一定厚度的坯体后，多余的泥浆倒出，形成空心注件，然后带模干燥，待注件干燥收缩脱离模型后就可取出，如图 5-7 所示。模腔工作面的形状决定坯体的外形，坯体厚度取决于吸浆时间等。这种方法适合于小件、薄壁制品的成形。

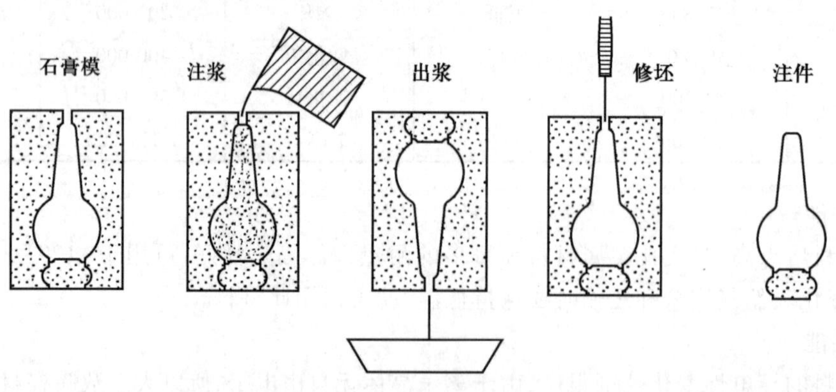

图 5-7　空心注浆示意图

（2）实心注浆是将泥浆注入外模和模芯之间，石膏模从内外两个方向同时吸水。注浆过程中泥浆不断减少，需要不断补充，直至泥浆全部硬化成坯，如图 5-8 所示。实心注浆的坯体外形取决于外模的工作面，内形取决于模芯的工作面。坯体厚度由外模与模芯之间的空腔决定。实心注浆适合于坯体的内外表面形状、花纹不同，大型而壁厚的制品。

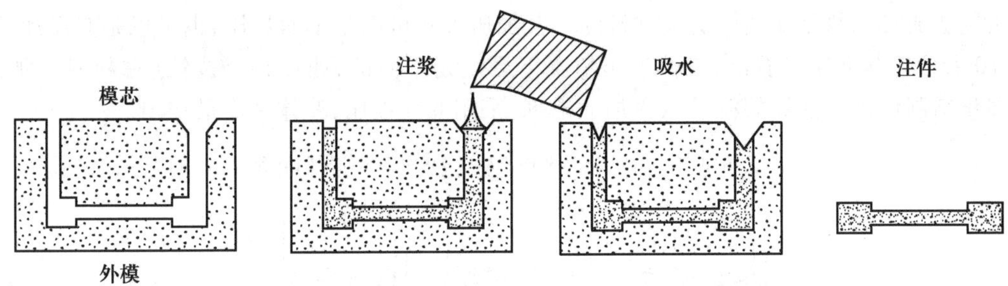

图 5-8　实心注浆示意图

2. 热压铸成形法

热压铸成形是将含有石蜡的浆料在一定温度和压力下注入金属模具中，待坯体冷却凝固后再脱模的成形方法。其制品的尺寸精确，结构紧密，表面光洁。广泛应用于制造形状复杂、尺寸精度要求高的工业陶瓷制品，如电容器瓷件、氧化物陶瓷、金属陶瓷等。

二、可塑成形

可塑成形是对具有一定塑性变形能力的泥料进行加工成形的方法。可塑成形方法有旋压成形、滚压成形、塑压成形、注塑成形和轧膜成形等几种类型。

滚压成形时，盛放着泥料的石膏模型和滚压头分别绕自己的轴线以一定的速度同方向旋转。滚压头在旋转的同时，逐渐靠近石膏模型，并对泥料进行滚压成形。滚压成形坯体致密均匀，强度较高。滚压机可以和其他设备配合组成流水线，生产率高。

滚压成形可以分为阳模滚压和阴模滚压，如图 5-9 所示，图中 α 为滚压头倾斜角。阳模滚压又称为外滚压，由滚压头决定坯体的外形和大小，适合成形扁平、宽口器皿。阴模滚压又称为内滚压，滚压头形成坯体的内表面，适合成形口径较小而深的制品。

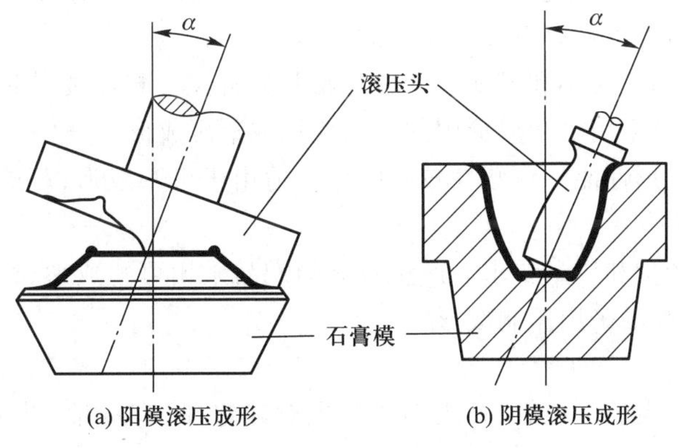

图 5-9　滚压成形

三、压制成形

压制成形是将含有　定水分的粒状粉料填充到模具中，加压而成为具有一定形状和强度的陶瓷坯体的成形方法。根据粉料中含水量的多少，可分干压成形（含水量为 3%～7%）、半干压成形（含水量为 7%～15%），以及特殊的压制成形方法（如等静压法，含水量可低于 3%）。

压制法成形一般是在油压机上进行的。其加压方式可以是单面加压,也可以是双面加压,如图 5-10 所示。从此图可看出,三种加压情况下密度是不同的,如坯料经造粒(在粉料中加入一定的塑化剂制成流动性好的粒子),再加润滑剂,采用双面加压,坯体密度最均匀。

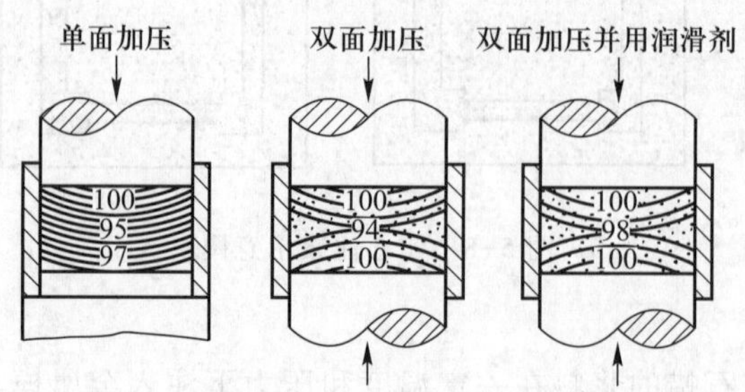

图 5-10　加压方式对坯体密度的影响

陶瓷压制成形过程简单、坯体收缩小、致密度高、制品尺寸精确,对坯料的可塑性要求不高,其缺点是难以成形形状复杂的制件。

第三节　陶瓷制品的生产过程

陶瓷制品的生产过程包括坯体成形前的坯料准备、坯体成形和坯体的后处理三大内容。

1. 坯体成形前的坯料准备

首先是利用物理方法、化学方法或物理化学方法进行精选原料,并根据需要与否,对原料进行预烧以改变原料的结晶状态及物理性能,利于破碎、造粒。然后将破碎、造粒的原料按不同的成形方法要求配制成供成形用的坯料(如浆料、可塑泥团、压制粉料)。

2. 坯体成形

陶瓷制品种类繁多,形状、规格、大小不一,应该正确选择合理的成形方法以满足不同制品的要求。选择成形方法时可以从以下几方面考虑:

(1) 根据产品的形状、大小和厚薄。一般形状复杂且尺寸精度要求不高的产品可采用注浆法成形,简单的回转体可采用可塑成形中的旋压成形或滚压成形。

(2) 根据坯料的成形性能。可塑性较好的坯料适用于可塑成形,可塑性较差的坯料应用注浆法成形或压制成形。

(3) 根据产品的产量和质量要求。产量较大的产品采用可塑成形,产品批量小的可用注浆法成形,产品质量要求高的采用压制成形。

3. 坯体的后处理

成形后的坯体经适当的干燥后,日用陶瓷要先对其施釉(有浸釉、淋釉、喷釉等方法),再经烧制后得到陶瓷制品。

复　习　题

1. 陶瓷常用的成形方法有哪些?
2. 陶瓷制品的生产过程包括哪几部分?
3. 在陶瓷压制成形过程中,加压方式对坯体密度有何影响?

第三章　复合材料及其成形

复合材料是由两种或两种以上不同性质的材料，通过物理或化学的方法，在宏观（微观）上组成具有新性能的材料。各种材料在性能上互相取长补短，产生协同效应，使复合材料的综合性能优于原组成材料而满足各种不同的要求。由于复合材料具有重量轻、强度高、加工成形方便、弹性优良、耐化学腐蚀好等特点，已逐步取代传统材料，广泛应用于航空航天、汽车、电子电气、建筑、健身器材等领域，在近些年更是得到了飞速发展。

日常所见的人工复合材料很多，如钢筋混凝土就是用钢筋与石子、沙子、水泥等制成的复合材料，轮胎是由人造纤维与橡胶复合而成的材料，玻璃钢是由玻璃纤维和热固性树脂黏结剂制成的。

复合材料一般由增强材料（如玻璃纤维等）和基体材料（如树脂等）组成。基体材料可以分为金属基体和非金属基体两类。金属基体常用的有铝、镁、铜、钛及其合金。非金属基体主要有合成树脂、橡胶、陶瓷、石墨、碳等。增强材料主要有玻璃纤维、碳纤维、硼纤维、芳纶纤维、碳化硅纤维、石棉纤维、晶须、金属丝和硬质细粒等。

复合材料的最大特点是性能具有可设计性，它的性能主要取决于增强材料和基体材料的性能、分布和含量，以及相互之间的结合情况。

第一节　复合材料的性能特点

1. 比强度和比模量高

在复合材料中，所用的基体材料和增强材料密度都较小，而且增强材料多数是强度很高的纤维，所以复合材料的比强度、比模量比其他材料要高得多，见表 5-2。在保证性能的前提下，宇航、交通运输工具可以减轻自重。

表 5-2　各类材料性能的比较

材料	相对密度 $\rho/(g\cdot cm^{-3})$	抗拉强度 R_m/MPa	弹性模量 E/Mpa	比强度 R_m/ρ	比弹性模量 E/ρ
钢	7.80	1 010	206×10^3	129	26×10^3
铝	2.80	461	74×10^3	165	26×10^3
钛	4.50	942	112×10^3	209	25×10^3
玻璃钢	2.00	1 040	39×10^3	520	20×10^3
碳纤维Ⅱ/环氧树脂	1.45	1 472	137×10^3	1 015	95×10^3
碳纤维Ⅰ/环氧树脂	1.60	1 050	235×10^3	656	147×10^3
有机纤维 PRD/环氧树脂	1.40	1 373	78×10^3	981	56×10^3
硼纤维/环氧树脂	2.10	1 344	206×10^3	640	98×10^3
硼纤维/铝	2.65	981	196×10^3	370	74×10^3

不过，由于增强材料的纤维排列方向不同，纤维和基体之间又具有分割作用，因此其力学性能呈各向异性。在使用时，应根据性能要求，进行合理设计，以充分发挥复合材料的潜力。

2. 抗疲劳强度较高

碳纤维增强复合材料的疲劳极限相当于其抗拉强度的 70%～80%，而多数金属材料疲劳强度只有抗拉强度的 40%～50%。因为在纤维增强复合材料中，纤维与基体间的界面能够阻止疲劳裂纹的扩展，当裂纹从基体的薄弱环节处产生并扩展到结合面时，受到一定程度的阻碍，因而使裂纹向载荷方向的扩展停止，所以复合材料有较高的疲劳强度。图 5-11 为三种材料的疲劳性能比较。

3. 减振性好

当结构所受外载荷频率与结构的自振频率相同时，将产生共振，容易造成灾难性事故。而结构的自振频率不仅与结构本身的形状有关，而且还与材料比模量的平方根成正比关系。纤维增强复合材料的自振频率高，故可以避免共振。此外，纤维与基体的界面具有吸振能力，所以具有很高的阻尼作用，即使产生了振动也会很快衰减下来。用同样尺寸和形状的梁进行试验发现，金属材料的梁需 9 s 才停止振动，而碳纤维复合材料只要花 2.5 s 就停止振动。

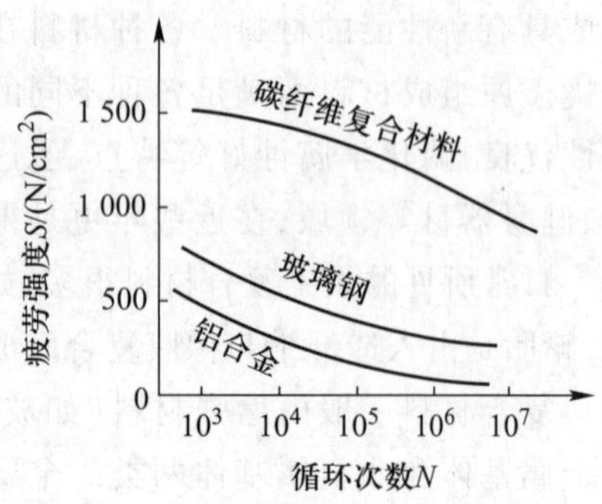

图 5-11　三种材料的疲劳性能比较

除了上述几种特性外，复合材料还有较高的耐热性，良好的自润滑和耐磨性等。

第二节　复合材料的成形方法

本节主要介绍一些树脂基复合材料的成形方法。树脂基复合材料常用的成形方法有手糊成形、夹层成形、模压成形、缠绕成形等。

1. 手糊成形

手糊成形又称为接触成形，是用纤维增强材料和树脂胶液在模具上铺敷成形，在室温（或加热）、无压（或低压）条件下固化，脱模成制品的工艺方法。其工艺流程如图 5-12 所示。

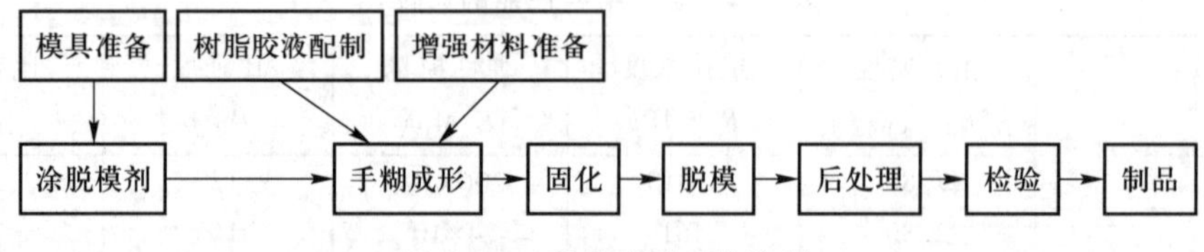

图 5-12　手糊成形工艺流程

手糊成形是出现最早的一种复合材料成形方法，用于制造波纹瓦、浴盆、贮罐、汽车壳体、飞机机翼、火箭外壳等。其优点是：不受制品的尺寸和形状限制，适宜成形尺寸大、批量小、形状复杂的制品，设备简单、成本低，工艺简便，易于满足制品的设计要求，可在不同部位任意增补增强材料，耐腐蚀性好。其缺点是：生产效率低，劳动强度大，劳动卫生条件差，制品质量不易控制，性能不稳定，制品的力学性能差。

2. 模压成形

模压成形是将一定量的模料放入金属对模中,在一定温度和压力下固化成形。它与前述的热固性塑料成形有类似之处。但其不同之处是,在模腔内流动的不仅是树脂而且还有增强材料,所以成形压力较高。

模压成形生产率较高,制品尺寸准确、精度高,可以一次成形较复杂的结构,且重复性好,易于实现机械化、自动化。尤其是近年来各种新型塑料的出现,使其应用更加广泛。模压成形的主要缺点是模具设计、制造复杂,压力机和模具投资大,制品尺寸受到模具限制,只适宜于大批量中、小型制品的生产。

3. 缠绕成形

缠绕成形是指将浸过树脂胶液的连续纤维或布带,按照一定规律缠绕在芯模上,经固化脱模成形为增强塑料制品的工艺过程。图 5-13 是长纤维缠绕成形示意图。缠绕成形可分为环向缠绕、螺旋缠绕和平面缠绕三类,如图 5-14 所示。

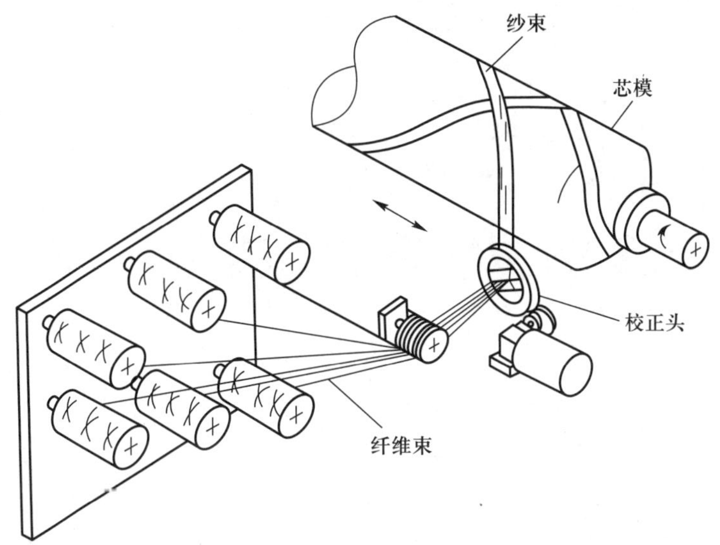

图 5-13　长纤维缠绕成形示意图

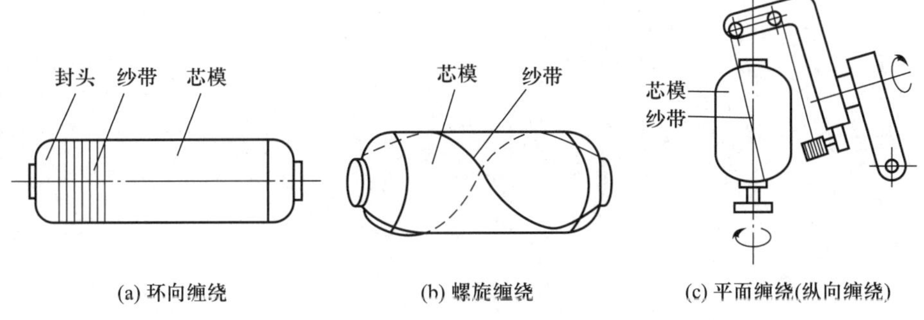

图 5-14　缠绕成形的种类

缠绕成形的优点是:制品的比强度高,是铁合金的3倍、钢的4倍;制品呈各向异性,强度的方向性比较明显;可以按照承载要求确定纤维排布、方向、层次,实现制品的强度及结构设计;纤维按照规定方向排列,精度高,质量好,易于生产自动化。其缺点是缠绕机、高质量芯模和专用固化炉等缠绕设备投资大。缠绕成形主要用于缠绕圆柱、球及某些回转体制品。

复　习　题

1. 什么是复合材料,复合材料的性能特点是什么?
2. 树脂基复合材料的常用成形方法有哪些?
3. 简述复合材料的手糊成形工艺过程。

参 考 文 献

[1] 张远明. 工程材料[M]. 4 版. 北京:高等教育出版社,2021.
[2] 贾耀卿. 常用技术材料手册:上册、下册[M]. 北京:中国标准出版社,2015.
[3] 中国标准出版社. 金属材料金相热处理检验方法标准汇编[M]. 3 版. 北京:中国标准出版社,2014.
[4] 耿洪斌,吴宜勇. 新编工程材料[M]. 哈尔滨:哈尔滨工业大学出版社,2000.
[5] 熊守美,许庆彦,康进武. 铸造过程模拟仿真技术[M]. 北京:机械工业出版社,2004.
[6] 孙康宁,林建平. 工程材料与机械制造基础课程知识体系和能力要求[M]. 北京:清华大学出版社,2016.
[7] 齐乐华. 工程材料与机械制造基础[M]. 2 版. 北京:高等教育出版社,2018.
[8] 邢忠文,张学仁,韩秀琴. 金属工艺学[M]. 4 版. 哈尔滨:哈尔滨工业大学出版社,2022.
[9] 孙德茂. 数控机床冲削加工直接编程技术[M]. 北京:机械工业出版社,2007.
[10] 邢忠文,张景德. 工程材料成形基础与先进成形技术[M]. 北京:清华大学出版社,2023.
[11] 夏巨谌. 钣金工手册[M]. 北京:化学工业出版社,2005.
[12] 孙康宁,张景德. 工程材料与机械制造基础:上册[M]. 3 版. 北京:高等教育出版社,2019.
[13] 严绍华. 材料成形工艺基础[M]. 北京:清华大学出版社,2001.
[14] 何红媛. 材料成形技术基础[M]. 南京:东南大学出版社,2000.
[15] 吕广庶. 工程材料及成形技术基础[M]. 3 版. 北京:高等教育出版社,2021.
[16] 施江澜. 材料成形技术基础[M]. 北京:机械工业出版社,2001.
[17] 曾光廷. 材料成形加工工艺及设备[M]. 北京:化学工业出版社,2001.
[18] 李新城. 材料成形学[M]. 北京:机械工业出版社,2001.
[19] 王爱珍. 工程材料及成形技术[M]. 北京:机械工业出版社,2003.
[20] 李爱菊. 工程材料与机械制造基础:下册[M]. 3 版. 北京:高等教育出版社,2019.
[21] 范有发. 塑料先进成型技术[M]. 北京:机械工业出版社,2014.
[22] 中国质检出版社第五编辑室. 焊接标准汇编:材料卷[M]. 北京:中国质检出版社,中国标准出版社,2011.
[23] 中国质检出版社第五编辑室. 焊接标准汇编:工艺、质量安全和试验方法卷[M]. 北京:中国质检出版社,中国标准出版社,2011.